Excel
经典商业图表
制作指南

侯翔宇 / 著

图表之美

电子工业出版社
Publishing House of Electronics Industry
北京·BEIJING

内 容 简 介

本书主要介绍数据和可视化过程中必知必会的概念，并且带领读者拓展对可视化流程、视觉暗示和图表分类框架的理解。全书分为 3 篇，共 10 章，重点讲解 Excel 图表模块的功能和使用方法，不仅为读者建立了系统化的知识框架，使其了解每个功能的使用逻辑和作用；还向读者详细说明了商业图表和科学图表中常用的设计思路和特殊效果的制作技巧，帮助读者奠定图表制作的理论基础。此外，本书提供了大量典型的实战范例图表，这些实战范例图表大部分选自世界级知名商业类杂志《经济学人》，每个实战范例图表都有详细的制作步骤，实现手把手教学，帮助读者提高独立制作高质量图表的能力。

本书适合零基础学习图表制作的人员阅读，也适合需要经常制作图表的人力资源、财务、税务、产品、运营及数据分析的相关从业人员阅读，还适合作为培训机构或大、中专院校的参考资料。

图书在版编目（CIP）数据

图表之美：Excel 经典商业图表制作指南 / 侯翔宇著 . —北京：电子工业出版社，2024.1

ISBN 978-7-121-46724-0

Ⅰ . ①图… Ⅱ . ①侯… Ⅲ . ①表处理软件－指南 Ⅳ . ① TP391.13-62

中国国家版本馆 CIP 数据核字（2023）第 223492 号

责任编辑：张慧敏
印　　刷：中国电影出版社印刷厂
装　　订：中国电影出版社印刷厂
出版发行：电子工业出版社
　　　　　北京市海淀区万寿路 173 信箱　　　邮编：100036
开　　本：720×1000　　1/16　　印张：20.5　　字数：387 千字
版　　次：2024 年 1 月第 1 版
印　　次：2024 年 1 月第 1 次印刷
定　　价：108.00 元

前言

Microsoft Excel（简称 Excel）是一款应用广泛的数据处理软件，也是一款大部分人触手可及的数据可视化工具。Excel 图表模块被设计得既简洁，又强悍。

Excel 的操作模式完全遵循 Office 套件的统一使用逻辑，因此没有额外的学习成本，简单易用。Excel 内部涵盖了 30 多种基础图表类型和 10 多种异化图表类型，可以覆盖大部分商业数据（甚至是科学数据）的作图需求。Excel 通过灵活组合不同的图表类型、设置图表元素的细节格式，为我们提供了更高的创作灵活度，使我们可以制作更丰富、更好用的图表。即使横向对比科学制图软件 Origin、商业智能类软件 Power BI 和 Tableau、可视化库 D3.js 及专业的可视化程序语言 R，Excel 的图表模块也具有独特的魅力。

本书的核心目标是使读者系统性地掌握 Excel 图表模块的功能及使用方法，深入理解经典图表背后统一的设计原则，并且亲手制作规范的高品质商业图表和科学图表。因此，本书循序渐进地讲解了图表的基础功能、特殊效果实现方法及制作实例，只要按照操作步骤做，就可以完成这些图表的设计与制作。相信在每个图表的制作过程中，你都会获得不同的体验。

本书特色

- **内容全面**：全面涵盖 Excel 图表模块功能的相关理论知识。
- **讲解深入**：介绍 Excel 图表模块功能的使用原理，分享 Excel 图表模块功能在不同场景中的应用经验和技巧，并且在工具范畴外，着重讲解图表设计思维，以及一些可以快速提升图表质量的原则与技巧。
- **编排合理**：知识结构编排合理，符合入门读者的学习规律，首先讲解比较容易上手的基础功能，然后逐步深入讲解较为复杂的效果实现，最后进行综合实战教学，学习梯度比较平滑。

- **案例教学**：特殊效果及范例图表的制作占据本书的大部分篇幅，在实际操作场景中学习的效率较高。
- **案例经典**：实战范例图表大部分选自世界级知名商业类杂志《经济学人》，并且选取制作的图表类型均为日常工作中高频使用的经典图表类型。
- **步骤详细**：每个实战范例图表都给出了详细的制作步骤，并且辅以图示说明，读者按照书中的操作步骤进行演练，即可快速掌握核心知识。

本书内容

第1篇　背景知识

本篇涵盖第 1、2 章，核心目标是帮助读者掌握图表制作的相关基础知识，如数据的本质、数据的特性、生活中的可视化、可视化分析、图表的分类、可视化的组成要素、视觉暗示的分类和特性、图表的构成要素，为后续学习打好基础。

第2篇　基础功能

本篇涵盖第 3 ~ 5 章，核心目标是帮助读者全面掌握 Excel 图表模块的使用方法。第 3 章依次介绍图表模块的功能分布、基础功能的使用方法及高级参数的设置方法；第 4 章讲解基于功能衍生出的图表效果制作方法；第 5 章重点讲解 3 个核心内容，分别为选择图表类型、为图表配色与组织作图数据。

第3篇　案例实战

本篇涵盖第 6 ~ 10 章，核心目标是通过大量的实战案例帮助读者综合运用 Excel 图表模块的功能。本篇按照 "4+1" 的模型进行讲解，第 6 ~ 9 章按照图表反映的数据特征进行划分，分别讲解适用于表现对比、构成、分布、趋势四大类图表的实战范例；第 10 章提供了 14 条关于图表制作的实用建议。

读者对象

- 零基础学习图表制作的人员。
- 需要制作图表的所有人员，如职场办公人员、研究员。

- 人力资源、财务和税务等的相关从业人员。
- 产品、运营和数据决策的相关从业人员。
- 数据分析与可视化的相关从业人员。

本书约定

本书在编写和组织上有以下惯例和约定，了解这些惯例和约定对读者更好地阅读本书有很大帮助。

- **软件版本**：本书采用 Windows 操作系统中的 Microsoft 365 中文版（2022）写作。虽然其操作界面和早期版本的 Excel 有所不同，但差别不大，书中介绍的大部分操作、命令均可在其他版本的 Excel 中使用。
- **菜单命令**：Excel 中的大量功能是通过命令实现的，其功能命令在软件界面上部的菜单栏中进行了层级划分，分为 3 个层级，分别为选项卡、功能组和功能命令。其中，选项卡包括"开始"选项卡、"视图"选项卡等；将功能类似的按钮集中，形成功能组，如"图表"功能组、"数据"功能组。本书中涉及的功能命令，均按照选项卡、功能组和功能命令 3 个层级进行介绍，读者可以据此快速找到功能命令所在的位置。
- **快捷操作**：本书中出现的快捷键是需要同时按键的快捷键，这种快捷键使用加号相连，如复制快捷键 Ctrl+C 是指同时按这两个键。
- **特色体例**：本书中有大量的特色体例，主要有 3 种，分别为说明、注意和技巧。其中，说明主要对正文内容的细节进行补充，注意主要对常见错误进行提示，技巧主要对常规功能的特殊使用方法进行补充。这些特色体例是笔者知识、经验和思考的结晶，可以帮助读者更好地理解和应用本书讲解的知识。

配套资料

本书涉及的配套范例文件需要读者自行下载。可以加入"麦克斯威儿 Excel 学习交流群"（QQ 群号：813741132，密码：Maxwell）进行下载；也可以添加本书封底的读者服务小助手微信，领取本书配套范例文件。

在哔哩哔哩平台或微信公众号上"麦克斯威儿"频道的 Excel 栏目有相关的拓展学习资料、更丰富的教学视频和进阶教程，如图表赏析、图表大全等，读者可以通过搜索关键字查看，也可以将其放入收藏夹，以便查找。

售后服务

虽然笔者在本书的编写过程中力求完美，但学识和能力水平有限，书中可能还有疏漏与不当之处，敬请读者朋友们批评、指正。在阅读本书时，如果有疑问，则可以在上述QQ学习交流群中提问，或者在以下平台发送消息提问，真诚期待您的宝贵意见和建议。

微信公众号：麦克斯威儿

哔哩哔哩（B站）：麦克斯威儿

侯翔宇

目录

第2篇　基础功能

第3篇　案例实战

第1篇

背景知识

第 1 章

数据和可视化

欢迎来到可视化的世界，我既是本书的作者，又是一名跟你聊天的"向导"，大家可以直接叫我麦克斯。我们这次的学习旅程，更准确的描述应该是"图表世界之旅"，因为我们会在后续的章节中，将主要的篇幅花费在手把手地教大家如何使用 Excel 制作专业的商业图表。

在此之前，麦克斯希望花费一点时间拓展大家关于图表的"视野"，了解图表之中蕴含的更深层次的"数据"和"可视化"的概念。也许读者对这些概念已经耳熟能详，但不妨跟随麦克斯的视角，重新理解它们，也许会有完全不一样的感觉。这些理解可以帮助大家在后续的实际操作过程中更好地掌握图表设计的理念。

本章的目的是，在进行真正的实际操作前，带领大家重新理解图表制作的基础——数据，以及一个更广泛的概念——可视化，本章会分两部分对这两个概念进行讲解。

本章主要涉及的知识点如下。

- 深入理解数据的含义。
- 拓展理解图表背后的可视化概念。

1.1 重新理解数据

到底什么是数据？可能很多人的第一个答案是"数字"，然后可能会给出数据库、数据湖等更专业的描述，或者回复更加具体的某个计算机文件，甚至是 Excel 电子表格数据。这些都是正确的，但描述得不够精准。因为我们没有办法使用某个具体的实例精准描述或代表一个抽象的概念，所以需要更准确的定义。接下来，我们将会从数据的本质和特性两个角度重新理解数据。

1.1.1　数据的本质

先给出一个麦克斯理解的数据的本质含义：数据是对现实世界的一种描述，每个数据都是现实世界中某个抽象方面的记录。还蛮有趣的吧？在这个定义中并没有指定数据必须是某种具体的形式，甚至都没有提到"数字"这种我们习以为常的概念。不是说数字在数据中不重要，该定义强调的是数据和现实世界的关联。例如，每日的空气质量数据反映的是当天某个地区的空气质量情况，公司财报与相关财务数据反映的是该公司一段时间内的经营情况，手机屏幕的使用时间数据反映的是用户的用机习惯，等等。

至此，你可能会问为什么要这样理解数据。麦克斯想用邱南森（Nathan Yau）在《数据之美：一本书学会可视化设计》（*DATA POINTS: Visualization That Means Something*）中的一句话进行回答："数据和它所代表事物之间的关联，既是数据可视化的关键，也是全面分析数据的关键，同样还是深层次理解数据的关键"。因此，数据本身的形式其实并不重要，重要的是数据反映的是现实世界中的什么事物。在制作图表的过程中，我们需要建立数据与现实世界之间的关联，以便制作图表并从中挖掘出有价值的信息。如果过分关注"数字"本身，就很有可能忽略了这份联系，使图表变成纯粹的数字展现。这也是我们要在开篇跟大家强调数据本质的原因。为了更好地理解这一点，麦克斯找到了一幅制作精良的可视化作品进行辅助说明，如图 1-1 所示。

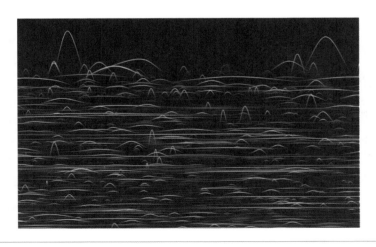

图 1-1　某神秘的可视化作品

如果你注意到这个图表的名称是"某神秘的可视化作品"并感到奇怪，那么麦克斯告诉你，这是为了不干扰大家理解图表本身。现在大家可以发挥想象力，想想这个图表代表了什么？

可以预计答案是五花八门的，因为图 1-1 中只呈现了有多种颜色的大量线条，甚至可以使用一些随机数作为基础构建这样的图像。这就是我们所说的"纯粹的数字展现"，因为在我们的脑海中缺少"数据和现实世界之间的联系"这样的关键背景信息，所以我们只能凭借直觉阅读这个图表。

但实际上这幅可视化作品的名称为"科学之路"（Science Paths），图表中的每条曲线都代表一位科研人员在他完整的职业生涯中的成果影响力。在研究完数千位科研人员的职业发展过程后，最终呈现出图 1-1 中的可视化作品。在提供了相关背景信息，建立好基础的数据与现实世界之间的联系后，我们就可以比较轻松地从图表中得到有用的信息了。在该可视化作品中，一个明显的结论是"科研人员的职业高光可能出现在其职业生涯的任意阶段，其分布是随机的"。此外，随着建立的关联增多，人们对数据集的了解越深入，越容易从数据中挖掘出有价值的信息。

> 说明：图 1-1 中的可视化作品由 Kim Albrecht 团队完成，感兴趣的读者可以在互联网上搜索作品名称和作者，查看完整的作品，观察它的细节，感受它的魅力。因为该可视化作品是可互动作品，所以可以设置筛选条件，控制数据集的大小，以及查看每个数据点的拓展信息，如图 1-2 所示。

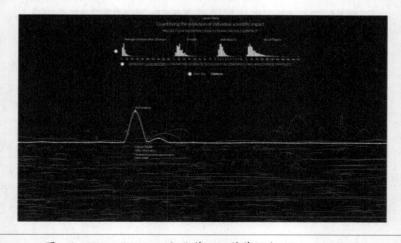

图 1-2　Kim Albrecht 可视化作品：科学之路（Science Paths）

综上所述，数据是图表制作的基础，可以反映现实世界的某个切片，我们可以利用从现实世界抽象得到的数据制作图表，建立数据与现实世界之间的联系，从而分析和呈现有价值的信息。

1.1.2 数据的特性

本节主要介绍数据的 3 个通用特性，即稳定度、精确度和完整度。数据的这 3 个通用特性可以帮助我们在制作图表的过程中更好地把握数据、使用数据。

1. 数据的稳定度

用于制作图表的数据集形式多种多样、千变万化，但大部分数据集与时间维度脱不了干系，如常见的销售数据、田野调查观测数据等。即使是本身不重度依赖时间维度的趋势数据集，如反映某次民主选举各方得票的数据，一般也会在制作图表时标记事件的发生时段，以便和其他年份的数据区分开。这是非常正常的，因为数据来源于现实世界，所有事件的发生都离不开基础的时间维度与空间维度。但这与数据的稳定度有什么关系呢？正是因为时间要素的加入，所以数据集可能会发生不同程度的变化，不是说你测量获取的"确定"数值会发生变化，而是在测量后，这个指标数据会随时间发生变化。现实世界是随着时间不断变化的，采用相同的方法在不同的时间获取的数据通常是不同的，数据不一定是"绝对稳定"的。例如，同一个地理位置的交通流量在每个月大体稳定，但具有随机性，不完全相同，并且会随着时间的变化、城市的发展而发生变化。

数据的这种特性给我们一个非常重要的制图启示："除了数据来源，数据采集时期也是重要的标识，需要在图表中明确标注"。

习惯性标注数据获取的时间信息范例如图 1-3 所示。根据图 1-3 可知，图表主体部分所表达的数据信息与时间本身并没有关系，底图反映的是各国儿童教育费用占本国 GDP 的百分比，而顶图反映的是英国的人口分布情况和不同年龄段的人口拥有房屋的比例。很明显，这两个图表中的数据都不属于趋势数据。但在图表的抬头处，都严格地标明了数据的年份，分别为 2013 年与 2017 年。这是因为相同的指标数据会随着时间的变化而变化。

2. 数据的精确度

数据的精确度在不同的数据集中有不同的表现。有的数据是极端准确的数据。例如，抛硬币的正反次数，只要在计数时没有失误，其数据就是绝对准确的。有的数据是通过测量、统计，甚至是估算得出的，这类数据的精确度是我们在图表制作和设计过程中需要特别注意的。例如，产品尺寸误差数据集是通过测量获取的，虽然得到的数字是精准的，但因为测量的过程存在误差，所以存在一定的精度损失；各大公司的估值数据通常是利用估值模型和部分事实基础估算得到的，不同的估值人员、采用不同的模型、使用不同的假设参数，都会产生精度损失，在扩大规模、延长估算时间后，这种精度损失会进一步增加。因此，当图表制作使用的数据集具有明显的估算特性时，需要在图表中对数据获取过程，甚至是计算模型、计算方法等进行相应的说明。

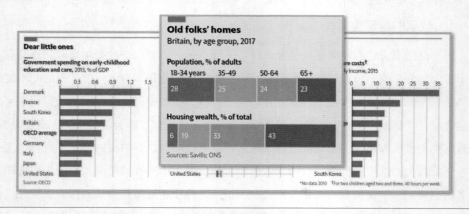

图 1-3   习惯性标注数据获取的时间信息范例

非精确数据集的特别说明范例如图 1-4 所示，其中，图①呈现了两组数据，第二组是 2060 年的预测数据，属于精确度不高的参考数据，因此需要特别说明，在右下方标注 Forecast（预测）字样；图②反映的是宗教信仰在不同地区的重要程度，这类数据属于主观意愿较强的不精确数据，因此需要对数据源进行特别说明，在右下方标注来源于 2008—2017 年的调查数据；图③反映的是在美国总统当政期间的支持率变化情况，因为数据来源于选民，所以在图表制作过程中，采用特殊方法对大量的数据点进行了拟合，此类拟合数据属于有一定模糊程度的统计数据，因此需要对计算方法进行特别说明，在右下方标注使用名为贝叶斯变点分析的特殊平均方法。

3. 数据的完整度

数据的完整度是最容易理解的一个特性，因为它反映的是数据集不完整的实操问题。虽然在通常情况下，我们在抓取数据或生产一手数据时，都会按照特定的格式和逻辑生成数据集，但是无法避免一些特殊情况，导致出现数据不完整问题。其中典型的场景是数据历史过于久远而不可考，导致部分数据缺失。例如，要统计全国各省份在过去 50 年的发电机装机容量数据信息，部分省份的数据可能会因为文档管理问题而缺失。

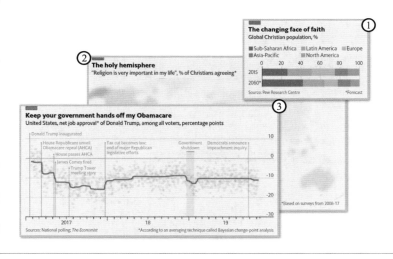

图 1-4 非精确数据集的特别说明范例

遇到这类存在问题的数据集，麦克斯建议的处理方法为如实呈现，对于缺失的部分，需要特别标注说明。在图表制作的过程中，很多读者可能会觉得丢失少部分数据是一个非常严重的问题，想要通过直接抹去缺失项目或使用估算值进行弥补。但这个问题其实不一定会真正影响数据的呈现。需要注意的是，图表制作的目的不完全是将完整的数据呈现出来，更加重要的目标是表达从数据中挖掘的信息和得出的结论。因此只要拥有的数据集足够支撑观点的表达，缺失数据并不会成为一个问题（但依旧要准确注释）。

数据缺失的特殊处理范例如图 1-5 所示。其中，图①呈现了多个国家 2016 年的基尼系数，但因为某些特殊原因，德国的数据存在缺失问题，此处使用 2015 年的数据进行代替，总体并不影响结论的得出（但需要特别注明）；图②是此前已经见过的一个图表，中间的小图反映了世界各国中 3 岁儿童入学率的变化情况，其中的英国部分缺少 2010 年的数据，因此特别备注 "No Data 2010"；图③中的图表不但因缺少精准数据而使用了预估数据（中国部分），而且因为较大范围的数据缺失，所以各国数据均使用 1970 年及邻近的数据代替；在图④呈现的数据地图中，红蓝区域为有数据区，而白色区域为无数据区。

以上图表均来自《经济学人》杂志中已出版的文章。可以看到，因为数据保存和记录工作的不完善，所以数据缺失是一项无法避免且经常出现的问题。但是它并不可怕，我们可以使用相似数据弥补或使用相关数据代替，甚至可以直接使其空缺（只要不影响结论的得出），但要明确在图表中标明缺失的情况，避免读者误解。

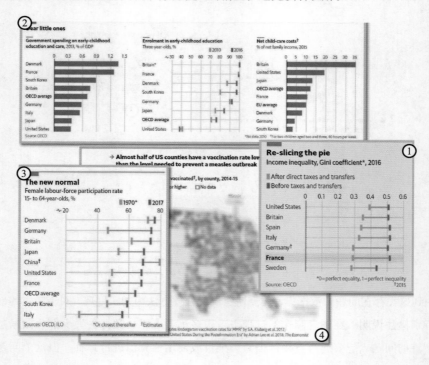

图 1-5　数据缺失的特殊处理范例

1.2　如何理解可视化

接下来我们将会展开讲解一个比图表制作更宽泛的概念——可视化。我们会讲解什么是可视化，生活中有哪些可视化，图表制作与可视化之间的关系，以及可视化作为数据分析工具的作用。

1.2.1　生活中的可视化

提到可视化，很多人的第一反应是图表制作。是的，图表制作在可视化概念的范畴内，可视化的相关内容非常广泛，图表制作只是其中的一部分。凡是使用大小、形状、颜色等视觉暗示的方法呈现数据或信息的过程，都可以称为可视化（Visualization）。在日常生活中，有很多可视化范例。例如，公司的财务报表或行业咨询报告中的数据展示图表属于可视化实例；主题公园的游玩导览图也属于可视化实例，它们一般被称为信息图（Info-Graphics）；人们在出行时使用的地图导航也是时空数据信息的综合可视化呈现。

故宫博物院的官方在线游玩导览图如图 1-6 所示，游客可以很轻松地利用该图完成游玩路线规划、园区设施查找等任务。因为该图中包含各个景点和设施的地理位置信息，并且采用网页形式呈现，我们可以通过单击阅览更多信息，所以该图是在日常生活中使用的交互式数据可视化作品。

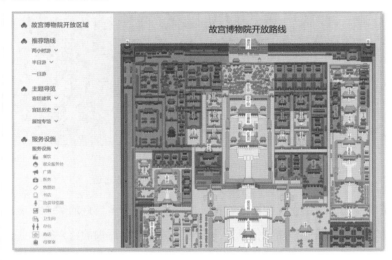

图 1-6　故宫博物院的官方在线游玩导览图

虽然图 1-6 中没有呈现任何数字，但实际上各个景点和设施的经纬度已经以地图形式进行了表示。在这种场景中，越感觉不到数字的存在，表示可视化水平越高。类似的作品还有各大主题公园或大型活动的导览图，范例如图 1-7 所示。

图 1-7 中共呈现了 2 张类似的导览图，其中图①是上海迪士尼特制导览图，将导览图与常规地图应用软件相结合，可以对导览图进行自由缩放、平移查看；图②是香港海洋公园的官方游玩导览图，都是普通的平面导览图，具有基本景点与设施的位置信息和路径信息。

地图是与人们生活息息相关的可视化实例。在上面的范例中，我们看到了传统的手持传单式导览图可视化实例，也看到了结合互联网技术实现的交互式导览图可视化实例，这些都是基于地图这种可视化手段发展而来的。随着计算机图形学及互联网软硬件的发展，地图可视化的应用还会有更多形式。

图 1-7　主题公园或大型活动导览图范例

与导览图相比，地图软件配套的线路导航功能涉及更多信息的综合呈现，不仅可以提供基础的建筑位置信息和路径信息，还额外增加了辅助行驶的监控摄像信息（使用特殊标识表示）、路径规划信息（使用连线表示）和实时车流量信息（使用颜色热力表示）。如果更加仔细地观察导航界面，则可以发现，转向和车道利用标识进行了可视化，路径全程使用线段按照百分比进行可视化，重要的时速及是否超速信息使用独立的标识牌和颜色进行区分，车辆方向使用箭头进行可视化，等等。利用这些可视化手段对大量不同维度的信息进行综合呈现，便形成了导航的最终模样。

随着与 AI 技术伴生的自动驾驶技术的发展，我们可以看到"导航"功能在可视化上的再一次质变。自动驾驶实时路况信息建模范例如图 1-8 所示，其中的图①和图②来自特斯拉自动驾驶安装系统，图③与图④来自小马智行广州自动驾驶实录。自动驾驶技术是指利用多种不同的车载传感器（如高分辨率摄像头、激光雷达、毫米波雷达）收集路况信息，然后利用 AI 技术与其他算法，综合多种传感器提供的信息，做出正确驾驶决策的技术。在通常情况下，计算机系统利用这些数据信息是不需要可视化的，但是如果可以将收集的信息更快速地提供给驾驶员，则可以更好地保障行驶安全，因此对路况信息的可视化普遍应用于自动驾驶过程中。

图 1-8 自动驾驶实时路况信息建模范例

我们可以想象一下，通过传感器能够获得什么样的信息？大概率是一串串数据，这些数据需要通过预设好的程序进行"翻译"，并且将翻译得到的信息使用"建模"的方式直观地呈现给使用者。例如，在图 1-8 所示的所有图片中都可以看到附近车辆的数字模型，在更加精细化的模型中，还会进一步区分不同的车型、交通工具、线路、交通指示灯等，用于更好地辅助驾驶。可以想象，不进行可视化的信息，即使直白地告诉我们，也不可能在非常短的时间内传达到大脑中。

除了上面的范例，工作和生活中的可视化实例还有很多，如股市的价格指标走势图、交通管理部门的城市道路流量图、电力系统的功率负载分配图、游戏的交互界面、短视频平台的后台数据分析面板、艺术作品等。认真观察，从中学习，可以为我们制作图表提供很多有意义的参考和启发。

1.2.2 可视化分析

对于可视化概念，我们需要强调的第二个点是可视化分析。在一般的理解中，我们很容易默认数据可视化是完整数据分析流程中的最后一步，认为它的核心功能只是将数据用更加直观的方式呈现和表达，以便论证观点。

> 说明：数据分析的一般完整流程是提出问题、制定方案、获取数据、整理数据、分析数据、数据可视化，最后返回提出问题环节，形成循环。

可视化是一个非常强大的数据分析工具，尤其在学术和研究领域。试想一下，如果你面前摆放着"成吨"的数据，那么你要如何阅读它们？一行一行地阅读不太现实，因为数据量太大了，并且无法直观地为其建立各个维度之间的联系。在用条件筛选数据后阅读，只能看到某个切面，无法察觉数据内蕴藏的信息，从而快速找到突破的方向。在这种情况下，你就会对"可视化是一个非常强大的数据分析工具"这句话有所体会。

对某个数据集而言，快速地构建可视化图表并进行呈现，即使采用最简单的形式，也可以极大地帮助我们找到数据的特征和值得深入分析的部分数据。

可视化分析范例如图 1-9 所示，左侧为原始数据，乍看之下都是随机数字，很难发现特别之处，但在经过"色阶图"的简单可视化后，即可发现，左下方的数据明显较小，可以将其作为重点分析区域进行进一步研究。如果不利用可视化手段，那么要发现这个突破点还是有一定难度的。

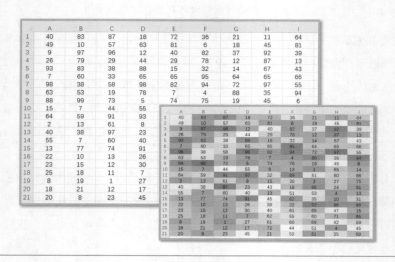

图 1-9　可视化分析范例

图 1-9 所示的数据集中其实只有大约 200 个数据点，但已经超出了一般人类大脑的处理极限，实际分析的数据集通常都比这个体量大，并且具有更多的维度。因此，通常会利用快速可视化技术进行初步分析，观察数据特征。如果你正在制作图表，但苦于数据集过大而没有头绪，那么不妨试试先将数据集可视化，再进行观察，也许能够找到可疑之处，缩小分析范围，最终挖掘出有效信息。

说明：快速可视化和精致的图表制作是不同的，因为快速可视化的目的是发现数据集的特征，所以其布局、字体、说明、颜色等图表设计要素都是不重要的，其核心是要简单、迅速地从多个不同的角度构建可视化图表，最终以最高效率发现数据集的特别之处并进行深入分析。

1.3 本章小结

本章主要讲解了图表制作中的两个重要概念，分别是数据和可视化；一共强调了 4 点内容，都可以帮助大家在后面的学习过程中更好地制作图表。简单回顾一下：在 1.1 节，我们强调了数据的本质是对现实世界的一个抽象切片，数据可视化可以呈现从数据中发现的有用信息。要多多注意数据和现实世界之间的关联，否则数字就只是数字。此外，我们还介绍了数据的 3 个特性，这 3 个特性分别告诉我们在图表制作过程中要注意声明数据的采集时间、对模糊数据需要特别说明及如何处理有缺失的数据集。在 1.2 节，我们重点介绍了现实生活中的可视化场景，它们给我们提供了便利、灵感和启发，并且补充介绍了可视化作为数据分析工具的属性。

总的来说，本章内容并没有讲解设计和制作图表的实际操作方法，但打开了我们的思维，使我们理解了更深层次的概念。下一章，麦克斯将带领大家正式进入图表制作领域，讲解图表由什么要素组成，应该如何分类。

第 2 章

图表的分类和组成

从第 2 章开始，正式进入图表制作环节。我们首先需要了解众多图表之间的相似之处和差异，应该如何分类，以及一般的图表应当包含哪些基本要素，用于确保图表是规范的。

本章会分为 4 节展开说明，其中第 2.1 节讲解图表的分类，从多个不同角度对图表进行分类，帮助读者选择图表类型；第 2.2 节讲解可视化的组成要素，明确哪些信息是一幅可视化作品必不可少的；第 2.3 节从可视化的底层着手，阐述代表可视化实现原理的五大类（9 种）视觉暗示；第 2.4 节讲解图表的构成要素。

本章主要涉及的知识点如下。

- 理解图表的分类。
- 掌握可视化的基础组成要素和五大类视觉暗示。
- 了解图表结构和 Excel 图表结构。

2.1 图表的分类

图表的种类有很多，如常见的饼状图、条形图、柱形图、散点图等。分类的规则和角度向来都不是固定不变的，我们可以从不同角度对图表进行分类。

2.1.1 科学图表和商业图表

根据图表的使用目的，可以将图表分为科学图表和商业图表，它们都有非常独特的风格，下面举例说明。

　　商业图表范例如图 2-1 所示，这 4 张图表均来自世界级商业类杂志《经济学人》和《彭博商业周刊》；科学图表范例如图 2-2 所示，这 4 张图表来自世界级科学类杂志《自然》和《科学》。通过对比，可以很直观地发现商业图表和科学图表分别具有不同的特性。

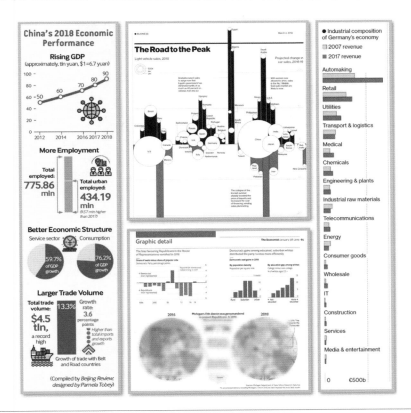

图 2-1　商业图表范例

1. 颜色选取差异

　　商业图表在色彩的选取上更加灵活、大胆，因为其服务目的是增强图表的视觉表现力。而科学图表的颜色选择会更遵循实用主义原则，整体颜色比较素，通常使用少量颜色处理重点数据，甚至采用黑白图表。如果要大批量运用彩色，那么其选取颜色的原则是，与论文内容有关的颜色优先，对比强烈、更突显数据的颜色优先。

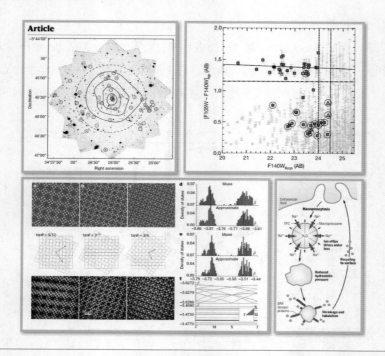

图 2-2　科学图表范例

2. 精确度差异

商业图表和科学图表中的数据精确度存在明显差异。毫无疑问，科学图表对精确度的要求更加严格，因此其保留的有效数字位数通常更多。在科研领域，有很多对精度要求很高的特殊指标，或者数据差异很小，需要呈现很高精度的数据才可以区分。因此，科学图表对数据精确度的要求远远高于商业图表对数据精确度的要求。

3. 内容差异

商业图表和科学图表在内容上存在差异，不过这并非选题不同，这里的内容差异是指两类图表呈现的内容在方向性上存在很大差异。科学图表涉及的学科数量非常多，每个学科的科学图表呈现的内容都具有各自的特色。例如，生物学图表通常会配合细胞及其他微观结构出现在图表中，流体力学图表通常会搭配流体模型进行呈现。商业图表通常采用较为纯粹的数据呈现方法，没有较强烈的主题元素。

4. 复杂度差异

复杂度差异可能不那么明显，但在多看几个图表后会发现，科学图表的复杂度要高于商业图表的复杂度。这里的复杂度其实就是阅读图表的难度。因为科学图表要描述的问题通常较为复杂，图表中呈现的数据综合程度较高，所以会有一些特别的图表设计，这些设计会加大图表的阅读难度。有趣的是，这种情况在科学图表中是合理且被接受的。为什么呢？这需要考虑图表的读者差异，科研人员因其从业特性，天然对高复杂度的内容有更高的耐受度，所以牺牲复杂度换取更多的数据呈现是可以被接受的。但在商业图表的制作过程中，需要控制图表的复杂度，尽量保证所有读者都可以轻松理解。

综上所述，商业图表和科学图表的差异通常是因图表的使用场景不同导致的。因此，我们在制作图表时，应当根据图表的使用场景进行适配。

2.1.2 静态图表、动态图表和互动可视化作品

根据图表的互动性，可以将图表分为静态图表、动态图表和互动可视化作品。没有任何交互功能的图表称为静态图表，通过简单地改变条件可以动态改变数据呈现的图表称为动态图表，可以与读者形成更复杂交互关系的图表称为互动可视化作品。

1. 静态图表

静态图表是最基础、最常见的图表形式。日常生活与工作中看到的大部分图表都属于静态图表，如杂志、调研报告等文件中的图表。静态图表最大的特征是"不会动"。在制作完成后，静态图表中的所有内容都是固定的，虽然不灵活，信息量相对较少，但是便于在传统媒介中传播。

> 说明：本书后续章节的教学部分，内容主要为不同类型静态图表的制作。

2. 动态图表

动态图表是静态图表的延伸，可以理解为在静态图表的基础上添加了时间维度。用户可以通过控制筛选条件控制在不同的时间显示不同的数据集，通常应用于数据软件（如Excel、Power BI、Tableau）中。Excel 中的数据透视表及数据透视图就属于动态图表，通过改变筛选条件，可以改变显示的数据集，进而改变显示的结果，范例如图 2-3 所示。

图 2-3 中的是使用相同数据集创建的两个数据透视表及相应的数据透视图，我们可以通过控制筛选条件为图表提供不同的数据源，从而实现图表的动态化。例如，左上部分图表显示了完整的各城市产品销售额，右下部分图表通过筛选只显示华北大区的城市及销售额。

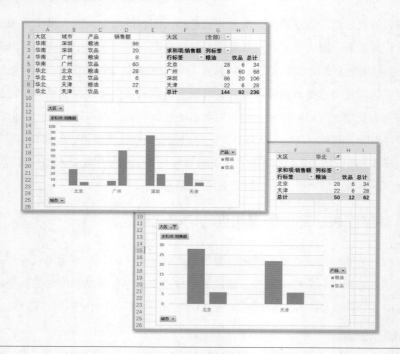

图 2-3　数据透视表和数据透视图范例

> 说明：常规的动态图表带有简单的条件控制，但在动态图表中有一种自动动态
> 显示的图表，其原理是通过修改预设条件，自动播放可视化图表，实现类似视
> 频或动画的效果。例如，可以随时间变化逐帧显示销售额的变化，可以随时间
> 变化显示各国人口数量的变化，等等。一幅比较典型且广为人知的作品《全球
> 人口增长》便来自汉斯·罗斯琳（Hans Rosling）在 2010 年的 TED 演讲，该作
> 品就采用了这种动态图表形式，如图 2-4 所示。

3. 互动可视化作品

互动可视化作品是对实现技术要求更高的一类图表，在日常生活和工作中比较少见，但是你可能曾与它们相遇过，如某些重大的新闻报道或展览活动中。

《移民去远方》是财新数据可视化实验室的往期作品之一，是典型的互动可视化作品，如图 2-5 所示（如果需要了解该作品详情，则可以在互联网上搜索并查看完整作品）。读者在阅读互动可视化作品时，可以与其产生一定的互动效果。例如，通过移动图表中的地球模型，直观地查看人口移动的变化。因为互动可视化作品通常是以一幅完整的作品呈现的,所以与静态图表相比,它拥有更大的展示空间,可以容纳更多的数据集。在互动可视化作品《移民去远方》中,在左上角呈现了近20年来中国人口的移入和移出变化情况,同时使用列表的方式给出了各个移民目的地的明细数值;在左下角给出了对应年份移民政策的松紧演变可视化图表;在作品右侧使用新闻稿辅助说明。

图 2-4 汉斯·罗斯琳(Hans Rosling)的 TED 演讲《全球人口增长》

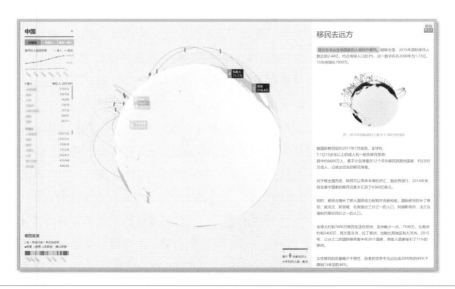

图 2-5 财新数据可视化实验室出品的《移民去远方》

《爆款新春歌曲调配指南》是由澎湃新闻的《美数课》栏目出品的互动可视化作品，如图 2-6 所示（如果需要了解该作品详情，则可以访问澎湃新闻官方主页搜索查看）。该作品将传统新春音乐拆解并逐步呈现在读者面前，并且在末尾统一呈现它们的特点。

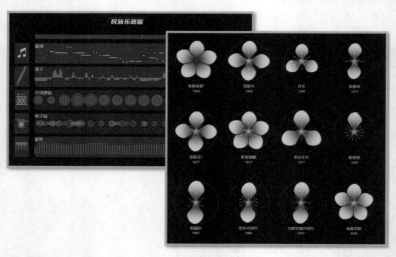

图 2-6　澎湃新闻的《美数课》栏目出品的《爆款新春歌曲调配指南》

在图 2-6 中，右下部分图表中的每朵花都代表一首传统新春音乐，花瓣的数量代表使用传统民乐的种类数，中心的花蕊代表是否使用了传统"宫商角徵羽"的五声音阶，四散的花丝代表相同歌词的重复次数，花朵的大小代表歌曲的速率。通过这幅简洁的互动可视化作品，读者可以很轻松地了解新春音乐自身的特点及新春音乐之间的共性。此外，因为该作品是基于网页的互动可视化作品，所以我们可以通过单击不同的花朵实现对应歌曲的试听，在试听的同时与可视化信息进行对比，在大脑中形成一个立体的认知。该作品还准备了自制环节，我们可以利用了解到的新春歌曲的特性自行调配歌曲。

通过上述两个范例，我们简单地了解了数据可视化作品是什么。顺带一说，第 1 章中的可视化作品《科学之路》也是一幅互动可视化作品。结合这几个范例，大家可以感受到互动性带来的全新功能是非常强大的，这也是未来可视化逐步发展的方向。

功能的提升通常建立在更复杂的技术之上，如网页设计技术及编程语言（HTML、JavaScript、Java、Python 等）。更准确地说，功能的提升一般都离不开编程语言的辅助，因为常规的软件目前还无法承载如此高自由度且精细的设计。虽然互动可视化作品的功能非常强大，但不表示可以用它代替静态图表。在制作图表时，要根据实际情况选择合适的图表类型。

2.1.3　传统的图表类型划分方法

在看完前面两种图表分类后，本节主要介绍传统的图表类型划分方法。下面将 Andrew Abela 归纳总结的图表类型选择器作为基础进行拓展讲解，如图 2-7 所示。

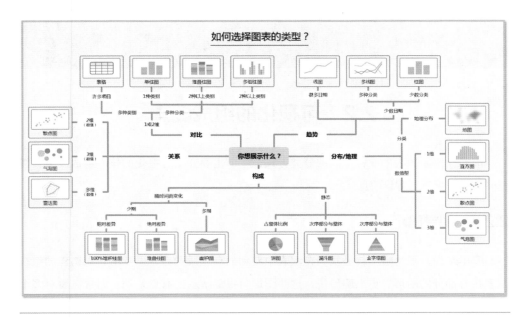

图 2-7　Andrew Abela 归纳总结的图表类型选择器

在 Andrew Abela 总结归纳的图表类型选择器的中心有一个问题：你想展示什么？这很考验你对数据的理解。我们的需求通常可以分为五大类：分布、趋势、对比、关系、构成，即图 2-7 中围绕中心的五个一级子项目。举个例子，要呈现不同大区门店的销售额情况，这种需求被认为是"分布"，因为该需求是呈现销售额在空间上的分布情况；要呈现过去20 年中国移民人口数量变迁的情况，这种需求被认为是"趋势"，因为该需求是呈现移民人口数量在时间上的变化趋势。以此类推，在剩余的三大类需求中，"对比"表示对多组结构相似的数据进行对比，突出差异的需求，如不同国家人口结构的对比；"关系"表示多个维度之间相关关系的呈现需求，如喝牛奶和身高之间的关系；"构成"表示数据整体和局部之间关系的呈现需求，常见的是占比数据的表达，如各年龄段拥有房屋数量的占比情况。

在五大类的基础上深入拓展，即可看到我们熟悉的折线图、散点图、柱形图、条形图等。在图 2-7 中，我们还可以看到不常见的漏斗图、金字塔图、雷达图等。图表种类非常丰富，大家参考图 2-7 简单了解即可，无须记忆，因为具体的图表类型数量远超图 2-7 中所涵盖的范围，后续章节中制作的很多图表都不在图 2-7 中。

> 注意：麦克斯希望大家明确的只有一点，那就是图表呈现需求的五大类：分布、趋势、对比、关系、构成。在第 3 篇的案例实战中，我们也是按照这样的分类进行讲解的。在实际操作中，大家可以根据自己的数据表达需求，选择合适的图表类型进行参考和使用。

2.2　可视化的组成要素

前面介绍了图表的 3 种不同的分类方式，本节主要介绍可视化的核心组成要素：视觉暗示、坐标系和背景信息。

2.2.1　视觉暗示

简单来说，视觉暗示就是我们在图表中看到的点、线和面，以及由它们构建的组成图表核心部分的图形。更准确地说，这些图形与视觉暗示还有点差别，通常需要对多个图形进行对比，从而充分强调视觉暗示。例如，对高一点的柱形和矮一点的柱形进行对比，对小的圆形和大的圆形进行对比，对递增的曲线和递减的曲线进行对比，等等。而我们能够从图表中的图形感受到其背后所代表的数据，正是视觉暗示的功劳。

2.2.2　坐标系

图表构成的第二个基础要素是坐标系。视觉暗示代表的图形本身并无实际意义，我们要将图形与现实世界进行关联，需要使用坐标系。由横纵坐标轴构建的笛卡儿坐标系是一种典型的坐标系，也可以采用旋转的极坐标系。在地图上，看起来好像没有坐标系，但依然有经纬度和相应的比例尺存在。所以坐标系在图表构成中是必不可少的。

> 说明：可以将坐标系看作一种"标尺"。在实际制图过程中，坐标系可以采用连续的数轴，也可以采用离散的分类轴，如柱形图的水平轴。

2.2.3 背景信息

填补可视化空隙的是背景信息，虽然不起眼，但缺乏背景信息的可视化作品也是无法阅读的。背景信息一般用于回答与数据有关的 5W 问题（Who：谁，When：在什么时候，Where：在哪里，Why：因为什么，What：做了什么），如数字单位信息、数据集的记录时间、数据来源、数据本身的含义、数据的标签等。在背景信息得到完善后，可视化作品才是丰满的。

下面针对《经济学人》中的某个图表，分别移除某个核心要素，效果如图 2-8 所示。其中，图①是原图表，图②是移除视觉暗示后的效果，图③是移除坐标系后的效果，图④是移除背景信息后的效果。很直观地表明，缺少任意一个核心要素，图表都是无法阅读的。

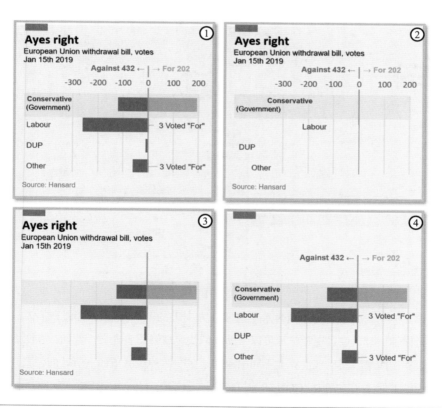

图 2-8 缺少核心要素的图表范例

2.3 视觉暗示的分类和特性

前面介绍了可视化的组成要素是视觉暗示、坐标系和背景信息。本节主要介绍视觉暗示的分类和特性。

2.3.1 位置视觉暗示

视觉暗示分为五大类，共 9 种。其中，最基础的是位置视觉暗示。因为图表本身有一个固定的显示范围，所以目标图形出现在这个范围内的什么位置都可以非常直观地被读者观察到，不需要任何思考。位置视觉暗示的应用范例如图 2-9 所示（图表来自《经济学人》）。

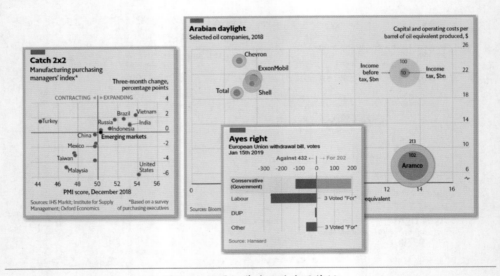

图 2-9 位置视觉暗示的应用范例

在图 2-9 中，在通过坐标轴为水平或竖直方向上的不同位置区域赋予意义（相当于第二层坐标轴）时，位置视觉暗示可以帮助我们快速理解图表含义。例如，在图 2-9 中，左侧图表利用四象限图呈现世界上不同国家和地区在两种经济指标下所处的位置，其中，在横坐标轴上标注了左侧为"CONTRACTING"（紧缩），右侧为"EXPANDING"（扩张），因此根据数据点所在的位置，我们可以快速获得该指标在不同国家和地区的松紧程度。

2.3.2 形状视觉暗示

位置视觉暗示决定了目标图形所处的空间坐标，但在这个地方显示什么图形是由形状视觉暗示控制的。类似于位置视觉暗示，在形状视觉暗示中，数据点的形状差异也是不需要思考就可以被读者快速捕捉的，如肉眼很容易区分正方形、圆形、三角形之间的差异。形状视觉暗示的应用范例如图 2-10 所示（图表来自《经济学人》）。

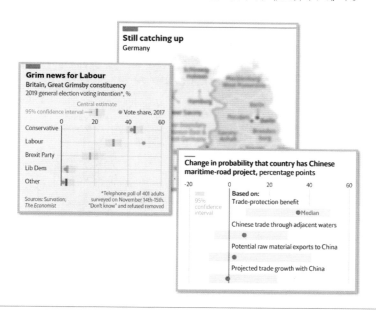

图 2-10　形状视觉暗示的应用范例

在图 2-10 中，通过采用不同的形状，我们可以在相同的空间清晰地表达出多个不同维度的信息，它们之间互不干扰。例如，在图 2-10 所示的左侧和右侧的图表中，圆点代表的实际数据与矩形代表的置信区间范围都可以清晰地呈现在图表中。

> 说明：可以将形状的变化作为强调数据点的一种手段。例如，在地图中，一般城市使用圆点标注，首都使用方形标注，并且使用加粗字体进行强调。

2.3.3 长度视觉暗示、面积视觉暗示和体积视觉暗示

第三类视觉暗示包括长度视觉暗示、面积视觉暗示和体积视觉暗示，因为它们本质上反映的都是大小问题（分别表示一维空间、二维空间和三维空间的大小差异），所以统

一进行说明。同样，在长度、面积和体积的差异识别上，读者不需要花费多少精力就可以完成。长度视觉暗示、面积视觉暗示和体积视觉暗示的应用范例如图 2-11 所示（图表来自《经济学人》）。

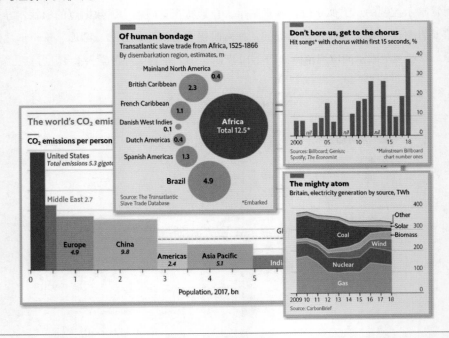

图 2-11　长度视觉暗示、面积视觉暗示和体积视觉暗示的应用范例

说明：视觉暗示的一个共同点是大脑不用花费很多额外精力进行识别、思考、处理，读者可以瞬间判断出差异。这其实也是可视化的核心原理，图表能够让人们很轻松地阅读，并且获取大量信息，就是利用了视觉暗示的这个特性。

在图 2-11 中，利用长度视觉暗示，可以对不同长度的矩形进行快速对比，高度差异一目了然；利用面积视觉暗示，可以构造气泡图中大小不一的气泡，用于表示数据大小的差异；在堆积面积图中，使用累积面积表示数据；在不等宽柱形图中，使用大小不一的矩形表示数据大小。

注意：虽然柱形图和条形图都是用矩形面积表示数据大小的，但因为通常都统一了矩形的宽度，所以实际使用的视觉暗示主要是长度视觉暗示，面积视觉暗示起辅助作用。

体积视觉暗示在图表中的应用相对较少，一方面是因为二维图表表达三维图形的难度较大，灵活度也较低；另一方面是因为大脑对长度视觉暗示、面积视觉暗示、体积视觉暗示的判断精度是逐渐降低的，大脑对体积的判断精度大幅下降，在二维空间中容易导致数据误判。

使用随机数据创建的具有三个数据系列的三维柱形图如图 2-12 所示。在图 2-12 中，因为采用三维呈现方法，所以层叠关系在平面上的观感较为混乱；因为三维图形涉及前后关系，所以在数据的读数和对比上存在较大难度。

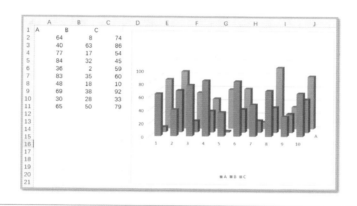

图 2-12　使用随机数据创建的具有三个数据系列的三维柱形图

说明：虽然三维图形可以获得更强的视觉冲击力，但为了更准确地呈现数据，麦克斯建议避免使用三维图形构建二维图表。如果需要使用三维图形，则应该尽量保证读数的精确度。

2.3.4　角度视觉暗示和方向视觉暗示

第四类视觉暗示包括角度视觉暗示和方向视觉暗示。虽然在名称上较为相似，但角度视觉暗示和方向视觉暗示属于两种不同的视觉暗示。其中，角度视觉暗示是指利用角度大小（如饼图中扇形的顶角大小）表示数值的大小；而方向视觉暗示是指使用箭头或线条斜率进行明确的指向。角度视觉暗示和方向视觉暗示的应用范例如图 2-13 所示（图表来自《经济学人》）。

在图 2-13 中，右上角的图表使用立体圆环图表示议会成员的组成，读者可以根据圆环中各部分的角度估算其占比情况（该图表为了提高精确度，使用格子进行了划分）；左侧的图表使用箭头表示变化趋势；中下方的图表使用箭头表示时间的演化方向；右下角的图表使用两点间构造的线段斜率反映指标变化的速度快慢。

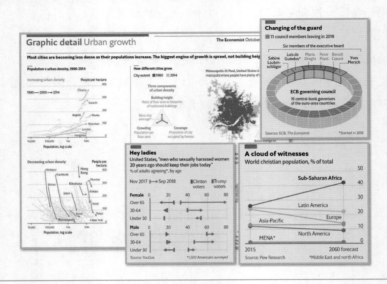

图 2-13　角度视觉暗示和方向视觉暗示的应用范例

> **注意**：虽然圆环图和饼图类似，但饼图使用的主要视觉暗示是角度视觉暗示；而圆环图使用的主要视觉暗示是长度（弧的长度）视觉暗示，角度视觉暗示为辅助视觉暗示。

在实际的图表制作过程中，因为角度视觉暗示和方向视觉暗示精度不高（大脑不容易估计某个角度的大小，难以精确比较两个差不多大的角度），所以这两种视觉暗示使用的频率较低，通常将其作为辅助视觉暗示应用在图表中，甚至在正式的图表制作过程中，麦克斯也不推荐使用饼图（在精度要求不高的情况下可以使用），而是使用堆积柱形图、堆积条形图代替，后面我们会再次强调这一点。

> **说明**：补充一个有趣的冷知识，《经济学人》杂志是对饼图"深恶痛绝"的传统媒体。到目前为止，麦克斯没有在其中找到一个使用饼图表达数据的实例。

2.3.5　色相视觉暗示和饱和度视觉暗示

第五类视觉暗示包括与颜色有关的色相视觉暗示和饱和度视觉暗示，可以将二者笼统地看作颜色视觉暗示。与前面的位置视觉暗示、形状视觉暗示、长度视觉暗示、面积视觉暗示、体积视觉暗示、角度视觉暗示、方向视觉暗示不同，颜色视觉暗示为我们提供了一个全新的用于呈现数据的维度，也是大部分图表制作、可视化作品制作过程中不可或缺的视觉暗示。即使在黑白印刷的作品中，也可以使用颜色的灰度作为视觉暗示构建图表。色相视觉暗示和饱和度视觉暗示的应用范例如图 2-14 所示（图表来自《经济学人》）。

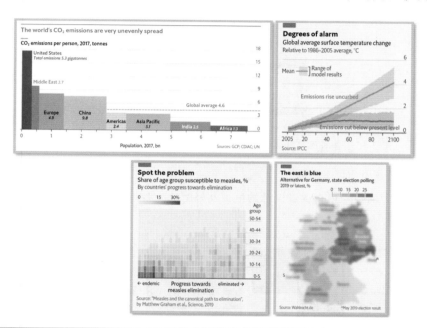

图 2-14　色相视觉暗示与饱和度视觉暗示的应用范例

在图 2-14 中，上半部分的两张图表使用不同的色相对其代表的数据类型进行了区分，如左上角的图表中使用不同的色相表示不同的国家或地区；而下半部分的两张图表使用相同颜色的不同饱和度区分数据值的大小。

说明：部分读者可能对颜色的色相和饱和度的概念有些模糊，下面对其进行简单的说明。常规颜色在计算机中经常使用 RGB 和 HSB 两种模式，RGB 是指读者较为熟悉的红色（Red）、绿色（Green）、蓝色（Blue），HSB 是指色相（Hue）、饱和度（Saturation）和明度（Brightness）。其中，色相是指颜色的相貌，反映的是常规意义上我们认识的类别不同的颜色；饱和度是指颜色的纯度，某种颜色的饱和度越高，表示该颜色越纯正，如高饱和的红色比低饱和的红色看起来更红；明度反映的是颜色的亮度，它在图表中的体现不如前两者明显。

此外，在图表中使用颜色视觉暗示时，要注意部分色盲读者对数据点的辨识问题。普通视觉（上）与红色盲（中）、绿色盲（下）的颜色对比如图 2-15 所示，该图仅供参考。可以看到，色盲读者对大部分颜色都会产生识别偏差，导致颜色视觉暗示失效。

图 2-15　普通视觉（上）与红色盲（中）、绿色盲（下）的颜色对比

解决方法通常有以下两种。

- 使用专门针对色盲读者设计的色盲友好配色方案，常见的色盲友好配色方案如图 2-16 所示。

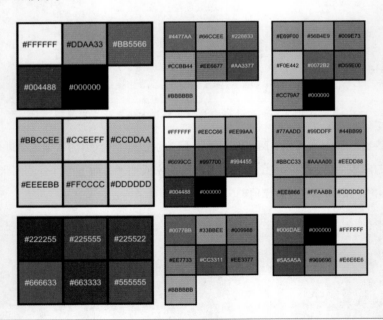

图 2-16　常见的色盲友好配色方案（Emi Tanaka）

- 使用多组不同的视觉暗示完成数据的表达，与颜色视觉暗示形成交叉确认。

> 说明：色盲并非罕见病症，并且在男性中高发。因此，如果图表读者数量为几十个或更多个，或者需要对图表进行审查、评比、参赛等，那么更加需要注意配色问题。

图 2-16 中的色盲友好配色方案出自蒙纳士大学的 Emi Tanaka，图中的字符为十六进制颜色代码。

> 技巧：大部分色盲对红色、绿色及相关颜色的区分能力较低，而对黄色、蓝色的区分没有问题，所以在配色时，建议以这两种颜色为主。更多配色方案的推荐与设计，详见 5.2 节中的相关内容。

2.3.6 视觉暗示的特性

根据前面的内容，我们了解到，构成可视化作品核心部分的底层逻辑主要是五个不同维度的视觉暗示，每一类视觉暗示都很重要，并且是大部分可视化作品中的重要因素。这时你可能会问："到底哪类视觉暗示最好用、最万能呢？"

> 说明：本书中提供的五大类（共 9 种）视觉暗示是图表中常见的视觉暗示，实际还存在一些衍生的视觉暗示，如纹理视觉暗示、透明度视觉暗示、亮度（明度）视觉暗示、曲度视觉暗示等，此处不再赘述，感兴趣的读者可以进行更深入的探究。

1. 适配数据

其实没有最好用、最万能的视觉暗示。不同的视觉暗示对人类肉眼和大脑的影响是不同的，它们都有自己的特性。例如，长度视觉暗示比色相视觉暗示更适合呈现数值数据，色相视觉暗示比长度视觉暗示更适合呈现分类数据，长度视觉暗示比色相视觉暗示更适合呈现排序数据。在使用不同的视觉暗示时，应该适配对应的任务目标和数据类型。不同的视觉暗示适合呈现的数据类型如表 2-1 所示。

表 2-1 不同的视觉暗示适合呈现的数据类型

视觉暗示	分类数据	数值数据	排序数据
位置	★★★	★★★	★★★
形状	★★★	★	★

续表

视觉暗示	分类数据	数值数据	排序数据
长度	★	★★★	★★★
面积	★	★★	★★
体积	★	★	★
角度	★	★★	★★
方向	★★	★★	★
色相	★★★	★	★
饱和度	★★	★★	★★

说明：此处为麦克斯的经验总结，仅供参考。分类数据是指呈现不同类别的数据，数值数据是指呈现数据点大小的数据，排序数据是指呈现一组数值大小关系的数据。

2. 感知精度

前面我们简单地提到过，人类大脑对不同视觉暗示的判断精度是有差异的，如对形状的判断比对颜色饱和度的判断要更轻松和精确。在视觉暗示的感知精度问题的探讨上，学术界已经发表了很多相关论文。虽然并没有得到一个统一的分类框架与结论，但依然可以为我们的图表设计与制作提供参考和辅助。常用视觉暗示精度的排序情况（提出者：Cleveland、McGill、Heer、Bostock、MacKinley）如图 2-17 所示。

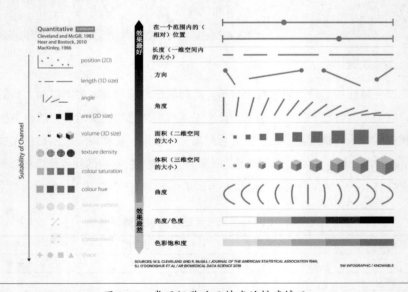

图 2-17　常用视觉暗示精度的排序情况

图 2-17 中的视觉暗示精度排序图看上去稍微有些复杂，其实这里的精度顺序与麦克斯讲解的视觉暗示顺序是"谋而合"的。

> **注意**：此处所说的精度仅仅代表在各种视觉暗示表示数值大小数据时的精度，在表示不同类型的数据时，各种视觉暗示的精度排序也不同，如不同颜色的色相在表示分类数据时依然是很精准的。此外，在不同的应用场景中，视觉暗示的精度会有所变化，因此需要因地制宜地进行判断。例如，色相视觉暗示在 5 个左右的颜色范围内对分类数据的呈现精度是非常高的，但随着颜色种类的增多（超过 7 个），肉眼的判断精度就会快速下降（所以不建议在图表中使用过多的颜色种类）。

视觉暗示的精度顺序不需要记忆，脑海中有一定的精度概念，即可帮助我们在图表设计和制作过程中更好地选取合适类型的图表进行数据呈现，一般建议优先使用精度高的视觉暗示，使用精度低的视觉暗示作为辅助（实际图表通常采用多种不同的视觉暗示共同作用）。

2.4 图表的构成要素

通过前面的内容，我们已经了解了可视化作品和图表在理论上的分类、组成要素，以及可视化原理的核心——视觉暗示。那么在制作具体的图表时，一个规范的图表是由哪些要素构成的呢？本节会联系理论知识，讲解图表的构成要素，以及这些构成要素与 Excel 中图表模块的可控部件之间的对应关系，为后面的软件实操做好准备。

2.4.1 图表结构

一个规范的图表一般可以分成上、中、下三部分，分别为标题区、绘图区和信息区，范例如图 2-18 所示（图表来自《经济学人》）。

在图 2-18 中，标题区中包含主标题、副标题、计量单位、时间等信息，让读者快速了解图表的背景与大概内容；绘图区是图表的核心部分，其中包含图形、视觉暗示、坐标轴、网格线、维度名称、图例等信息，这部分是图表变化最大的区域，也是图表的重点制作区域；信息区一般位于图表的末端，主要用于进行补充说明，其中包含数据来源、特殊算法说明、特殊标识说明等信息。

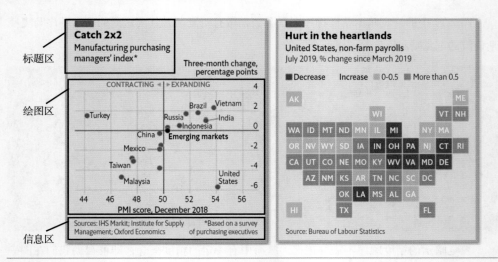

图 2-18 规范的图表结构范例

> **注意**：虽然图表一般分为上、中、下三部分，但在实际的图表设计与制作过程中，存在很多特例情况，如分区不在对应的位置上。但无论如何，在一个规范的图表中，都应该完整包含这三部分的信息。

系列套图是一种特殊的图表，一个图表中包含多个子图，每个子图中都包含独立的绘图区和标题信息，但共用主标题和背景信息，并且这些相关信息都是完整的，范例如图 2-19 所示（图表来自《经济学人》）。

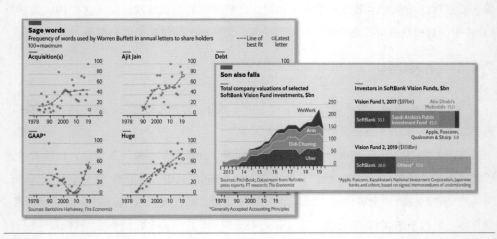

图 2-19 系列套图范例

2.4.2 Excel图表结构

前面介绍了，规范图表的结构应当包含标题区、绘图区和信息区，这一点 Excel 图表是满足的。但本节麦克斯要强调的不是这个，而是微软团队是如何设计 Excel 图表模块的。

在 Excel 中创建一个图表后，可以操作哪些元素？麦克斯使用 A、B、C 共 3 列随机数据创建了一个默认的簇状柱形图，如图 2-20 所示。对图 2-20 中簇状柱形图与图 2-18 中的规范图表进行对比，可以看到在默认状态下，除了标题区，剩余部分只有绘图区，没有信息区。

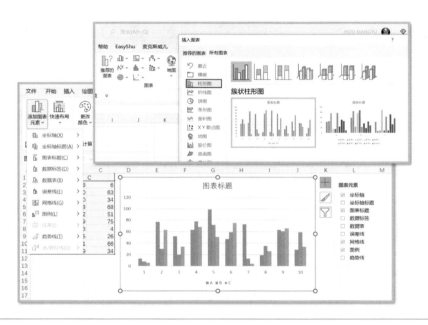

图 2-20 使用 3 列随机数据创建的默认簇状柱形图

说明：在选中数据后，通过菜单栏的"插入"选项卡→"图表"功能组→"推荐的图表"功能命令，可以完成默认图表的插入。

想要知道图 2-20 所示的 Excel 图表中有哪些可操作元素，方法有以下两种。

- 选中图表，在右侧的悬浮功能按钮中单击加号按钮，即可弹出可用的图表元素清单。

- 选中图表，在菜单栏中的"图表设计"选项卡中单击"添加图表元素"功能按钮，即可获取完整的图表元素清单。

　　根据图表元素清单可知，Excel 图表模块中一共划分了 11 个可控图表元素，其中包含 1 个主标题和 10 个绘图区元素。

> 说明：上述两个图表元素清单中的内容很多，而且有些许差异。造成差异的原因与图表类型有关，因为部分图表元素只在特定类型的图表中可以使用。单击加号按钮弹出的图表元素清单中显示的是当前图表类型可用图表元素，菜单栏图表元素清单中显示的是完整的图表元素清单（其中不适配当前图表类型的元素是灰色的，处于不可用状态）。但总体来说，大部分图表元素是通用的。不同类型图表的可控元素明细清单如表 2-2 所示。

表 2-2　不同类型图表的可控元素明细清单

大类	小类	图表标题	坐标轴	坐标轴标题	网格线	图例	数据表	数据标签	误差线	线条	趋势线	涨跌柱线
柱形图	簇状	★	★	★	★	★	★	★	★	/	★	/
	堆积	★	★	★	★	★	★	★	★	★	/	/
	百分比堆积	★	★	★	★	★	★	★	★	★	/	/
	三维簇状	★	★	★	★	★	★	★	/	/	/	/
	三维堆积	★	★	★	★	★	★	★	/	/	/	/
	三维百分比堆积	★	★	★	★	★	★	★	/	/	/	/
	普通三维	★	★	★	★	★	★	★	/	/	/	/
折线图	普通	★	★	★	★	★	★	★	★	★	★	★
	堆积	★	★	★	★	★	★	★	★	★	/	★
	百分比堆积	★	★	★	★	★	★	★	★	★	/	★
	带数据标记的	★	★	★	★	★	★	★	★	★	★	★
	带标记的堆积	★	★	★	★	★	★	★	★	★	/	★
	带数据标记的百分比堆积	★	★	★	★	★	★	★	★	★	/	★
	普通三维	★	★	★	★	★	★	★	/	/	★	/

续表

大类	小类	图表标题	坐标轴	坐标轴标题	网格线	图例	数据表	数据标签	误差线	线条	趋势线	涨跌柱线
饼图	饼图	★	/	/	/	★	/	★	/	/	/	/
	三维饼图	★	/	/	/	★	/	★	/	/	/	/
	子母饼图	★	/	/	/	★	/	★	/	★	/	/
	符合条形饼图	★	/	/	/	★	/	★	/	★	/	/
	圆环图	★	/	/	/	★	/	★	/	/	/	/
条形图	簇状	★	★	★	★	★	★	★	★	/	★	/
	堆积	★	★	★	★	★	★	★	★	/	/	/
	百分比堆积	★	★	★	★	★	★	★	★	/	/	/
	三维簇状	★	★	★	★	★	★	★	/	/	/	/
	三维堆积	★	★	★	★	★	★	★	/	/	/	/
	三维百分比堆积	★	★	★	★	★	★	★	/	/	/	/
面积图	普通	★	★	★	★	★	★	★	★	★	/	/
	堆积	★	★	★	★	★	★	★	★	★	/	/
	百分比堆积	★	★	★	★	★	★	★	★	★	/	/
	三维普通	★	★	★	★	★	★	★	/	★	/	/
	三维堆积	★	★	★	★	★	★	★	/	★	/	/
	三维百分比堆积	★	★	★	★	★	★	★	/	★	/	/
散点图	普通散点	★	★	★	★	★	/	★	★	/	★	/
	带平滑和标记的	★	★	★	★	★	/	★	★	/	★	/
	带平滑的	★	★	★	★	★	/	★	★	/	★	/
	带直线和标记的	★	★	★	★	★	/	★	★	/	★	/
	带直线的	★	★	★	★	★	/	★	★	/	★	/
	气泡	★	★	★	★	★	/	★	★	/	★	/
	三维气泡	★	★	★	★	★	/	★	★	/	★	/
地图	地图	★	/	/	/	★	/	★	/	/	/	/
股价图	高/低/收	★	★	★	★	★	★	★	★	★	★	★
	开/高/低/收	★	★	★	★	★	★	★	★	★	★	★

续表

大类	小类	图表标题	坐标轴	坐标轴标题	网格线	图例	数据表	数据标签	误差线	线条	趋势线	涨跌柱线
股价图	成交量/高/低/收	★	★	★	★	★	★	★	★	★	★	★
	成/开/高/低/收	★	★	★	★	★	★	★	★	★	★	★
曲面图	三维曲面	★	★	★	★	★	/	/	/	/	/	/
	三维线框曲面	★	★	★	★	★	/	/	/	/	/	/
	曲面	★	★	★	★	★	/	/	/	/	/	/
	俯视框架曲面	★	★	★	★	★	/	/	/	/	/	/
雷达图	普通雷达	★	★	/	★	★	/	★	/	/	/	/
	带数据标记的	★	★	/	★	★	/	★	/	/	/	/
	填充雷达图	★	★	/	★	★	/	★	/	/	/	/
树状图	树状图	★	/	/	/	★	/	★	/	/	/	/
旭日图	旭日图	★	/	/	/	★	/	★	/	/	/	/
直方图	直方	★	★	★	★	★	/	★	/	/	/	/
	帕累托排列直方	★	★	★	★	★	/	★	/	/	/	/
箱形图	箱形图	★	★	★	★	★	/	★	/	/	/	/
瀑布图	瀑布图	★	★	★	★	★	/	★	/	/	/	/
漏斗图	漏斗图	★	★	★	/	★	/	★	/	/	/	/
……	……	…	…	…	…	…	…	…	…	…	…	…

说明：表 2-2 是基于 Microsoft 365 中文版（2022）的 Excel 编制的，包含 Excel 中的所有默认图表类型。该表仅供参考，不同版本的 Excel 会有部分出入。对于该表中的内容，读者了解即可，在制作图表时可用于查询。

绘图区中的可控图表元素可以分为以下 3 部分。

- 针对坐标系进行控制的图表元素，如坐标轴、坐标轴标题、网格线。
- 针对代表视觉暗示的数据点进行控制的图表元素，如图例、数据表、数据标签和不同的数据系列。

- 附加图表元素，主要用于增加可视化的表现力，是微软团队特殊设计的图表元素，一般针对部分特殊图表类型生效，如误差线、线条、趋势线、涨跌柱线。

在本书的后续内容中，我们将多次反复对这些可控图表元素进行操控，完成各种图表的制作。

> **说明**：虽然"数据系列"在表格中没有列出，但它是一个重要的可控图表元素，所有图表中都有数据系列，都可以对其进行设置和调整。

2.5 本章小结

本章主要讲解了图表的分类和组成。对于图表的分类，根据图表的使用目的，可以将图表分为科学图表和商业图表；根据图表的互动性，可以将图表分为静态图表、动态图表和互动可视化作品。此外，本章还介绍了经典的用途分类逻辑：分布、趋势、对比、关系、构成。这些图表分类方法可以帮助我们对图表进行分类，使我们不被纷繁复杂的图表迷惑。对于图表的组成，我们首先讲解了图表的组成要素，然后讲解了可视化原理的核心——视觉暗示，最后讲解了图表的构成要素。

下一章，我们将讲解 Excel 制图通用操作与技巧，掌握 Excel 图表模块的使用基础和图表制作过程中的高级设置技巧。

第2篇

基础功能

第 3 章

Excel 制图通用操作与技巧

在本章中，我们的主要目的是掌握使用 Excel 制作图表的基础知识，学习如何创建图表，了解图表的控制面板有哪些，掌握 Excel 图表模块的使用逻辑。这些都是我们在后面的图表制作实例中会使用的知识，需要提前打好基础。此外，还会补充说明在制作图表时常用的 Excel 操作技巧与高级设置，这些在整理制图数据时是必不可少的，能大幅提升效率。

本章主要分为两部分，第一部分讲解 Excel 图表模块的使用基础，第二部分讲解图表制作过程中的高级设置技巧。需要注意的是，因为是实操讲解，所以建议大家打开范例文件，一起进行操作，有助于更快地掌握相关知识。

本章主要涉及的知识点如下。

- 理解 Excel 图表模块的使用基础。
- 掌握图表制作过程中的高级设置技巧。

3.1　Excel图表模块的使用基础

Excel 中有多种创建图表的方法，并且有大量的图表元素设置参数，它们需要在不同的面板中触发和设置。这看上去有点复杂，可能会让人一头雾水。所以在本节内容中，麦克斯要带领大家系统性地了解 Excel 的图表模块。让我们先从创建图表开始吧！

3.1.1　创建图表

在 Excel 中，创建图表的方法有两种，一种是在选中数据后自动创建系统推荐的图表，另一种是完全手动选择图表类型并添加数据。这两种方法的功能按钮都可以在菜单栏的"插入"选项卡→"图表"功能区中找到，如图3-1所示。

图 3-1　菜单栏

选中要构建图表的数据，单击"推荐的图表"功能按钮，弹出"插入图表"对话框，系统会根据所选数据自动设置数据系列，并且根据所选的图表类型创建图表，如图3-2所示。

图 3-2　创建图表

虽然该功能具有一定的智能性，但麦克斯依然不推荐大家使用"推荐的图表"功能命令创建图表（因为算法不够智能，一般无法精准地创建所需类型的图表），而是推荐选择与数据匹配的图表类型创建图表。如图3-3所示，在选取数据后，通过单击"图表"功能组中"推荐的图表"功能按钮右侧的不同按钮，可以直接创建出相应类型的图表。

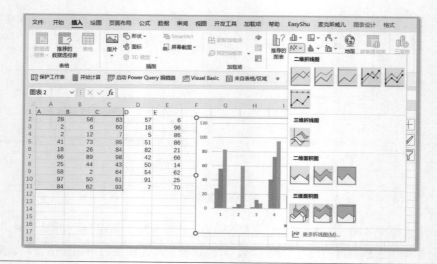

图 3-3　按照图表类型创建图表

技巧：单击"推荐的图表"功能按钮，在弹出的对话框中选择"所有图表"选项卡，即可查看 Excel 支持的默认图表类型清单，如图 3-4 所示。

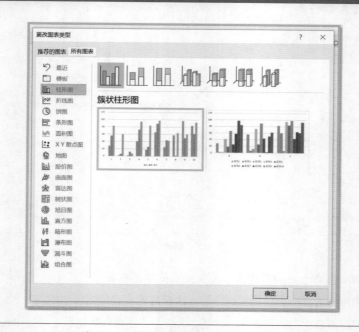

图 3-4　Excel 支持的默认图表类型清单

　　了解了上述创建图表的方法，就已经掌握了创建图表的基础知识。但在实际操作中，麦克斯推荐的图表创建方法是，首先不选择任何数据，然后选择所需的图表类型，创建空白的图表，最后手动为空白图表添加数据系列。这个方法适用于所有情况。

　　之所以采用这样的操作顺序，是因为不同类型的图表对数据结构的要求通常是不同的。例如，条形图需要一组类别值和一组数据值就可以构建，折线图需要一组类别/时间/数据值和另一组数据值才可以构建，散点图需要两组数据值才可以构建，气泡图需要三组数据值才可以构建。所以，直接使用现有数据创建图表可能导致系统自动理解的数据结构不正确，需要额外进行修改，甚至无法创建图表。

3.1.2　图表模块介绍

1. 灵动选项卡

　　在图表创建完成后，Excel 图表模块的完整面貌才会呈现在我们面前。在选中图表对象后，系统会显示用于控制图表的灵动选项卡"格式"和"图表设计"，如图 3-5 所示。

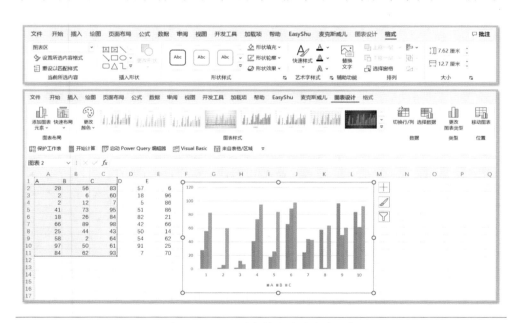

图 3-5　Excel 图表模块的灵动选项卡

　　图表设计的大部分核心功能都在"格式"和"图表设计"选项卡中，如选择数据、更改图表类型、添加元素、布局、整体配色等功能，后面我们会针对几个重点功能进行讲解。

2. 图表元素的格式设置侧边栏

图表设计的另一部分核心功能是对绘图区内的元素进行格式设置，但这项功能并不在选项卡中，而是藏在专用的格式设置侧边栏中。打开格式设置侧边栏的操作方法：选中图表并右击，在弹出的快捷菜单中选择"设置图表区域格式"命令，即可打开"设置图表区格式"侧边栏，如图 3-6 所示。

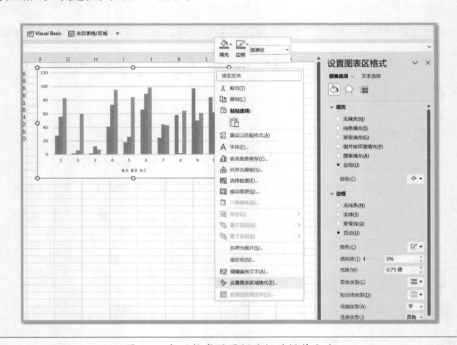

图 3-6　打开格式设置侧边栏的操作方法

> 说明：虽然菜单栏中选项卡的功能很重要，但在图表制作过程中，格式设置侧边栏的使用频率更高。所以一定要掌握打开格式设置侧边栏的操作方法。此外，选中任意的图表元素并右击，也会有相应的打开格式设置侧边栏的命令可以使用（也可以直接双击对应的图表元素将其打开）。

在图 3-6 中，右侧的"设置图表区格式"侧边栏便是格式设置侧边栏。除了"设置图表区格式"侧边栏，还有"设置绘图区格式""设置数据系列格式""设置坐标轴格式""设置主要网格线格式"等侧边栏。格式设置侧边栏不是某个特定的侧边栏，它是根据所选的绘图区元素自适应变化的（其中的可设置参数也会随之发生变化），如图 3-7 所示。

注意：不同类型的图表对数据系列的要求不同，也就是说，图表类型不同，"编辑数据系列"对话框中的参数也会有所不同。例如，对于常规的条形图和折线图，"编辑数据系列"对话框中的参数为"系列名称"和"系列值"；对于散点图，"编辑数据系列"对话框中的参数为"系列名称"、"X轴系列值"和"Y轴系列值"；对于气泡图，"编辑数据系列"对话框中的参数为"系列名称"、"X轴系列值"、"Y轴系列值"和"系列气泡大小"，如图3-13所示。

图3-13　不同类型的图表对数据系列的要求不同

技巧：在实际操作中，通常直接通过拖曳图表数据源的引用范围，实现对数据的调整，这种方法在部分情况下效率很高。操作演示如下：单击图表，系统会自动将当前图表数据源的引用范围突出显示（蓝色区域代表数据系列、红色区域代表数据系列标题），通过拖曳区域边缘，可以直接对其进行调整，如图3-14所示。

注意：Excel图表模块还支持复制单元格区域内的数据，并且通过粘贴的方式将其添加到图表中，从而形成新的数据系列。但因其准确度较低，麦克斯不推荐使用该方法。

2. 编辑水平（分类）轴标签

我们不仅可以对数据系列进行编辑，还可以对数据系列中的数据点标签进行修改。例如，对图3-12中默认的数字分类标签不满意，可以在"选择数据源"对话框的"水平

（分类）轴标签"列表框中单击"编辑"按钮，弹出"轴标签"对话框，然后使用一组自定义的水平标签名称对数据分类进行命名，为图表制作提供更高的灵活度，如图3-15所示。

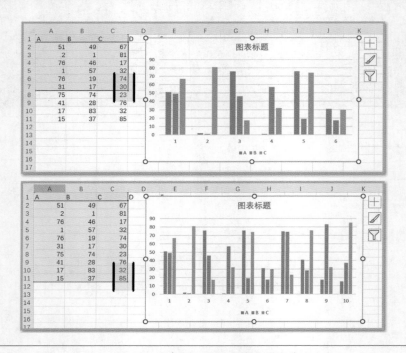

图 3-14　调整图表数据源引用范围的操作演示

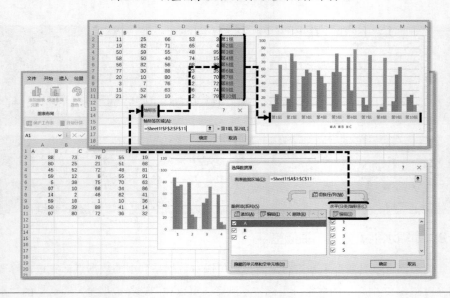

图 3-15　编辑水平轴标签功能的操作演示

3.1.4　更改图表类型

在创建图表时，会先确定所需的图表类型，但是可能初期的考虑不够严谨，在制作图表的过程中，发现选择的图表类型不合适，此时可以使用"更改图表类型"功能命令更改图表类型，无须重新创建图表。

选中图表，单击菜单栏中的"图表设计"选项卡→"类型"功能组→"更改图表类型"功能按钮，即可执行"更改图表类型"功能命令，弹出"更改图表类型"对话框（和创建图表时的图表界面相同），如图 3-16 所示，选择所需的图表类型，单击"确定"按钮，即可将当前图表类型更改为所选的图表类型。

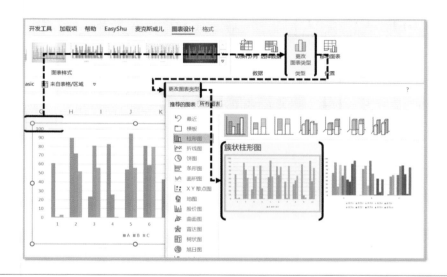

图 3-16　"更改图表类型"功能命令的操作演示

注意：更改图表类型的界面与创建图表的界面基本相同，但是不同的图表类型对数据系列的要求是不同的，因此在更改图表类型后，可能出现图形显示混乱的情况，此时需要使用"选择数据"功能命令重新对数据系列进行设置。

3.1.5　添加图表元素

根据前面的内容可知，Excel 默认创建的图表中包含图表标题、坐标轴等元素，并且不同类型的图表中包含的元素是不同的。但无论如何，默认创建的图表中包含的元素是固定的。而在实际操作中，通常要进行"客制化"，因此元素的添加与删除操作非常重要。

选中图表，单击菜单栏中的"图表设计"选项卡→"图表布局"功能组→"添加图表元素"下拉按钮，在弹出的下拉列表中选择所需的元素，将其添加到所选图表中，如图 3-17 所示。也可以通过所选图表右上角的"图表元素"悬浮列表添加和删除元素（勾选或取消勾选相应元素的复选框）。

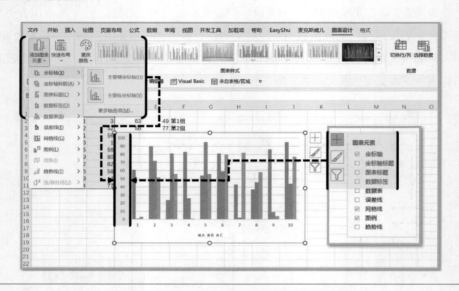

图 3-17 "添加图表元素"功能命令的操作演示

> 说明：在删除图表元素时，可以直接选中要删除的图表元素，然后按 Delete 键将其删除。但在图表元素较多时，选中图表元素的难度较高，因此一般推荐使用在"图表元素"悬浮列表中取消勾选元素复选框的方法删除图表元素。

各类图表元素的效果说明如表 3-1 所示，部分图表元素在图表中的呈现效果如图 3-18 所示。

表 3-1 各类图表元素的效果说明

大类	小类	效果说明
图表标题	图表标题	向图表中添加一个标题元素，可以使用文本框代替
坐标轴	主要横坐标轴	默认的横坐标轴对象
	次要横坐标轴	组合图中可能出现副坐标轴体系中的横坐标轴对象
	主要纵坐标轴	默认的纵坐标轴对象
	次要纵坐标轴	组合图中可能出现副坐标轴体系中的纵坐标轴对象

续表

大类	小类	效果说明
坐标轴标题	主横坐标轴标题	相应坐标轴的标题,可以使用文本框代替
	次横坐标轴标题	
	主纵坐标轴标题	
	次纵坐标轴标题	
网格线	主要水平网格线	和纵坐标轴大刻度对应的水平网格线
	次要水平网格线	和纵坐标轴小刻度对应的水平网格线
	主要垂直网格线	和横坐标轴大刻度对应的垂直网格线
	次要垂直网格线	和横坐标轴小刻度对应的垂直网格线
图例	图例	用于标识图表中的数据系列
数据表	数据表	以图表附加表格的形式呈现所有系列的数据
数据标签	数据标签	在数据系列的各个数据点上添加值、名称等标签
误差线	误差线	在数据点周围使用短线标识误差大小
线条	线条	特殊类型中存在的连线,如数据点到坐标轴的连线等
趋势线	趋势线	基于现有数据,使用内置的算法预测未来的数据走势
涨/跌柱线	涨/跌柱线	在股价图、折线图中添加表示数据系列差值的柱形
……	……	……

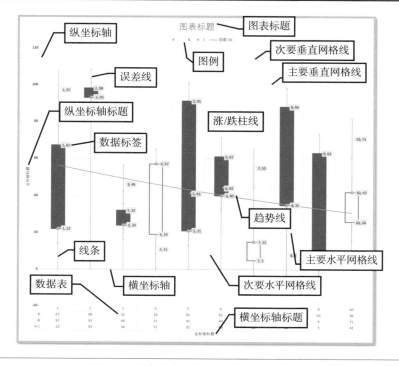

图 3-18　图表元素在图表中的呈现效果范例

3.1.6　当前所选内容

"当前所选内容"功能命令非常不起眼，但是在高级图表的制作过程中必不可少，可以帮助我们快速地从众多层叠交错的图表元素中选中所需元素。

选中图表，在菜单栏的"图表设计"选项卡→"当前所选内容"功能组的下拉列表中，可以查看当前图表中的所有元素，在该下拉列表中选择其中的某个选项，可以快速定位相应的图表元素，如图 3-19 所示。

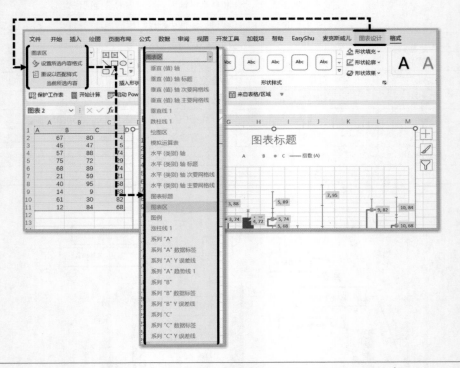

图 3-19　"当前所选内容"功能命令的操作演示

"当前所选内容"功能命令在实际操作中发挥着重要作用。当图表中的元素较多，或者增加了很多数据系列，元素之间相互重叠、交叉的程度很高时，使用鼠标直接选取元素的方式很难成功操作，此时可以使用"当前所选内容"功能命令快速、精确地选取元素。

说明：单击"当前所选内容"功能组中的"设置所选内容格式"功能按钮，可以打开当前所选元素的格式设置侧边栏。

　　我们也可以直接在格式设置侧边栏中切换选中的元素，操作演示如下：在打开格式设置侧边栏后，单击顶部的"图表选项"下拉按钮，可以打开当前图表的完整元素列表，通过该列表，可以快速、精确地切换选中的元素，如图 3-20 所示。该功能与"当前所选内容"功能是完全一样的。在实际操作中，通常在格式设置侧边栏中切换选中的元素。

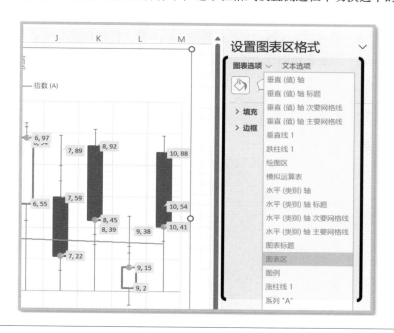

图 3-20　在格式设置侧边栏中切换选中的元素

　　技巧：在选取图表元素时，优先使用鼠标选取元素，但在遇到困难时，建议通过"当前所选内容"功能命令或格式设置侧边栏进行快速、精确的元素选取。此外，可以通过键盘中的 Shift 键和 Shift+Tab 键作为按正向 / 反向顺序切换选取元素的快捷键进行辅助定位。

3.2　图表制作过程中的高级设置技巧

　　前面讲解了 Excel 图表模块的基本构成、不同的图表类型、图表中的所有可控元素、几个核心的图表功能命令的使用方法。接下来，麦克斯将为大家拓展讲解图表制作过程中的几个常用的高级设置技巧。

3.2.1 数据快速选择

第一个高级设置技巧其实和图表模块本身没有太大关系，它可以提高为图表添加数据系列的效率，属于Excel操作技巧范畴。通常在为图表添加数据系列时，我们会利用"选择数据"功能命令，并且逐个对数据系列进行设置。在设置数据系列时，很多人采用鼠标拖曳的方式选定目标数据区域。虽然这样的方法不错，但在数据系列较多时的效率会很低。下面介绍一个数据选取快捷键，用于高效地选取数据。两种数据选取方式的对比如图3-21所示。

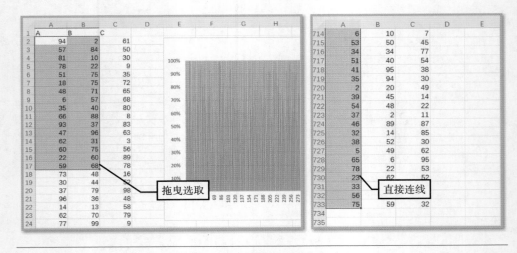

图 3-21　两种数据选取方式的对比

在图 3-21 中，左侧为使用鼠标拖曳方式选取数据的过程，右侧是通过快捷键选取数据的过程。可以看到，在原始数据较多时，从首行拖曳到底部（700 多行）必然会耗费大量的时间，但通过快捷键可以快速从头部到达底部，具体操作方法如下。

选中起点单元格，通过按快捷键 Ctrl+Shift+ ↑ / ↓ / ← / →，可以在对应方向上选择连续的数据区域。如果要选择 A 列的完整数据作为数据系列 A 添加到图表中，那么先选中 A2 单元格，再按快捷键 Ctrl+Shift+ ↓，即可快速完成 A2 ~ A733 单元格的选取。

> 说明：文字描述可能难以理解，关于数据选取快捷键的详细实操演示教学，可以在哔哩哔哩视频网中搜索关键字"Excel 操作技巧 | 088 选取行列数据"，参考视频教程辅助理解。

3.2.2　切换行/列

第二个高级设置技巧属于"选择数据"功能命令的补充，名为"切换行 / 列"。在创建表格时，如果按照麦克斯推荐的方法先创建空白表格，再添加数据系列，则可以得到非常准确的图表；如果按照现有数据直接创建图表，则可能会遇到数据系列设置错误的问题，如图 3-22 所示。

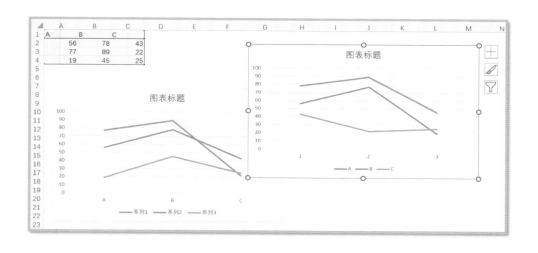

图 3-22　默认创建的图表的数据系列设置错误问题

在图 3-22 中，左下方的图表是使用表格中的数据创建的默认折线图，仔细观察该图表中的数据系列，可以发现，该图表中的线表示的是原表格中的行数据，而我们的需求是用线表示数据系列，即用线表示 A、B、C 这 3 列数据，即右上方的图表。

这样的问题要如何处理呢？根据我们此前讲解过的"选择数据"功能，有的读者很有可能会返回"选择数据源"对话框中，重新对数据系列进行设置。这样做可以解决问题，但没有必要。我们可以使用"切换行 / 列"功能命令进行一键调整：选中图表，单击菜单栏中的"图表设计"选项卡→"数据"功能组→"切换行 / 列"功能按钮，即可完成行 / 列数据的切换，如图 3-23 中①所示。

> 说明：单击菜单栏中的"图表设计"选项卡→"数据"功能组→"选择数据"功能按钮，在弹出的"选择数据源"对话框中单击"切换行 / 列"按钮，也可以实现该功能，并且可以更加清晰地看到行 / 列数据的切换过程，如图 3-23 中②所示。

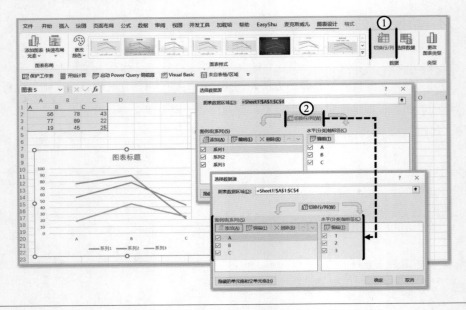

图 3-23 "切换行/列"功能命令的操作演示

3.2.3 处理特殊值

第三个高级设置技巧同样属于"选择数据"功能命令的补充，但隐藏得更深，其名为"隐藏的单元格和空单元格"，主要用于处理原始数据表中的空值、错误值、隐藏数据等特殊值。在"选择数据源"对话框中单击左下角的"隐藏的单元格和空单元格"按钮，弹出"隐藏和空单元格设置"对话框，该对话框中包含 3 部分，分别为空单元格显示设置、错误值显示设置和隐藏数据显示设置，如图 3-24 所示。

1. 空单元格显示设置

空单元格是原始数据中经常出现的问题，原因可能是出现了数据缺失，也可能是原值为零，被特殊处理成了空单元格。但在图表中，对空单元格的显示是要根据实际需求进行设置的。Excel 图表模块提供了 3 种空单元格显示设置模式，分别为"空距"、"零值"和"用直线连接数据点"，其具体效果如图 3-25 所示。

在图 3-25 中，使用折线图对 3 种空单元格显示设置模式的效果进行对比。其中，数据系列 A 缺少头部的两个数据点，数据系列 B 缺少尾部的两个数据点，数据系列 C 缺少中间的一个数据点。对这 3 个数据系列分别应用"空距"、"零值"和"用直线连接数据点"显示设置模式，根据其效果可知，采用"空距"显示设置模式，可以忽略空单元格中的数据不进行数据点的呈现（图中很多空白中断）；采用"零值"显示设置模式，可以将空单元格中的数据视为零值进行处理（图中出现很多下降的零值点）；采用"用直线连接数据点"显示设置模式，可以忽略空单元格中的数据，将空单元格前面和后面的数据点直接相连（用于解决数据缺失的问题）。

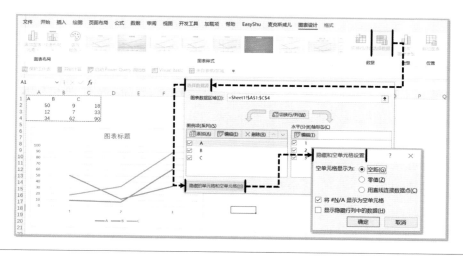

图 3-24 "隐藏和空单元格设置"对话框

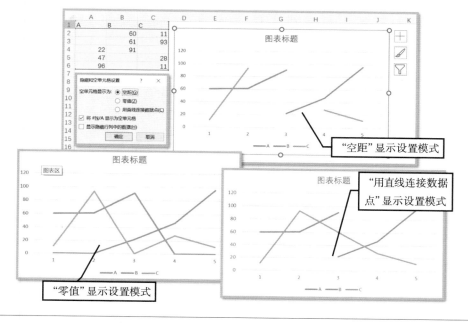

图 3-25 不同的空单元格显示设置模式的效果

> **注意**：虽然采用"用直线连接数据点"显示设置模式可以弥补数据系列中间缺失的数据，但无法弥补数据系列头部和尾部缺失的数据。

在默认情况下，会使用"空距"显示设置模式，因为该显示设置模式可以如实地反映数据的缺失情况，是最真实和准确的。但在实际操作中，如果满足实际需求，那么也可以使用其他显示设置模式进行处理。

2. 错误值显示设置

错误值主要是指 Excel 中的 #N/A 错误。#N/A 是指 Not Applicable，即不适用。#N/A 错误属于 Excel 工作表七大错误之一，部分函数运算会返回此类错误。除了可以使用 NA 函数编辑公式"=NA()"直接返回该错误值，Excel 还支持手动输入文本"#N/A"构造错误，含义是相同的。例如，商场人流量数据在夜间闭店时不进行统计，因此可以将夜间时段的统计结果标注为"#N/A"，表示无须填写。

在不进行任何设置的情况下，Excel 图表模块对错误值的显示设置模式等价于对空单元格的"用直线连接数据点"显示设置模式，如图 3-26 所示。

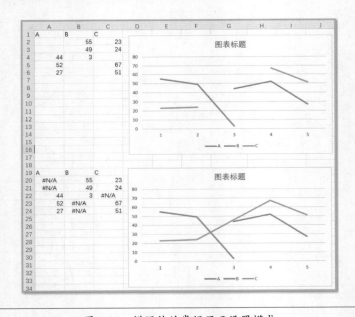

图 3-26　错误值的常规显示设置模式

在图 3-26 中，上、下两组数据的数值部分是完全相同的，唯一的区别在于，在第二组数据集中，所有的空单元格都被替换为了 #N/A 错误。可以看到，系统对两组数据集采取了不同的显示逻辑，错误值的显示设置模式的效果等价于空单元格的"用直线连接数据点"显示设置模式的效果。

在实际操作中，通常希望对错误值的处理逻辑与对空单元格的处理逻辑保持一致。因此微软开发团队专门设计了兼容开关，在"隐藏和空单元格设置"对话框中勾选"将 #N/A 显示为空单元格"复选框，即可将错误值和空单元格等效处理。

> 说明：默认勾选"将 #N/A 显示为空单元格"复选框，如果无特殊情况，那么不建议取消勾选该复选框，因此知道有这个特性即可。

3. 隐藏数据显示设置

在"隐藏和空单元格设置"对话框中，如果勾选"显示隐藏行列中的数据"复选框，那么图表数据源引用范围内的数据会被完整呈现在图表中，否则只呈现表面数据，对比效果如图 3-27 所示。

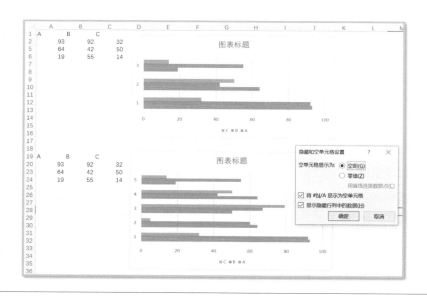

图 3-27　隐藏数据显示设置模式的效果对比

在图 3-27 中，上、下两个图表采用两组完全相同的数据副本进行创建，并且对所有数据系列中的数据值都进行了部分隐藏（查看表格数据的行号，可以发现将第 2 个和第 3 个数据点隐藏了）。可以看到，在默认状态下只显示 3 个未隐藏的数据点，即只显示可见数据；而在勾选"显示隐藏行列中的数据"复选框后，数据得到了完整的呈现。

> 技巧：该功能仅为 Excel 图表模块的一个特性，知悉即可，在实际操作中，需要根据具体情况选择是否应用该功能。麦克斯建议在制作图表时不隐藏表格中的数据，让所有数据直观可见。因为隐藏数据的标识很不明显，很容易造成数据遗漏问题，也会带来操控上的麻烦。

3.2.4 组合图

第四个高级设置技巧是在选择图表类型时，使用高级图表类型——组合图。在一般情况下，我们在创建图表时选取的图表类型都是 Excel 图表模块支持的默认图表类型（见表 2-2）。虽然默认的图表类型有很多图表元素供我们操作、编辑，但最终的呈现效果依然不够丰富，数据容量相对较小。因此微软开发团队为 Excel 图表模块添加了可以自由组合多个图表类型的组合图，用于弥补这个缺陷，极大地提高了最终成品图表的可塑性。

如果你在前面的操作练习中观察得比较仔细，则可以发现在创建图表的过程中，"所有图表"选项卡中的最后一个选项是"组合图"。

如图 3-28 所示，单击菜单栏中的"插入"选项卡→"图表"功能组→"推荐的图表"功能按钮，在弹出的对话框中选择"所有图表"选项卡，可以在末尾看到"组合图"选项，根据实际情况进行设置，单击"确定"按钮，即可完成组合图的创建；直接单击"图表"功能组中的"组合图"按钮，也可以完成组合图的创建。

> 技巧：虽然可以直接创建组合图，但默认的图表组合方式通常无法满足需求，因此麦克斯推荐的操作方法是，打开组合图设置界面（图 3-28 中的界面），为各个数据系列单独设置图表类型，并且设置各个数据系列是否位于次坐标轴上（是否勾选"次坐标轴"复选框）。在图表创建完成后，可以通过"更改图表类型"功能命令对组合图进行设置。

麦克斯使用 Excel 模拟制作了《经济学人》杂志中的一个商业图表，如图 3-29 所示，下面以该图表为例讲解组合图的应用逻辑。

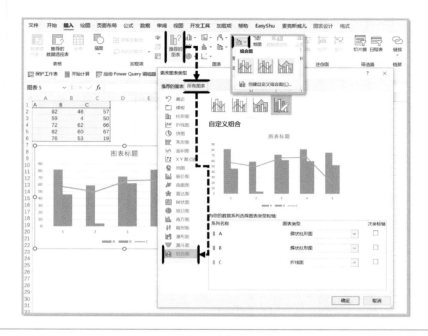

图 3-28　创建组合图

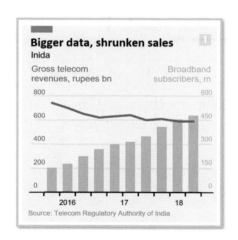

图 3-29　组合图的应用逻辑讲解范例

可以看到，该图表中既包含簇状柱形图，又包含折线图，并且二者都具有独立的坐标系。完成该图表的核心环节便是组合图的应用。

选中数据，单击菜单栏中的"插入"选项卡→"图表"功能组→"组合图"功能按钮，打开组合图设置界面，将数据系列 BB subscribers 的"图表类型"设置为"簇状柱形图"，将数据系列 Gross telerevenue 的"图表类型"设置为"折线图"，因为原图左侧为主坐标轴，右侧为次坐标轴，所以需要勾选数据系列 BB subscribers 的"次坐标轴"复选框，如图 3-30 所示，单击"确定"按钮，即可创建一个柱形 / 折线组合图。

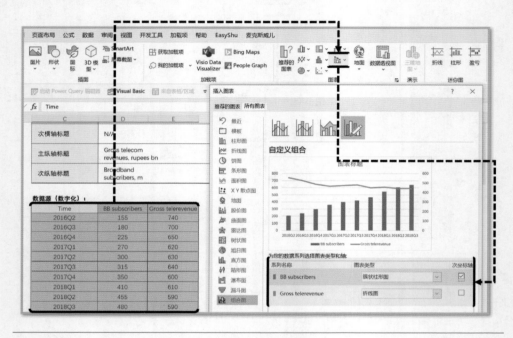

图 3-30　创建柱形 / 折线组合图

如图 3-31 所示，右侧的图表为创建得到的柱形 / 折线组合图，对该图表中的各个元素进行参数设置，即可依次实现中间和左侧图表的效果。

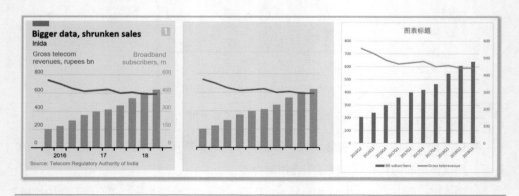

图 3-31　柱形 / 折线组合图的效果

说明：图表元素的相关参数设置将在后续章节中逐步讲解。

以上便是组合图的基础知识。虽然我们只演示了典型的柱形图与折线图的组合场景，但组合图的应用远不止于此，读者可以根据实际情况将不同类型的图表自由组合。但不论如何组合，其操作逻辑是相似的。

3.2.5　照相机

最后一个高级设置技巧是应用"照相机"功能命令。"照相机"功能命令虽然不是Excel图表模块的功能命令，但在图表制作过程中，该功能命令可以发挥很大作用，用于实现一些特殊效果。

在 Excel 软件的常规设置下，"照相机"功能命令并未直接显示在菜单栏中，我们需要通过 Excel 后台选项设置将其开启。

如图 3-32 所示，选择菜单栏中的"文件"选项卡→"选项"命令，弹出"Excel 选项"对话框，切换至"自定义功能区"设置界面，在"从下列位置选择命令"下拉列表中选择"所有命令"选项，然后在下面的列表框中找到"照相机"选项，并且将其添加到右侧列表框中的相应位置，单击"确定"按钮，即可在菜单栏中使用该功能命令。

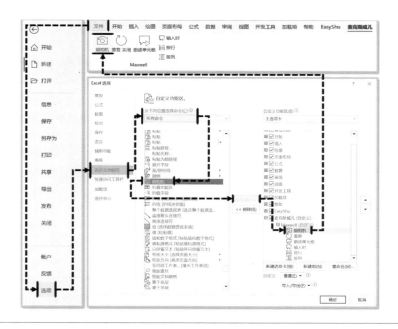

图 3-32　开启"照相机"功能命令的操作方法

> 说明：“照相机”功能命令的使用方法为，首先选中需要拍照的单元格区域，然后单击“照相机”功能按钮进行拍摄，最后选择生成图片的位置，获取拍照结果。

"照相机"功能命令的效果是生成一张动态图片，该动态图片会实时显示指定单元格区域内的当前内容，当该区域内的内容发生变化时，照相机生成的动态图片也会实时发生变化。我们在制作图表时，利用这个特性，可以将多种不同的 Excel 元素组合在一起。以下为几个常见的应用说明。

1. 色阶图例

在制作一些特殊类型的图表时，使用 Excel 图表模块的默认图例无法满足要求，需要使用一些特殊的方法制作图例，如制作色阶图例，范例如图 3-33 所示。

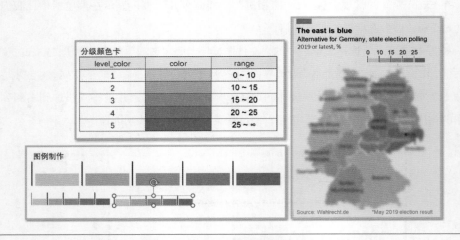

图 3-33　使用"照相机"功能命令制作色阶图例的范例

在图 3-33 中，右图为一张分段填色图，该图中包含多个用不同颜色标识的区域数值，因此需要一个反映颜色和数值关系的图例进行参考。这无法使用默认图例元素完成，需要首先在单元格中完成图例的制作，然后使用"照相机"功能命令将区域转化为图片，最后将其与图表组合，从而完成该图例的制作。

2. 旋转图表

使用"照相机"功能命令可以对内容进行旋转，如旋转图表、旋转图形，配合多种元素，可以实现最终效果。例如，Excel 图表模块提供了垂直瀑布图的制作模板，可以直接使用，但如果需要使用水平瀑布图，则无法通过模板制作，因此一般使用堆积条形图进行模拟，或者在制作完垂直瀑布图后，使用"照相机"功能命令对其进行旋转，如图 3-34 所示。

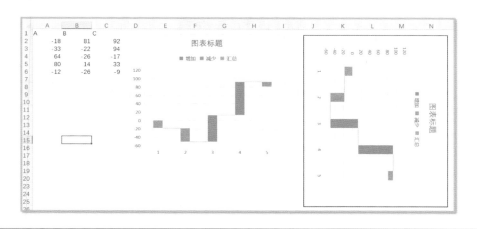

图 3-34　旋转制作水平瀑布图

说明：之所以可以这样操作，是因为使用"照相机"功能命令生成的是图片，而图片具有图表没有的角度属性，可以随意旋转角度，灵活度更高。

3. Dashboard数据仪表盘

使用"照相机"功能命令可以组合不同的图表，形成"Dashboard 数据仪表盘"，从而更综合地反映公司经营、市场变化、研究结果等情况。因为数据仪表盘通常都会涉及多个图表的制作，所以通常在独立的工作表中分别制作子图表。在子图表制作完成后，使用"照相机"功能命令逐个对所有子图表进行拍照，形成相应的图片，最后将其组合在结果工作表中。

3.3　本章小结

本章主要介绍 Excel 制图通用操作与技巧，共分为两部分，第一部分主要讲解了 Excel 图表模块的使用基础，包括 Excel 图表模块的组成结构和基础操作，并且重点讲解了核心功能的分布和一些重要的功能命令；第二部分主要讲解了图表制作过程中的高级设置技巧，帮助我们提高制图效率。这些知识是我们后续制作图表的理论基础。

在掌握这些基础知识后，下一章，我们将展开讲解实际图表制作过程中常用的图表效果及其实现方法。这些效果可以有效地提高数据呈现的准确度，修饰图表的呈现效果。

第 4 章

Excel 经典商业图表效果实现

前面介绍了 Excel 图表模块的使用基础和图表制作过程中的高级设置技巧。本章，我们会使用这些基础操作实现一些经典图表效果，一部分效果直接使用图表元素的格式设置就可以实现，另一部分效果需要综合数据整理、模块功能命令和格式设置等多方面知识才可以实现。但无论制作难度如何，它们的作用都是让图表更好地表达数据。

本章主要分为两部分进行讲解，其中第一部分讲解基础效果（预设效果），第二部分讲解进阶效果（图表功能的综合应用）。因为是实操讲解，所以麦克斯建议大家打开范例文件，一起进行操作练习，有助于更快掌握相关知识。

本章主要涉及的知识点是理解 Excel 图表经典效果的实现方法。

4.1　基础效果

在第 3 章，我们重点讲解了 Excel 图表模块菜单栏中几个核心功能命令的应用，这些功能命令通常用于对图表层级的一些关键属性进行控制，如更改图表的数据类型、添加数据系列、移动图表等。在图表元素层面，Excel 开发团队也为不同的元素定制了多个可调参数（主要在格式设置侧边栏中），用于控制元素的变化，从而实现各式各样的效果。

4.1.1　不等间距时间轴

我们在制作与时间有关的图表时，通常会将时间维度作为水平坐标轴进行呈现，这是呈现趋势数据的一般规律，但你是否注意过如图 4-1 所示的问题呢？

在图 4-1 中，可以看到图表的原始数据是很普通的日期和销售额数据，在被制作成柱形图后，单数据系列呈现在图表中好像也没什么问题。但如果仔细查看，就会发现，原

始数据中的日期其实是不连贯的，缺少部分日期数据。然而，在目前的图表中很难察觉
这个问题，容易对读者造成误导，需要纠正。

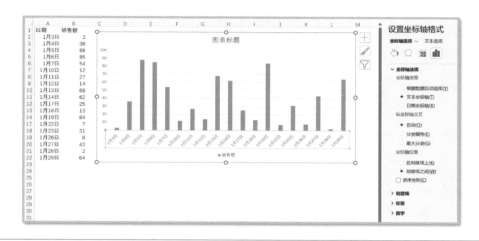

图 4-1　趋势数据的呈现

　　要解决这个问题，我们需要借助坐标轴的"坐标轴类型"参数，将该参数从"文本坐
标轴"修改为"日期坐标轴"，即可自动识别横坐标轴的趋势数据，如图 4-2 所示。

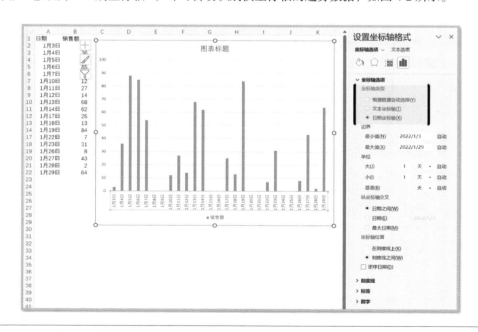

图 4-2　将"坐标轴类型"参数从"文本坐标轴"修改为"日期坐标轴"

4.1.2 反转顺序

在制作条形图时，可能很多人会遇到一个问题：设置好的数据在制作成图表后，数据顺序发生了改变，不是预期的数据顺序，并且在大部分情况下，数据顺序恰好与预期的数据顺序是相反的，如图4-3所示。

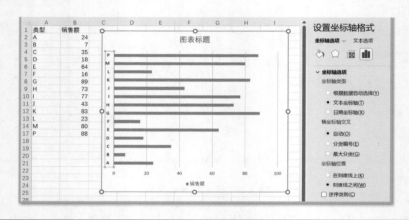

图 4-3　数据顺序与预期的数据顺序相反

在图4-3中，原始数据的顺序是从A到P，但实际条形图的默认数据顺序是从P到A，恰好相反。在遇到这种问题时，不用着急调整原始数据，因为原始数据的顺序是便于理解的、正确的。之所以会出现这种问题，是因为Excel开发团队的设计逻辑就是这样的，但系统也提供了相应的解决方法：在对应的"坐标轴选项"节点下勾选"逆序类别"复选框，即可使图表呈现的数据顺序与原始数据顺序相匹配，如图4-4所示。

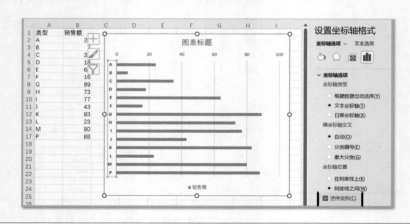

图 4-4　图表呈现的数据顺序与原始数据顺序相匹配

4.1.3　折线的起点位置

在制作折线图的过程中，当需要表现趋势数据时，通常希望数据系列可以从横坐标轴的起点开始显示数据。但在默认制作的所有折线图中，所有数据系列的起点都与横坐标轴的起点存在一定的间隔，如图 4-5 所示。

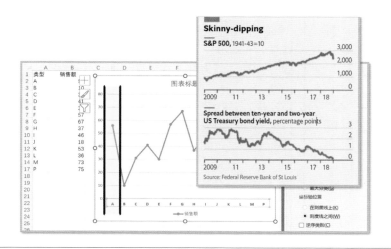

图 4-5　折线图的数据系列起点与横坐标轴的起点存在一定的间隔

在图 4-5 中，数据点 A 出现在横坐标轴起点右侧有一定距离的位置，并没有像右上方的图表一样，与坐标轴同步。右上方图表中的效果，可以通过修改坐标轴设置实现，无须调整原始数据，具体操作如图 4-6 所示。

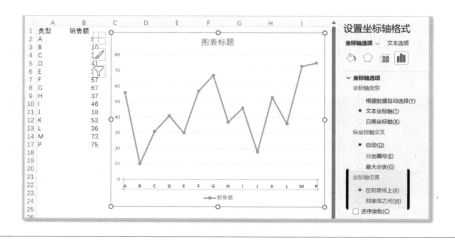

图 4-6　调整数据点起点位置与坐标轴同步

在图4-6中，将横坐标轴的"坐标轴位置"参数从"刻度线之间"修改为"在刻度线上"，即可将数据系列和坐标轴同步呈现。这样设置的原理如下。

在设置参数时，我们可以同时开启上述两种情况的图表坐标轴的"刻度线"显示，具体参数设置如图4-7所示，对比查看数据点相对刻度线的位置即可轻松理解。

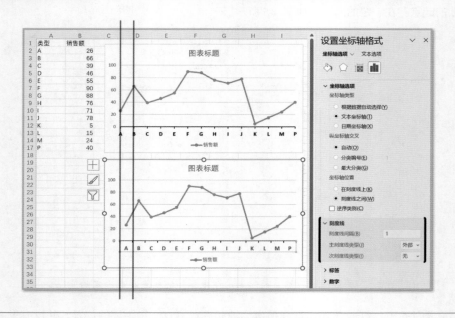

图4-7 "坐标轴位置"参数模式设置的差异对比

在图4-7中，在开启刻度线后，对比两组图表，可以发现，"坐标轴位置"参数的模式设置会影响图表坐标轴的分段效果。对于"在刻度线上"模式，数据点位于刻度线上，因此坐标轴在水平方向上被 N 条刻度线分成了 N-1 个线段（N 为数据点数量）；对于"刻度线之间"模式，数据点位于刻度线分段中间，因此坐标轴在水平方向上被 N+1 条刻度线分成了 N 条线段。

> 注意：除了折线图具有"坐标轴位置"参数的模式设置，柱形图、条形图等图表也具有相似的模式设置，读者可以举一反三进行理解。此外，根据"坐标轴位置"参数的设置效果，读者可以理解在组合不同类型图表时，如何同步主、次横坐标。

"在刻度线上"模式之所以可以使数据系列与坐标轴同步呈现，是因为在该模式下，数据点恰好位于刻度线上，而刻度线默认从坐标轴起点开始划分。

4.1.4　十字交叉坐标轴

　　四象限散点图是一种特殊的散点图，它可以利用横坐标轴和纵坐标轴将绘图区划分成4部分，并且根据数据分布所在的象限对数据点进行归类和描述，如进行 SWOT 分析等，范例如图 4-8 所示（图表来自《经济学人》）。

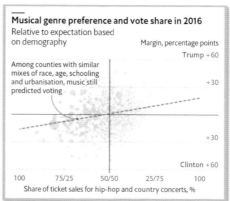

图 4-8　四象限散点图范例

　　可以通过调整横坐标轴和纵坐标轴的位置，在 Excel 中实现四象限散点图效果。如图 4-9 所示，两个图表都是根据数据直接创建的基础散点图得到的，但是左图自动实现了初步的四象限散点图效果，右侧是常规的散点图，这是为什么呢？

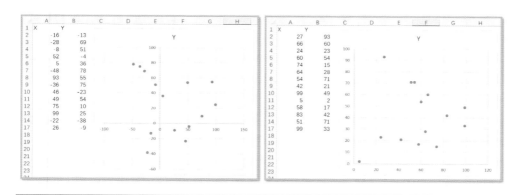

图 4-9　散点图自适应判定坐标轴位置的特性

　　在默认情况下，坐标轴的交叉位置是由系统自动根据输入数据进行判定的。在图 4-9

中, 左侧的作图数据中包含负值, 而右侧的作图数据都是正值, 因此出现了不同的效果。如果要精确控制坐标轴交叉的位置, 则需要调整"设置坐标轴格式"侧边栏中的"纵坐标轴交叉"参数和"横坐标轴交叉"参数, 具体操作方法如图 4-10 所示。

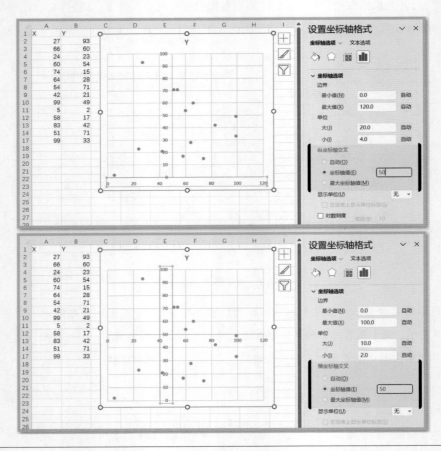

图 4-10　设置"纵坐标轴交叉"参数和"横坐标轴交叉"参数

在图 4-10 中, 需要进行两次设置, 才可以实现将横坐标轴和纵坐标轴交叉于数值为 50 处的效果。

（1）选中横坐标轴, 将"纵坐标轴交叉"参数从"自动"修改为"坐标轴值", 并且将该值设置为"50"。

（2）采用相同的方法, 选中纵坐标轴, 将"横坐标轴交叉"参数从"自动"修改为"坐标轴值", 并且将该值设置为"50"。

> **注意**：横坐标轴的参数名为"纵坐标轴交叉"，也就是说，在设置横坐标轴时，控制的是纵坐标轴位于横坐标轴的哪个位置；而纵坐标轴的参数名为"横坐标轴交叉"，也就是说，在设置纵坐标轴时，控制的是横坐标轴在纵坐标轴的哪个位置。

虽然利用精确控制坐标轴交叉位置的方法，初步实现了四象限散点图的效果，但坐标轴的标签在交叉位置的显示会比较混乱，因此在实际的图表制作过程中，通常要对坐标轴的"标签位置"参数进行调整，如图 4-11 所示。

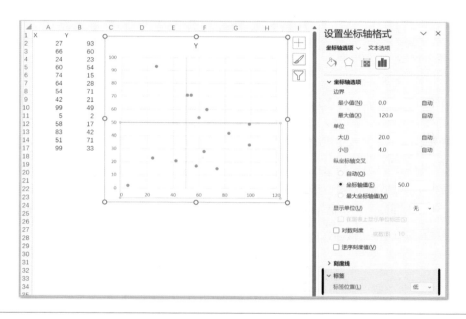

图 4-11 调整坐标轴的"标签位置"参数

在图 4-11 中，将坐标轴的"标签位置"参数从"轴旁"修改为"低"，即可将标签和坐标轴分开显示，在保留十字交叉坐标轴效果的基础上，调整标签的位置，以便清晰地显示坐标轴对应的刻度值。

4.1.5　数量级差异的处理

在日常数据的可视化中，麦克斯经常会被问到一个问题：数据集中出现了差距很大的极小值和极大值，应该如何处理？因为数据差距较大，所以简单地将所有数据放在一个图表中，会使极大值、极小值以外的数据点差距不明显，如图 4-12 所示。

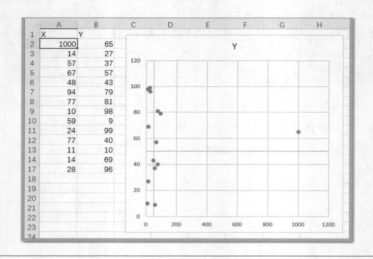

图 4-12　数据集中极大值与极小值差距很大的情况

在图 4-12 中，图表使用的大部分原始数据的取值范围为 1 ~ 100，但有一个特殊值是 1000，与大部分数据点存在数量级上的差距，因此在图表的呈现效果上，需要重点呈现差距的多个数值都堆积在一起，显示效果不好。

解决这类问题的一个简单方法是，将普通坐标轴转换为对数坐标轴，使用对数坐标处理存在数量级差距的数据，如图 4-13 所示。

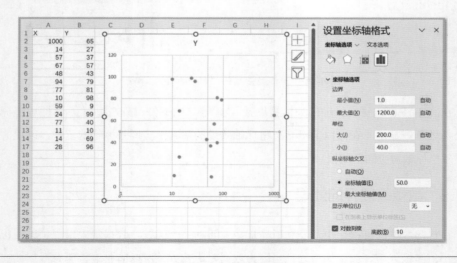

图 4-13　使用对数坐标处理存在数量级差距的数据

在图 4-13 中，打开横坐标轴的"设置坐标轴格式"侧边栏，并且在"坐标轴选项"节点下勾选"对数刻度"复选框，即可将普通坐标轴转换为对数坐标轴。对比转换前后的效果，可以看到在将普通坐标轴转换为对数坐标轴后，集中分布的数据点之间的差距被突出强调。

在图表中使用对数坐标轴时，需要明确标识该图表使用的是对数坐标轴，避免造成误解。因为与普通坐标轴相比，对数坐标轴虽然不少见，但也不属于频繁出现的坐标轴。

> 说明：在普通坐标轴中，相同的间距表示相同的结果。对数坐标轴是不均匀的坐标轴，在对数坐标轴中，相同间距代表的数值差距呈数量级变化，如果底数为 10，那么起点为 1，后续依次为 10、100、1000……默认的底数为 10，允许自定义底数。例如，将底数设置为 2，刻度值会变为 2、4、8、16……

4.1.6　自定义图形填充

如图 4-14 所示的异型图（单元图）（图表来自《经济学人》）可以通过自定义图形填充的技巧制作得到，你一定见过与之相似的图表。

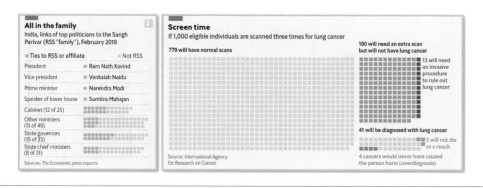

图 4-14　自定义图形填充效果范例图表

下面以一个简单的条形图为例进行讲解。我们首先准备一张基础的条形图；然后单击"插入"选项卡→"插图"功能组→"形状"下拉按钮，在弹出的下拉面板中选择"椭圆"工具，按住 Shift 键绘制一个正圆形，并且填充想要的颜色，如图 4-15 所示；最后复制该圆形，并且打开"设置数据系列格式"侧边栏，进行相应的参数设置，如图 4-16 所示，即可完成。

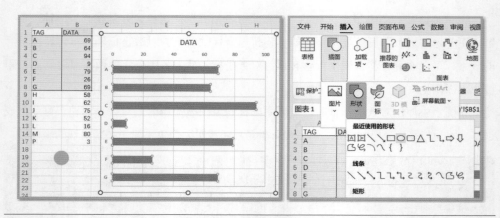

图 4-15　自定义图形填充：准备工作

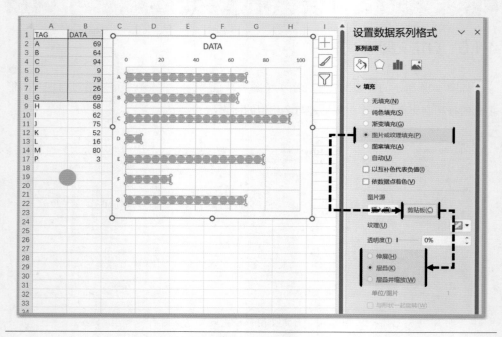

图 4-16　自定义图形填充：参数设置与效果

　　在图 4-16 中，我们选中数据系列并将其"填充"参数设置为"图片或纹理填充"，然后单击"剪贴板"按钮，系统便会将复制的圆形作为基础素材填充到条形图中。需要注意的是，自定义图形的填充模式有 3 种，图 4-16 中的是"层叠"模式的效果，其他两种填充模式的效果如图 4-17 所示。

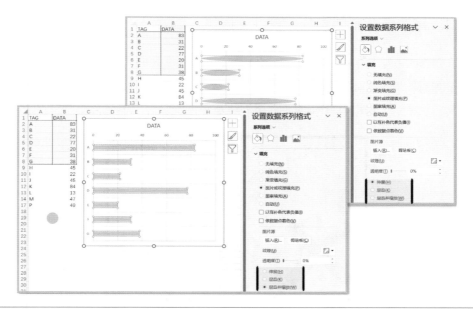

图 4-17　"伸展"与"层叠并缩放"模式的效果

在图 4-17 中，"伸展"模式的效果是对复制的圆形自适应条形区域进行填充，并且仅填充一次。"层叠并缩放"模式的效果是根据数据值，按数量将复制的圆形填充到条形区域中。例如，数据值为 20，会自动在条形区域中填充 20 次该圆形。虽然描述类似，但这与前文介绍的"层叠"模式在效果上是存在很大差异的。"层叠"模式默认不会改变图形的比例，会按照图形的比例层叠填充条形，具体填充的数目由条形能容纳的数量决定，也可能会出现"半个"填充图形的情况。在实际操作中使用哪种填充模式，需要根据需求决定。

> 说明：以上便是麦克斯为大家介绍的基础效果的实现方法。因为篇幅有限，所以没有覆盖所有的基础效果。这些基础效果都是非常实用的效果，建议大家熟练掌握它们的基础属性。这些效果在实际图表中的运用和其他重要性相对较低的效果，我们可以在第 3 篇的案例实战中看到。

4.2　进阶效果

在掌握了基础效果的实现方法后，下面介绍一些经典进阶效果的实现方法。与基础效果相比，进阶效果的实现难度更高，通常需要配合辅助数据、格式设置、图表类型选择等多方面的知识才可以实现。

4.2.1 镶边行背景效果

在制作图表时，很多人觉得普通的条形图、柱形图很单调，没有"高级感"，想要给其额外加点效果，从而增强视觉表现力，提高数据呈现水平。在这种情况下，使用镶边行背景效果是一种不错的选择，范例如图4-18所示。

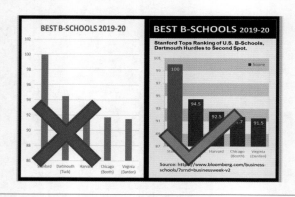

图4-18　镶边行背景效果范例

在图4-18中，右侧图表中的背景交错显示效果就是镶边行背景效果，这种效果可以让图表更精致，并且更加强调刻度线的作用（相当于加强了水平网格线的作用），让读数更加精准。制作镶边行背景效果，需要配合使用辅助数据系列，如图4-19所示。

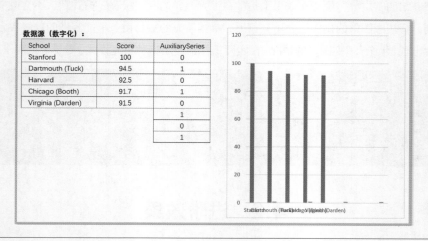

图4-19　制作镶边行背景效果：添加数据系列

在图4-19中，核心数据系列是5所商学院的评分，因此利用前两列可以创建基础的柱形图。第三列为辅助数据系列，使用"选择数据"功能命令将该数据系列添加到图表中，得到图 4-19 中的图表。接下来我们希望用条形图呈现辅助数据系列，从而实现镶边行背景效果。此时，你可能会遇到一个常见的问题，如图 4-20 所示。

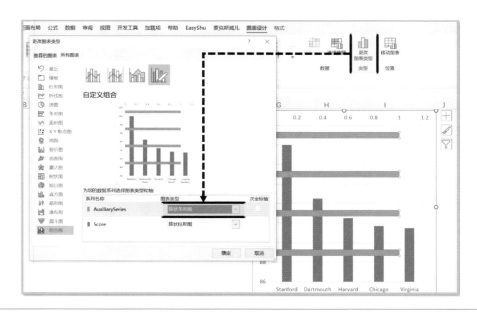

图 4-20　制作镶边行背景效果：常见的问题

在图 4-20 中，如果在"更改图表类型"对话框中直接将辅助数据系列的图表类型设置为条形图，则可以看到，图表类型的组合是正确的，但层叠关系恰好与需求相反，柱形图被条形图遮挡住了。

要解决这个问题，可以先设置柱形图对应的数据系列位于次坐标轴上（勾选相应的"次坐标轴"复选框），再将辅助数据系列的图表类型设置为条形图，即可调整条形图和柱形图的层叠关系，使条形图作为柱形图的背景，如图 4-21 所示。

调整辅助数据系列中条形之间的间距和坐标轴的取值范围，即可实现镶边行背景效果，如图 4-22 所示。要实现更加完美的效果，可以根据实际需求，自行更改图表颜色、调整坐标轴位置、修改图表内容、调整图表风格等，此处不再演示。

> **说明：** "间隙宽度"参数主要用于设置条形图中相邻的两个条形之间的间隙宽度，将其值设置为零，表示相邻两个条形之间没有间隙；最大可以将其值设置为 500%，表示使用 5 倍条形的宽度作为相邻两个条形之间的间隙宽度。该参数在柱形图中也适用，设置逻辑类似。

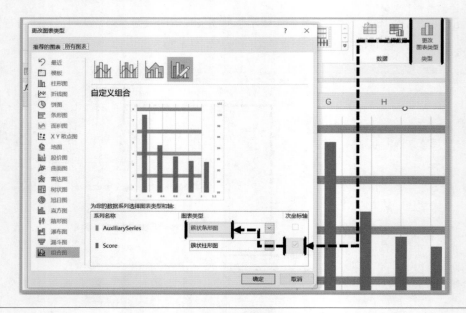

图 4-21　制作镶边行背景效果：解决方法

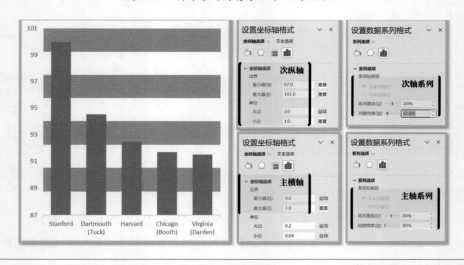

图 4-22　制作镶边行背景效果：完成其他设置

　　辅助数据系列构成的原理如下：因为镶边行背景效果是使用条形图进行模拟制作的，所以辅助数据系列中的内容以有、无、有、无……的形式循环即可。例如，上述范例图表中使用的辅助数据系列内容是1、0、1、0……其中，1表示有条形，0表示空白间隔。此外，辅助数据系列中的数据点数量可以反映镶边行的条形数量，建议与数据匹配。例如，在上述范例图表中，目标呈现数据的取值范围为 87 ～ 101，并且间隔为 2。因此将辅助数据系列的数据点数量设置为 7 为最佳（(101-87)÷2=7），否则会出现错位情况，这也是制作镶边行背景效果时的常见问题。举个例子，在图 4-22 左侧的图表中，如果仔细观察，则会发现镶边行其实并没有对齐纵坐标，将使用的辅助数据系列的数据点数量设置为 7 个，即可得到正常效果，如图 4-23 所示。

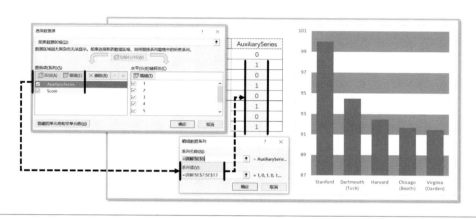

图 4-23　制作镶边行背景效果：匹配问题及解决方法

4.2.2　区域强调效果

在柱形图中组合条形图，可以制作镶边行背景效果。在实际操作中，还有一种原理相似的经典图表效果——区域强调效果。区域强调效果通常是指在折线图中组合柱形图，从而对部分折线区域进行强调，范例如图 4-24 所示（图表来自《经济学人》）。

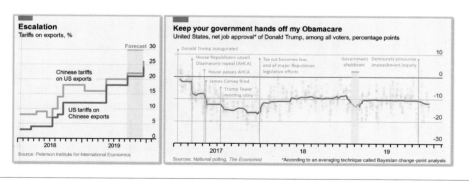

图 4-24　区域强调效果范例

区域强调效果在原理上与镶边行背景效果相似，但辅助数据系列的制作更简单。区域强调效果的范例数据系列与基础准备工作如图 4-25 所示。

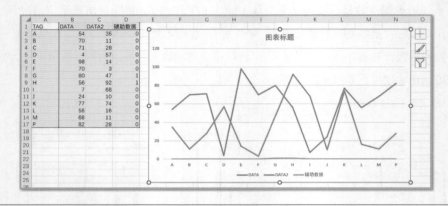

图 4-25　区域强调效果：范例数据系列与基础准备工作

　　在图 4-25 中，DATA 和 DATA2 是要用折线图呈现的数据系列，第 4 列是准备的辅助数据系列，要求在 G、H 两个数据点所在范围实现区域强调效果，因此准备工作会将 3 个数据系列都纳入，并且创建默认图表类型的折线图。

　　接下来，我们需要将辅助数据系列的图表类型设置为柱形图，从而创建折线/柱形组合图，并且将柱形图设置在次坐标轴上，如图 4-26 所示，从而利用柱形区域对特殊数据点进行强调。

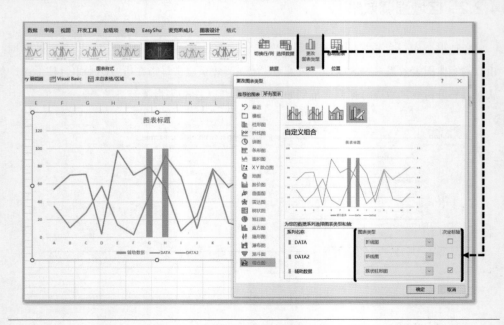

图 4-26　区域强调效果：更改图表类型

在创建折线 / 柱形组合图后，会出现以下 3 个问题。

- 柱形之间存在多余的空隙。
- 柱形没有垂直抵达顶部。
- 柱形为实心柱形，可能会造成遮挡。

我们需要针对这 3 个问题进行相应的调整，具体参数设置和最终效果如图 4-27 所示。

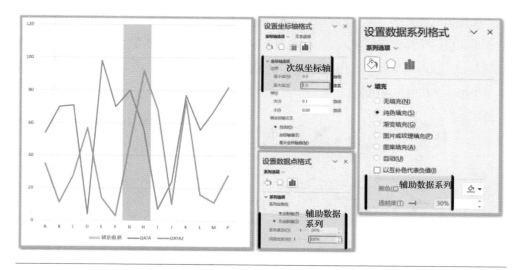

图 4-27　区域强调效果：具体参数设置和最终效果

在图 4-27 中，设置辅助数据系列的数据点间隙宽度为 0、填充颜色的透明度为 30%、次纵坐标轴的边界最大值为 1，即可实现较为完善的区域强调效果。

此外，区域强调效果的应用很灵活，如果要强调的区域发生变化，则可以直接修改辅助数据系列中的数据值，图表会发生联动变化，如图 4-28 所示。

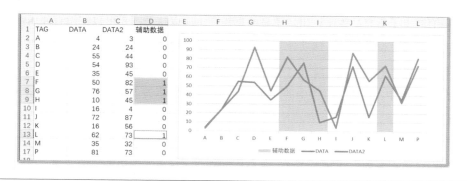

图 4-28　区域强调效果：强调区域会随着辅助数据系列中数据值的变化而变化

说明：如果要实现更加精致的区域强调效果，则可以使用堆积柱形图为强调区域增加一个"顶盖"，与图4-24中的区域强调效果类似，制作方法也类似。

4.2.3 边缘强调效果

边缘强调效果是一种非常简单的效果，但在复杂图表中常常可以起到画龙点睛的作用。下面以一个具有边缘强调效果的堆积面积图为例，讲解边缘强调效果的设置方法和实际效果，如图4-29所示（图表是麦克斯使用Excel图表模块模拟《经济学人》正刊中的一个图表制作的练习图表）。

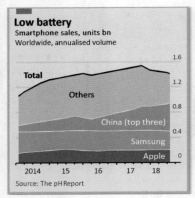
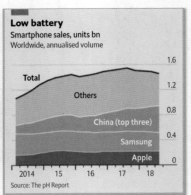

图 4-29　具有边缘强调效果的堆积面积图

乍看之下，图4-29中的图表属于非常典型的堆积面积图，其中堆叠显示了不同品牌的智能手机在不同年份的出货量数据。但该图表的特别之处在于，它巧妙地利用边缘强调效果绘制出了所有品牌手机出货总量的折线图，所以这个图表可以在没有使用组合图的情况下，通过设计技巧，成功地将折线图和堆积面积图组合在一起。制作该图表的数据准备工作如图4-30所示。

在图4-30中，左上方表格中的数据是原始数据，右下方表格中的数据是实际制图数据。原始数据很好理解，将首列的时间数据作为横坐标，其余4列分别代表4个数据系列。实际制图数据中增加了多个辅助数据系列，因为在具有边缘强调效果的堆积面积图中，相邻的两个数据系列之间其实存在一条白色分割线，用于实现边缘强调效果，该效果需要独立的数据系列实现。因此在准备实际制图数据时，会将原本的4个数据系列拆分成8

个数据系列，以"数据系列""辅助数据系列""数据系列""辅助数据系列"……的顺序进行排布，其中辅助数据系列的固定宽度为0.01，最后的辅助数据系列因为要进行边缘强调，所以其固定宽度为0.02。使用原始数据与实际制图数据制作的图表效果对比如图4-31所示。

Time	Apple	Samsung	China(top three)	相对值 Others
2014/02/01	0.160	0.340	0.100	0.470
2014/04/01	0.170	0.330	0.120	0.520
2014/07/01	0.180	0.320	0.140	0.570
2014/10/01	0.190	0.314	0.156	0.620

数据源（辅助）：

							辅助宽度	0.01
Time	Apple	Aux1	Samsung	Aux2	China(top three)	Aux3	Others	Aux4
2014/02/01	0.150	0.010	0.330	0.010	0.090	0.010	0.450	0.020
2014/04/01	0.160	0.010	0.320	0.010	0.110	0.010	0.520	0.020
2014/07/01	0.170	0.010	0.310	0.010	0.130	0.010	0.550	0.020
2014/10/01	0.180	0.010	0.304	0.010	0.146	0.010	0.800	0.020
2015/01/01	0.190	0.010	0.298	0.010	0.162	0.010	0.630	0.020
2015/04/01	0.200	0.010	0.292	0.010	0.178	0.010	0.635	0.020
2015/07/01	0.210	0.010	0.286	0.010	0.194	0.010	0.640	0.020
2015/10/01	0.200	0.010	0.300	0.010	0.220	0.010	0.635	0.020
2016/01/01	0.190	0.010	0.307	0.010	0.198	0.010	0.635	0.020
2016/04/01	0.185	0.010	0.309	0.010	0.176	0.010	0.680	0.020
2016/07/01	0.180	0.010	0.311	0.010	0.209	0.010	0.675	0.020
2016/10/01	0.191	0.010	0.299	0.010	0.240	0.010	0.670	0.020
2017/01/01	0.192	0.010	0.300	0.010	0.268	0.010	0.665	0.020
2017/04/01	0.193	0.010	0.301	0.010	0.296	0.010	0.660	0.020
2017/07/01	0.194	0.010	0.302	0.010	0.324	0.010	0.655	0.020
2017/10/01	0.195	0.010	0.303	0.010	0.372	0.010	0.630	0.020
2018/01/01	0.196	0.010	0.304	0.010	0.370	0.010	0.560	0.020
2018/04/01	0.197	0.010	0.298	0.010	0.391	0.010	0.524	0.020

图 4-30 边缘强调效果：数据准备工作

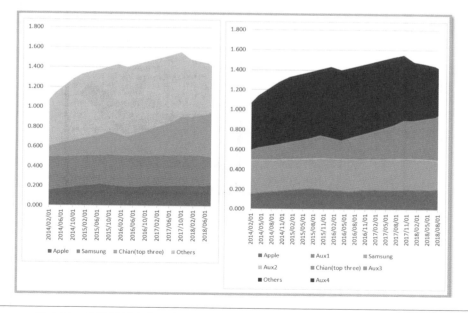

图 4-31 边缘强调效果：使用原始数据与实际制图数据制作的图表效果对比

注意：因为辅助数据系列也要占据一定的宽度，所以为了保证读数的准确，每组"数据系列""辅助数据系列"的两个值都要和对应的原始数据系列的值保持一致。例如，Apple品牌手机在2014年2月份的出货数据为0.16，拆分后的Apple系列与Aux1系列的值分别为0.15和0.01，保证其和为0.16。

给图表中的每个数据系列选择合适的颜色，即可完成具有边缘强调效果的堆积面积图的制作，操作较为简单，此处不再演示。在具有边缘强调效果的堆积面积图的制作过程中，巧妙之处在于利用堆积面积图本身模拟线条的效果，难点在于数据的整理过程，但可以借助函数快速完成对拆分值的计算。

4.2.4　自适应的动态标签效果

在制作条形图时，经常遇到分类标签文本长度过长，图表需要花费大量空间显示标签文本，导致压缩可视化图形显示区域的问题。根据数据的具体情况，解决这个问题的方法一般有两种，分别是使用动态标签效果和使用平行分类条形图。本节主要介绍使用动态标签效果的方法。是否使用动态标签效果的图表对比如图4-32所示（图表来自《经济学人》）。

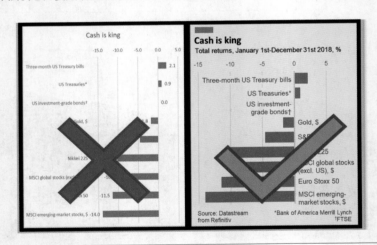

图 4-32　是否使用动态标签效果的图表对比

在图4-32中，左侧的图表是使用原始数据默认制作的图表，可以看到，因为分类文本较长，所以可视化图形显示区域被压缩；右侧的图表是使用动态标签效果制作的图表，可以看到，该图表可以自动躲避条形出现的位置，有效地利用图形显示的空白区域显示长分类标签文本。实现动态标签效果的数据整理和其他准备工作如图4-33所示。

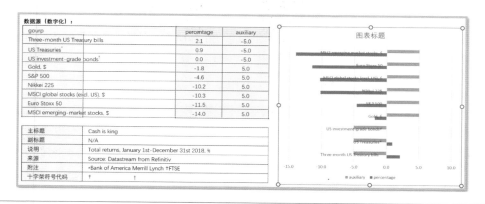

图 4-33 动态标签效果：数据整理和其他准备工作

在图 4-33 中，右侧的图表是使用条形图原始数据和辅助数据系列创建的条形图，可以看到，该图表有些奇怪，甚至不可阅读。下面我们先修改图表，再讲解辅助数据系列的工作原理。观察得到的图表，发现以下 3 个主要问题。

- 顺序与需求相反，需要逆序分类标签。
- 数据系列之间存在不必要的间隙，应当移除数据系列之间的间隙。
- 纵坐标轴带有默认的分类标签，应当移除。

处理这些问题的参数设置及相应的图表效果如图 4-34 所示。

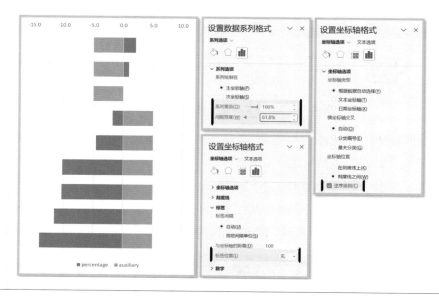

图 4-34 动态标签效果：基础参数设置及相应的图表效果

在图4-34中, 在"系列选项"节点下, 勾选"系列绘制在"选区中的"主坐标轴"复选框, 并且设置"系列重叠"值为100%、"间隙宽度"值为61.8%, 可以将主数据系列与辅助数据系列对齐, 并且调整每组条形之间的间距; 勾选"逆序类别"复选框, 将"标签位置"设置为"无", 可以轻松调整分类顺序, 并且隐藏纵坐标轴的分类标签文本。

> 说明:"系列重叠"参数与"间隙宽度"参数类似, 前者主要用于控制图表中多个数据系列之间的间距, 后者主要用于控制图表中单个数据系列内多个数据点之间的间距。"系列重叠"参数的最小值为-100%, 表示数据系列完全不重叠, 并且间隔一个单位的条形宽度; 最大值为100%, 表示数据系列完全重叠, 即图4-34中的效果。"标签位置"参数比较容易理解, 几种不同模式的效果如图4-35所示。

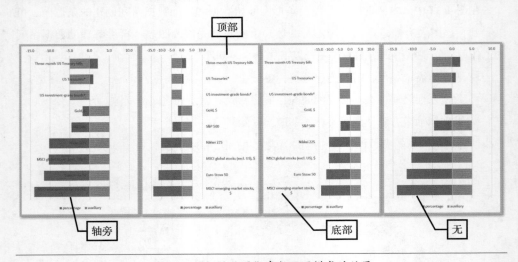

图 4-35 "标签位置"参数不同模式的效果

为辅助数据系列添加数据标签, 并且将数据系列的填充颜色设置为"无"填充, 即可完成任务, 参数设置及效果如图4-36所示。

在图4-36中, 在为辅助数据系列添加数据标签后, 将"标签位置"设置为"轴内侧", 将标签内容从"值"修改为"类别名称", 即可完成标签的添加; 将辅助数据系列的填充颜色设置为"无填充", 使其隐藏, 即可实现动态标签效果。

> 说明: 下面对数据标签的使用进行特别说明。数据标签是跟着数据系列走的, 也就是说, 在添加数据标签前, 需要选择为哪个数据系列添加数据标签, 这一

点和普通的图表元素有些差异。在添加数据标签后，可以独立对数据标签进行
设置。例如，数据标签中显示的内容可以是默认数据点的值，也可以是数据系
列名称、类别名称，甚至是自定义的单元格的值（感兴趣的读者可以自行尝试
设置）。利用"标签位置"参数，可以设置数据标签相对于数据点的位置，4种
不同模式的效果如图 4-37 所示。

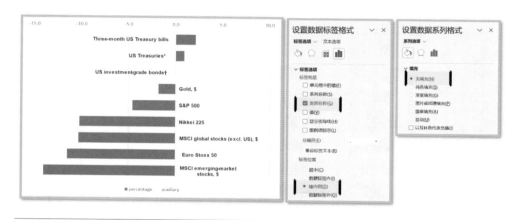

图 4-36　动态标签效果：数据标签的参数设置及效果

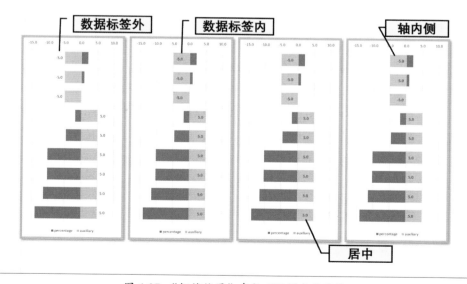

图 4-37　"标签位置"参数不同模式的效果

在参数设置完成后，可以看到利用动态标签，效果可以自适应地躲避主数据系列出

现的位置，在对侧显示分类标签文本，如图 4-38 所示。在数据发生变化后，数据标签的
位置也会随之发生变化。

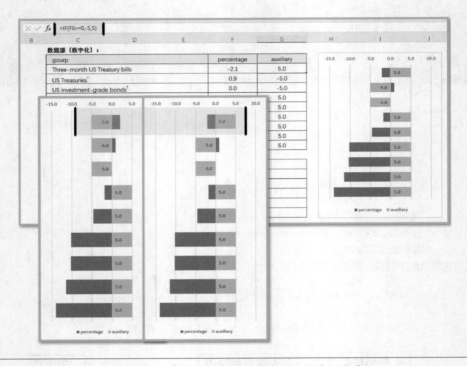

图 4-38　动态标签效果：效果的呈现和原理说明

这种动态标签是如何实现的呢？其实秘密都藏在辅助数据系列的构造上。查看作图
数据中辅助数据系列单元格中的函数公式，就会真相大白。这里以 G6 单元格为例，其中
包含一个函数公式"=IF(F6>=0,-5,5)"，表示如果 G6 单元格左侧的 F6 单元格中的数据
不为负值，则返回 -5.0，否则返回 5.0。也就是说，如果主数据系列的值是正值，则返回
负值；如果主数据系列的值是负值，则返回正值。这样的逻辑能够保证辅助数据系列永
远位于主数据系列的对侧，因此使用辅助数据系列的数据标签进行分类文本的呈现，就
不会再与主数据系列"打架"了。

4.2.5　平行分类条形图

针对分类标签文本长度过长的问题，还可以使用平行分类条形图呈现数据。平行分
类条形图是在条形图基础上演化出的图表，范例效果及数据准备工作如图 4-39 所示。

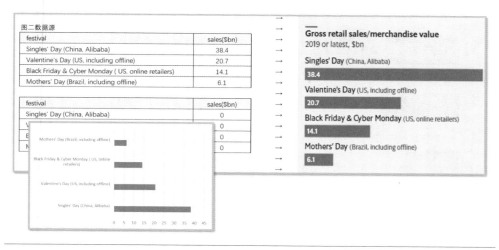

图 4-39 平行分类条形图：范例效果及数据准备工作

在图 4-39 中，右侧为平行分类条形图的目标效果；左侧为主数据系列与辅助数据系列；下方为使用上述数据系列创建的条形图。因为我们已经具有动态标签的理解基础，所以这里先介绍制作思路，再进行操作演示。

利用辅助数据系列与主数据系列并排间隔的特性，将数据标签呈现在辅助数据系列上，达到对主数据系列进行平行分类标注的目的。因此，辅助数据系列与主数据系列在结构上是相似的，唯一的区别在于辅助数据系列的数据值全部默认为 0。这是因为辅助数据系列在图表中主要用于"占位"，无须呈现数据值。

具体的操作如图 4-40 所示。

（1）设置纵坐标轴，勾选"逆序类别"复选框，逆序条形。

（2）将原纵坐标轴标签隐藏（将"标签位置"设置为"无"）。

（3）将数据系列的"间隙宽度"值设置为 0。

（4）选中辅助数据系列，为辅助数据系列添加数据标签，将"标签位置"设置为"轴内侧"，将显示内容设置为"类别名称"（勾选"类别名称"复选框）。

（5）将坐标轴的分类标签值修改为分类名称，并且调整其大小和对齐格式。

在完成上述参数设置后，平行分类条形图的效果基本已经显现。但此时可能很多读者会遇到一个经典问题：辅助数据系列的数据标签位于目标数据点的下方，而非上方，看上去不舒服。这个问题的解决方法涉及调整辅助数据系列顺序的设置，而这个设置其实隐藏在"选择数据"功能命令中，调整方法如图 4-41 所示。

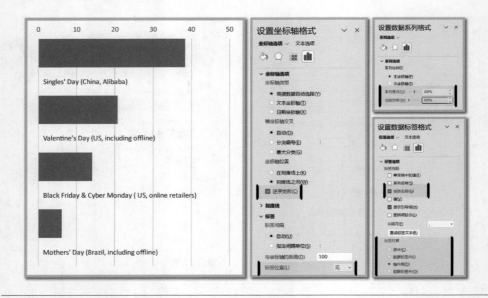

图 4-40　平行分类条形图：具体的操作

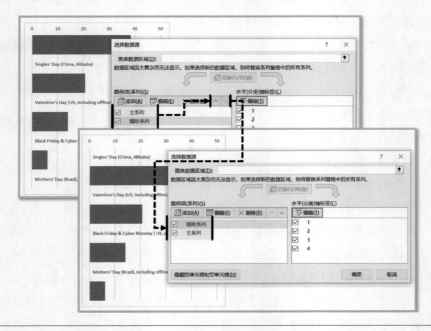

图 4-41　平行分类条形图：调整数据系列顺序

　　在"选择数据源"对话框中利用上、下箭头按钮，调整不同数据系列的排序关系，即可改变数据系列在图表中的呈现顺序，这属于"选择数据"功能命令的高级应用技巧。

4.2.6　错位显示效果

无论采用哪种图表类型，图表本身能够容纳的数据量都是有限的。如果要在一个图表中呈现远超其承受能力的数据量，则会造成图表阅读困难。但有时这些数据是必要的，因此需要使用一些特殊效果进行规避，错位显示效果就是其中一种。错位显示效果的原始数据与最终效果如图 4-42 所示。

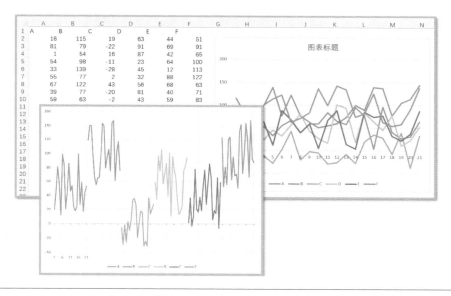

图 4-42　错位显示效果：原始数据与最终效果

在图 4-42 中，原始数据为 6 个数据系列，每个数据系列中都有 21 个数据点。整体的数据量是比较大的，要完整地将其呈现在一个图表中，并且保证阅读顺畅，具有一定的难度。因为数据系列范围存在比较大的重叠，因此简单地使用多系列折线图会难以清晰呈现（一般建议不超过 5 个数据系列）。利用错位显示效果可以将不同的数据系列呈现在不同的横坐标范围内，避免交叉重叠。实现错位显示效果的操作难度不大，但需要提前进行数据准备工作，如图 4-43 所示。

在图 4-43 中，要实现错位显示效果，需要将原始数据中的每个数据系列都错位摆放，保证在每个横坐标范围内都只有一个数据系列的数据值，然后选中完整的拓展后的表格数据，创建折线图即可。错位显示效果的思路类似于将无法盛放的数据分成一系列小图表进行呈现，但不同的是，这里没有使用独立的小图表，而是将曲线安排在同一个图表的不同区域。

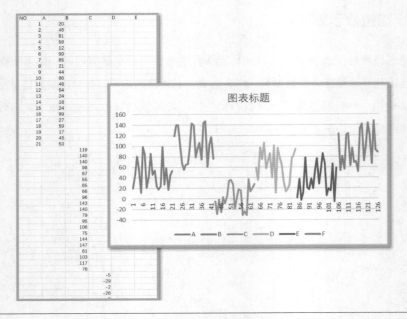

图 4-43　错位显示效果：数据准备工作

　　要实现错位显示效果，需要补充一个特殊的坐标轴设置技巧。注意观察图 4-42 左下的最终效果图中的横坐标轴，只有第一个数据系列的部分间隔显示了横坐标轴标签，其余部分并无横坐标轴标签。这是因为默认的横坐标轴标签会按照自然序列递增，不满足这里所需的循环重复要求。要想制作这种特殊的坐标轴标签，我们需要使用编辑水平（分类）标签的技巧，如图 4-44 所示。

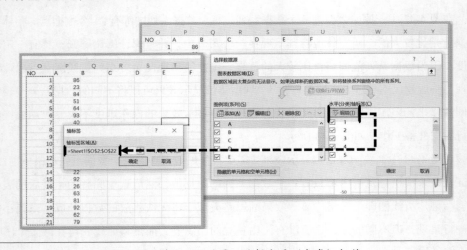

图 4-44　错位显示效果：编辑水平（分类）标签

说明：该技巧在 3.1.3 节中曾提到，此处是实际应用场景之一。

此外，需要对坐标轴的"刻度线"参数和"标签"参数进行设置，才可以实现如图 4-45 所示的间隔标签值效果。

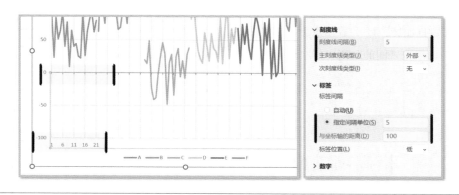

图 4-45　错位显示效果：坐标轴标签设置

在"刻度线"节点下，可以通过"刻度线间隔"参数自定义每个主刻度线之间的数据点数量。例如，在图 4-45 中，将"刻度线间隔"参数的值设置为 5，表示每 5 个数据点绘制一条刻度线。而紧随其后的"主刻度线类型"与"次刻度线类型"参数具有多种模式，用于控制刻度线的绘制方式（二者可以独立设置），不同刻度线模式的效果对比如图 4-46 所示。

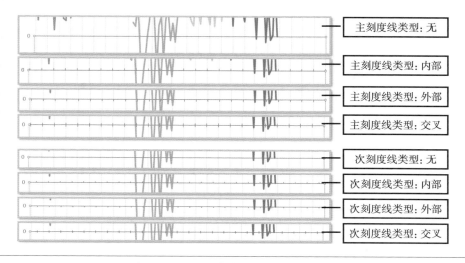

图 4-46　不同刻度线模式的效果对比

> **注意**：网格线与刻度线默认对齐，因此修改"刻度线"参数的设置会同步影响网格线的效果。

在"标签"节点下，可以通过"指定间隔单位"参数控制坐标轴标签的密度。例如，在图 4-45 中，将"指定间隔单位"参数的值设置为 5，表示在首个标签值出现后，在后续第 6、11、16、21 个数据点上才出现标签。"与坐标轴的距离"参数主要用于控制标签值与标准位之间的距离，其取值范围为 0 ～ 1000，效果如图 4-47 所示。

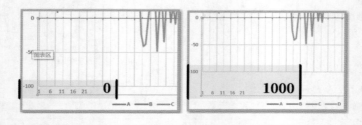

图 4-47 "与坐标轴的距离"参数的效果

> **说明**："标签位置"参数在 4.1.4 节曾使用过，此处不再赘述。

如果要在每个数据系列对应的横坐标轴区间上都显示重复的数据标签，则可以手动构建重复的水平分类轴值的数据，并且按照之前的方法将这部分自定义数据替换为水平分类轴值，效果如图 4-48 所示。

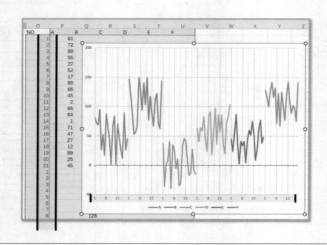

图 4-48 重复水平分类轴的制作

4.2.7　制作参考线

在图表中，显示内容的核心是数据系列，但是一些简单的参考线在高级图表中很常见。例如，如图 4-49 所示（图表来自《经济学人》），图表中的红色水平线就是参考线。下面介绍如何使用散点图的误差线元素模拟制作自定义参考线。

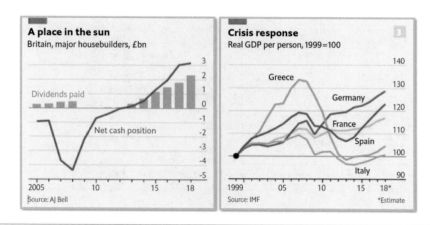

图 4-49　参考线范例

1. 如何制作参考线

如果要制作的参考线恰好位于坐标轴上，那么最简单的方法便是将坐标轴的线条颜色设置为红色或其他对应颜色，进行突出显示。如果参考线独立于坐标轴，并且可能有多条，甚至有多个方向，那么使用图表进行模拟是更好的选择。

很多读者看到参考线是一条水平线，可能会基于此前各种效果的制作经验，通过新增一个恒定值折线数据系列完成参考线的制作。这个方法没问题，感兴趣的读者可以自行尝试，但是麦克斯想提供一个更加灵活、能适应更多场景的方法，那就是使用散点图的误差线对象完成参考线效果的制作。下面以如图 4-50 所示的数据为例进行讲解。

在图 4-50 中，原始数据系列为趋势线对应的 3 个数据系列，所以首先利用原始数据系列完成基础折线图的构建（这里可以选择折线图，也可以选择更便利的带连线的散点图，推荐后者）。此外，我们需要一个用于构建参考线的数据系列，这里可以利用"选择数据"功能命令随意添加，并且在添加后，将组合图类型修改为 3 个折线图和 1 个散点图（根据前面的选择进行调整），然后将正确的散点数据系列录入（散点数据系列中只有一个数据点，即图 4-50 中的黑点），如图 4-51 所示。

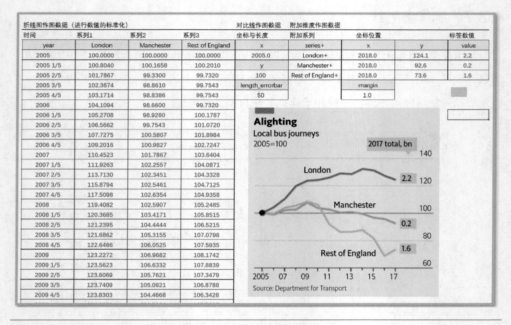

图 4-50　参考线：数据与效果

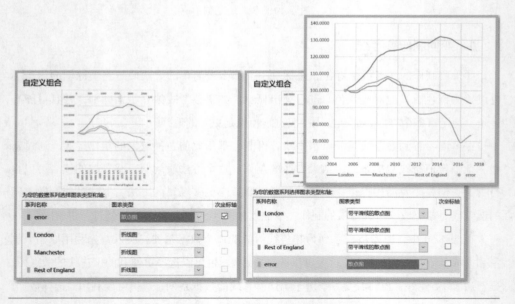

图 4-51　参考线：图表创建

在图 4-51 中，在左侧的组合图中，error 数据系列采用散点图，其他 3 个数据系列采用折线图；在右侧的组合图中，4 个数据系列都采用散点图。因为右侧的组合图更简单，所以我们以右侧的组合图为例，讲解下一步操作：为 error 数据系列添加误差线元素（添加图表元素的方法在 3.1.5 节中讲解过），然后设置误差线的格式，如图 4-52 所示。

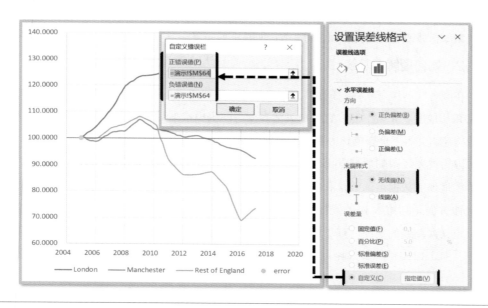

图 4-52　参考线：误差线的格式设置

创建误差线对象，然后利用"选择元素"功能命令打开"设置误差线格式"侧边栏。需要注意的是，一般在添加误差线元素后，图表中会有两个对应的误差线元素可以设置，一个名为"error 系列 X 误差线"，另一个名为"error 系列 Y 误差线"，分别用于控制水平和垂直方向的误差线显示格式。因为我们只需要水平参考线，所以只设置"error 系列 X 误差线"的格式即可。

在"设置误差线格式"侧边栏中，有三大特性可以控制，用于帮助我们设置误差线的格式。

- 方向：误差线可以从指定的数据点向坐标轴正值（对应"正偏差"单选按钮）、负值（对应"负偏差"单选按钮）和双向（对应"正负偏差"单选按钮）延伸，按需选取即可。
- 末端样式：主要用于控制误差线末端是否为 T 字形，一般在模拟线条效果时，不需要使用 T 字形末端（选择"线端"单选按钮，表示使用 T 字形末端）。
- 误差量：主要用于设置误差线的长度，可以选择固定值误差、百分比误差等。

其中常用的是"自定义"模式，它可以指定单元格中的值为误差量（正负独立设置）。

在参照图 4-52 完成参数设置后，即可在散点图中看到利用误差线模拟得到的水平参考线。此外，可以根据需要进行其他设置（例如，隐藏该数据系列的数据点，将参考线的线条颜色修改为红色并加粗，等等），使其更加完善。

2. 如何理解误差线

在参考线制作完成后，下面补充一些注意事项和细节。误差线是图表中的一个元素，但它和其他图表元素不同，它更加灵活多变，图表中水平线条和垂直线条都可以利用误差线构建，并且不会影响核心数据系列的呈现。

因为误差线跟随数据点出现，而数据点可以出现在图表中的任何位置，所以可以随心所欲地修改数据点的数量和横、纵坐标值。此外，可以根据需求设置数据点上误差线的延伸方向（利用 X 误差线控制左、右方向，利用 Y 误差线控制上、下方向），还可以自定义误差线的长度。基于这样的特性，在实际操作中，使用误差线不仅可以制作参考线，还可以制作不等间距网格线、纵向标识线等，如图 4-53 所示（图表来自《经济学人》）。

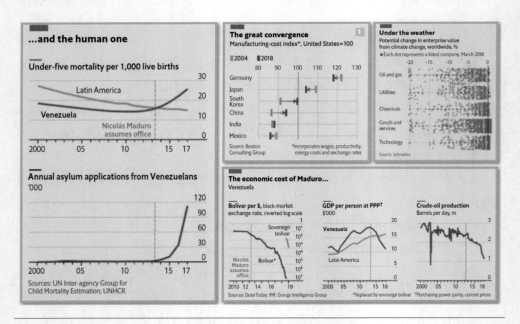

图 4-53　其他的误差线效果

4.2.8　显示汇总值标签

本节给大家留一个简单的效果制作思考题，希望大家基于前面学习的效果制作方法及思路，举一反三，自行探索该效果的制作方法。为什么要这么做呢？因为在实际操作中，图表可以实现的效果非常多，在有限的篇幅中，麦克斯不可能将所有效果的制作都呈现出来。

但无论如何，效果的实现都要借助于我们讲解过的几个核心概念：多个图表类型组合、辅助作图数据、特殊元素的加入（误差线等）、已有元素的格式设置。因此大家已经具有了可以自行探索更多效果制作的可能性，不妨在这里"小试牛刀"吧！原始数据与目标效果如图 4-54 所示。

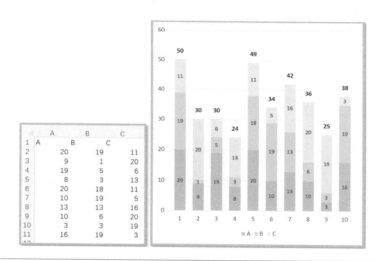

图 4-54　思考题：原始数据与目标效果

在图 4-54 中，原始数据为 A、B、C 共 3 个数据系列，目标效果为使用堆积柱形图呈现每行数据的组成情况，并且希望突出汇总结果（和图 4-29 有点神似）。读者需要思考如何对这个汇总结果进行呈现处理，答案不会在正文中公布，大家在尝试后，可以直接在本书提供的配套资料中查看具体的图表类型与参数设置。

4.3　本章小结

本章主要讲解了如何使用 Excel 图表模块实现不同的图表效果，希望大家在这个过程中理解并掌握使用 Excel 图表模块制作图表的工作逻辑，即综合运用图表模块的基础功能、辅助作图数据、复合类型的组合图、特殊元素、不同元素的格式设置，实现特殊的图表效果。

其实我们从第 3 章开始就正式使用 Excel 图表模块了，但是第 3 章的核心是掌握图表模块的组成结构和基础操作，这是制作所有图表的基础知识。在此基础上，我们衍生出本章内容，使用 Excel 图表模块实现不同的图表效果。其中有简单的效果，可以通过调整格式设置侧边栏中的参数实现；也有复杂的效果，需要结合辅助数据、图表类型等实现。

下一章，我们将补充一些重要的图表设计与制作原则。

第 5 章

Excel 图表设计与制作原则

在前面的章节中，我们已经掌握了 Excel 图表模块的基础使用方法及经典效果的制作方法，本章我们会针对 3 个重点的图表设计与制作原则进行讲解，将其转化为 3 个对应的问题。

- 图表类型如何选择？
- 图表如何配色？
- 作图数据如何组织？

以上 3 个问题的答案会分为 3 部分进行讲解，虽然它们可能并不全与软件的具体使用密切相关，但是会在图表设计和制作过程中发挥非常重要的思路指导作用。

本章主要涉及的知识点如下。

- 掌握根据数据集特征选择图表类型的方法。
- 掌握基础的图表配色原则。
- 掌握常用的配色方案和获取配色方案的方法。
- 理解作图数据与原始数据之间的差异。
- 掌握常用的作图数据整理技巧。

5.1 选择图表类型

在前面的章节中，我们已经掌握了在 Excel 中创建图表的操作方法。在实际操作中，还有一个可能被忽略的重大问题：为什么要选择这个类型的图表？麦克斯对这个问题给出的答案是，根据数据集特征和呈现目的进行选取。

5.1.1　选之前先要有

如果你要选择合适的图表类型进行数据呈现，那么首先要掌握有哪些可用的图表类型。这个问题通过 2.1.3 节中 Andrew Abela 归纳总结的图表类型选择器（见图 2-7）可以解决一部分，这也是我们要在本书很早的阶段就给大家讲解图表分类概念的一个重要原因。但图表类型选择器无法解决 "选之前先要有"的问题，因为粗略的图表分类只能帮助我们处理大方向上的问题，即明确图表呈现的目的是对比、构成、分布、趋势、关系中的哪一项，我们仍然对各个图表类型不够了解，所以很难选择合适的图表类型。

归根结底，麦克斯的结论是，要想准确地选择合适的图表类型进行数据呈现，需要了解足够多的图表类型，知道它们的特点、呈现数据的方式。麦克斯曾被多次提问某类数据要用什么图表呈现，发现我们了解的图表类型数量越少，越难做出准确的选择。这个道理类似于在知道各个品牌手机的特点后，才可以找到适合自己需求的那款手机；在知道工作表函数的种类、功能和使用方法后，才能选取解决问题所需的工作表函数。我们要了解各种图表的特点、功能和使用方法，才能更准确地选择所需的图表类型。这个过程无疑需要输入大量的相关信息，即需要一定的学习过程，但这些可以随着本书后面内容的学习和范例操作慢慢积累。

> 说明：这里所说的了解图表类型，并不是知道柱形图、条形图、折线图等基础图表类型，而是了解更有特点的异化图表类型。在第 3 篇的图表制作实例中，使用的都是在基础图表类型上发展出的异化图表类型，可以在一定程度上帮助大家掌握更多的图表类型。

5.1.2　数据集的特征是一个好抓手

在选择合适的图表类型时，数据集的特征是一个好抓手。有时，我们可以通过观察要呈现的数据特征，确定所需的图表类型，即使无法确定所需的图表类型，也可以大幅缩小可用图表类型的范围。那么什么是数据特征，它们是如何发挥选取图表类型的作用的？让我们逐步来看。

1. 维度数量

数据集的核心特征是数据维度。什么是数据维度呢？举个例子，如果某个数据集是一个描述公司员工的表格，并且这个表格中的若干列分别表示性别、出生日期、入职时间、职位等信息，那么一般这个表格中的每个列都是一个维度。

　　数据维度包括维度数量和维度内容，本部分主要介绍维度数量。对常规图表来说，维度数量通常为 2 个。例如，在以时间为水平坐标轴、以销售额为纵坐标轴的折线图中，只包括时间和销售额共 2 个维度；但对气泡图来说，不仅包括横坐标轴和纵坐标轴表示的 2 个维度，还可以提供第 3 个维度，即气泡大小表示的存储空间（2 个位置视觉暗示 +1 个面积视觉暗示）；一些特殊类型的图表甚至可能包括 5 个或更多个维度，如图 5-1 所示。因此，根据要呈现的维度数量，可以快速确定某种图表在呈现维度数量方面是否满足需求，如果不满足，就可以一票否决，进一步缩小图表类型的选择范围。

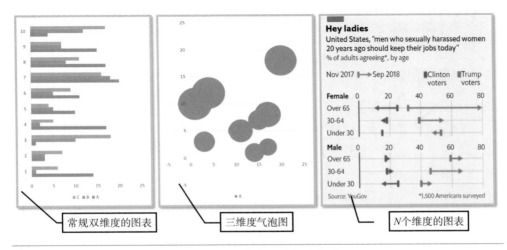

图 5-1　图表中容纳的维度数量

　　说明：感兴趣的读者可以数一数图 5-1 中右侧图表容纳的维度数量。

2. 维度内容

　　在原始数据表中，某个字段值一般可以被分为"文本"和"数字"两种类型。这么区分是因为它们的统计意义和在图表中的表现特点差异很大。例如，常见的坐标轴会被分为文本轴和数字轴，前者是离散的点，后者可以是连续的数字。其中，条形图的分类纵坐标轴是较为典型的离散轴，它通常根据文本划分成几种不同的类别进行呈现，而散点图的横、纵坐标轴都是可以根据数字定位的数字轴，如图 5-2 所示。因此可以通过确定目标呈现的维度内容，寻找与之匹配的图表类型。

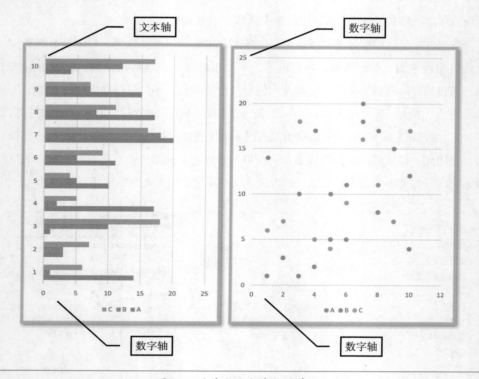

图 5-2　文本轴和数字轴的举例

3. 数据集的其他特征

数据集中还有其他非常显著的特征。例如，数据集中数据的多少，数据是否围绕某个对象进行描述，数据集有没有经过统计，数据集有无缺漏，数据集是否表示组成结构，数据集中的数据是否有数量级差异，等等。数据集的特征非常多，维度数量和维度内容是两个非常容易把握的方向。

5.1.3　呈现目的是另一个好抓手

辅助我们判断使用哪种图表类型的另一个抓手是呈现目的，即前面提到五大方向：对比、构成、分布、趋势、关系。例如，如果要呈现几组数据的对比，则建议使用对比条形图；如果要呈现几组数据的构成，则建议使用堆积柱形图、饼图等；如果要呈现几组数据的分布，则建议使用散点图；如果要呈现几组数据的趋势，则建议使用折线图；如果要呈现数据之间的关系，则建议使用散点图。简而言之，根据呈现目的，选择具有相关呈现优势的图表类型制作图表。

在通常情况下，呈现目的与数据集特征是高度相关的。例如，在呈现数据的分布时，数据集中的数据点一般较多，并且一般以数值呈现为主，可能会有比较大的极差；而在呈现数据的构成时，数据集中的数据点可能相对较少。因此，在选择图表类型时，应该对呈现目的和数据集的特征进行综合考量。

5.1.4　图表类型不是一成不变的

图表类型不是一成不变的。在实际的图表制作过程中，某些地方的考虑不够妥当、有新的呈现需求出现、有新的图表设计想法，这些都可能使图表类型发生变化，用于满足最终的需求。因此图表的设计与制作过程是动态的。

5.2　为图表配色

经过前面的强调，大家都知道了选择图表类型的重要性：它决定了使用哪些核心视觉暗示进行数据的呈现。但最终影响图表是否高级、专业、美观的要素还有一个，那就是配色。在其他要素设定完全一样的场景中，配色图表与灰度图表的效果对比如图 5-3 所示（图表来自《经济学人》），根据图 5-3 可以看出，配色图表与灰度图表之间的效果差异一目了然，配色会大幅增强图表的表现力。下面讲解基础的色彩原理、配色原则，以及获取配色方案的方法。

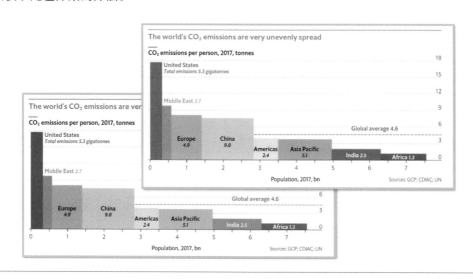

图 5-3　配色图表与灰度图表的效果对比

5.2.1　基础的色彩原理

1. 颜色的分布

我们一起来看看，有哪些颜色可以供我们使用，以及它们是如何分布的。几种常见的色环如图 5-4 所示，其中记录了基础色衍生得到主要颜色的过程。

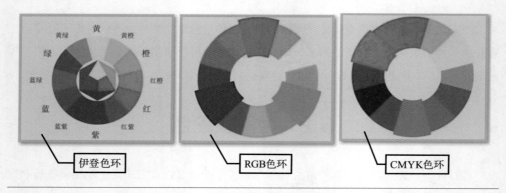

图 5-4　常见的色环

在图 5-4 中，伊登色环使用红色、黄色、蓝色作为基础色衍生得到色环中的所有颜色，主要应用于美术领域；RGB 色环使用红色、绿色、蓝色作为基础色衍生得到色环中的所有颜色，主要应用于电子设备显示领域；CMYK 色环使用青色、洋红色、黄色和黑色作为基础色衍生得到色环中的所有颜色，主要应用于印刷领域。

> 说明：部分读者可能会好奇，不同色环的基础色并不相同，它们能够表达相同的颜色吗？答案当然是可以的，色环的基础色是根据实际需求选取的。例如，美术领域的三原色主要是从美学意义上选取的，而 CMYK 和 RGB 的原色选取差异是由二者在应用环境中的显示原理差异导致的，其中，印刷品采用"反光"的显示原理，而电子屏幕采用"发光"的显示原理。

2. Excel中的颜色设置

在 Excel 中，要设置不同的颜色，离不开调色板，如图 5-5 所示。调色板中预设了几十项与主题有关的不同色相、不同亮度的颜色，以及一些标准色。虽然满足了用户的一般需求，但使用上述颜色进行图表配色，很难获得较强的表现力。

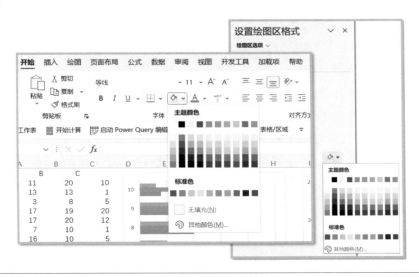

图 5-5 使用调色板进行颜色设置

在调色板中选择"其他颜色"功能命令，弹出"颜色"对话框，如图 5-6 所示，在"标准"选项卡中选取颜色；在"自定义"选项卡中自定义颜色，有两种典型的颜色自定义模式，分别是 RGB 模式和 HSL 模式。在 HSL 模式下，H 表示色调，S 表示饱和度，L 表示亮度。

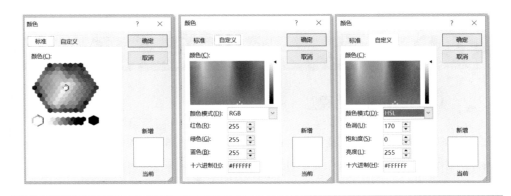

图 5-6 "颜色"对话框

"颜色"对话框的"标准"选项卡中有一个调色盘，类似于图 5-4 中的 RGB 色环，可以根据需求选择所需的颜色。

"颜色"对话框的"自定义"选项卡中的参数分为上、下两部分。

上半部分是一个特殊的调色盘，该调色盘采用 HSL 模式，在左侧的矩形颜色区域中，水平方向代表不同的色相分布，垂直方向代表相同色亮的不同饱和度分布；右侧的长条颜色区域中，可以对不同颜色的亮度进行控制。因此，在该调色盘上单击，可以选取任意色调、饱和度和亮度的颜色。该方法较为直观，但不够精准。

在下半部分，可以选择 RGB 模式或 HSL 模式，RGB 模式可以通过控制红色、绿色、蓝色的值，精准设置颜色；HSL 模式可以通过控制色调、饱和度、亮度的值，精准设置颜色。如图 5-7 所示，该红色的 RGB 值为（228，42，37），其 HSL 值为（1，188，125），如果要在 Excel 中获取该颜色，那么只需选择相应的模式，并且输入对应的分量值（其他颜色按照类似逻辑设置即可）。

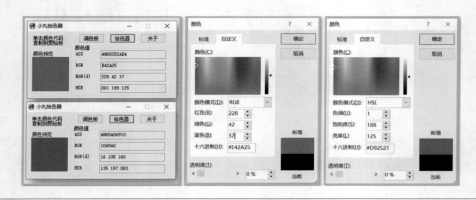

图 5-7　RGB 和 HSL 颜色代码和设置举例

说明：颜色分量的取值范围都是 0 ～ 255。

5.2.2　几种常用的配色原则

在了解了色环的概念，以及如何在 Excel 中自定义颜色后，下面讲解几种常用的配色原则。在制作图表时，尤其在制作商业图表时，通常会存在一种代表当前机构、公司的颜色，即主题色，因此会要求图表中的颜色尽量与该主题色有关。一种推荐的做法是将该颜色作为基础色，然后根据不同的配色原则，从色环中选取与基础色有关的颜色，组成一套配色方案。

1. 互补色原则

互补色原则的选色逻辑是选择色环中位于基础色正对面的颜色作为互补色，如图 5-8 所示。互补色的色相差异较大，因此适合用于进行数据对比的呈现。

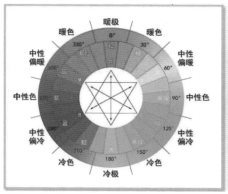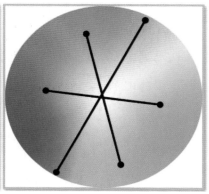

图 5-8　互补色原则

《经济学人》中常用的互补色及其详细参数设置如图 5-9 所示。可以看到，两种颜色"色调"参数值的差异超过 100，红色分布在色盘右侧部位，而蓝色分布在色盘中间部位，遵循互补色原则。

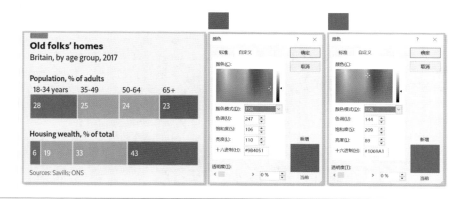

图 5-9　《经济学人》中常用的互补色及其详细参数设置

说明：所有的配色原则仅供参考，并非要严格遵守。在实际操作中，可以利用配色原则对颜色进行大方向上的参考，在选取具体颜色时，可以参考实际颜色效果进行微调。例如，图 5-9 中的两种颜色并非完全互补，但对比依然强烈。

2. 和谐三色原则

与互补色原则相比，和谐三色原则虽然对比度有所下降，但可以针对 3 种颜色进行对比，选色方法为在色相中等距分配 3 个点，相当于在色环或色盘中使用正三角形进行选择，如图 5-10 所示。

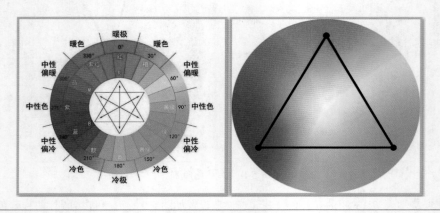

图 5-10　和谐三色原则

《经济学人》中曾使用过的三色对比配色范例如图 5-11 所示，可以看到，3 种颜色的"色调"值差距基本维持在 100 左右。而在调色盘中可以清晰地看到 3 种颜色分别位于调色盘的中间、左侧、右侧。

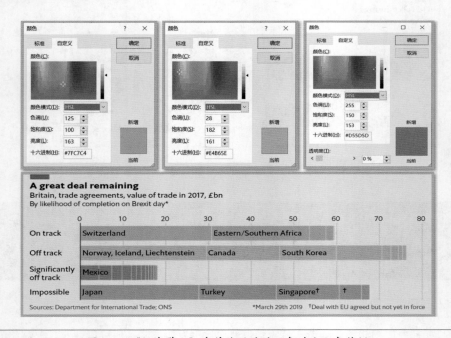

图 5-11　《经济学人》中曾使用过的三色对比配色范例

说明：在 RGB 色环或色盘中，严格地使用和谐三色原则得到的应当是红、绿、蓝，但因为色盲配色关系，在实际操作中，绿色一般出现的频率较低，所以通常会做出一点偏移，使用黄色进行代替。

3. 其他配色原则

按照与互补色原则、和谐三色原则类似的逻辑，可以设计出更多配色原则，如矩形选色原则、单色渐变选色原则、双色对比原则等，如图 5-12 所示。因为逻辑相似，所以麦克斯不再展开说明，大家参考图 5-12 辅助理解即可。

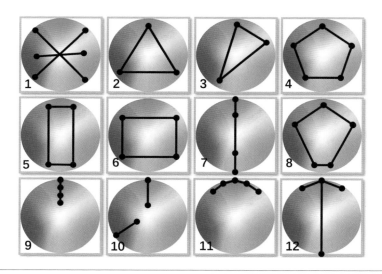

图 5-12　其他配色原则参考

无论采用哪种配色原则，其基础逻辑都是相同的，抓住配色原则共性的关键点，就可以不再拘泥于某种配色原则（在此之前需要掌握其基础逻辑），更加自由地选取所需的颜色。配色原则共性的两个核心关键点如下。

- 如果数据存在多方对比，则可以将选色点尽量均匀分布到完整的色环或色盘中，存在几方对比，就设置几个选色点，如图 5-12 中的 2 号、4 号和 6 号配色原则。
- 如果对比多方中的某一方内有多个成员需要表示，则可以在该选色点附近拓展一些额外的选色点，或者改变色彩的亮度，用于实现相似颜色的选取，如图 5-12 中 3 号、5 号和 12 号配色原则。

下面举例说明，假设麦克斯拥有两家食品公司的销售额数据，其中公司 A 的销售额都集中在饮料上，而公司 B 不仅有粮油销售额，还有蔬菜销售额。此时，如果要对比两家公司的总销售额，则可以选择 3 号配色原则，如采用如图 5-13 上半部分所示的配色方案；如果要对比两家公司不同品类之间的销售额差异，则需要根据品类数量采用 2 号、4 号或 6 号配色原则，如采用如图 5-13 下半部分所示的配色方案。

颜色		Red	Green	Blue	Hue	Saturation	Brightness
1		36	89	206	148	169	114
2		240	187	56	028	207	140
3		231	92	49	009	191	132
颜色		Red	Green	Blue	Hue	Saturation	Brightness
1		36	89	206	148	169	114
2		229	82	67	004	182	140
3		107	195	182	114	102	143

图 5-13　具体配色方案举例

在图 5-13 中，假设出具图表的咨询公司使用 RGB 值为（36，89，206）的蓝色作为其主题色，那么图表配色应该以此为基础选色点，并且根据实际情况在其附近间距不等的位置增加其他选色点。因为红色、橙色、黄色的色相区域与蓝色对比较强烈，所以根据 3 号选色原则得到图 5-13 上半部分的配色方案，根据 2 号选色原则得到图 5-13 下半部分的配色方案。

5.2.3　配色工具和参考

前面，我们学习了不同的配色原则和 Excel 调色盘的使用方法，已经可以比较灵活地选取配色方案了。但在这个过程中，如果能有一些额外的工具辅助，则可以获得更好的效果。此外，上述方法的配色精细程度不算特别高。在实际操作过程中，我们还可以参考外部的一些现有配色方案，将其应用于我们的图表中。本节，我们会提供一些配色工具、网站的使用方法，并且提供一些典型的配色方案。

1. 拾色器

拾色器是一个关于颜色的小工具，它可以方便地将我们在屏幕上看到的颜色的 RGB 值或 HSB 值读取出来。例如，对于在配色网站或其他图表中学习到的配色方案，可以先通过拾色器读取其颜色代码，再将其精准地应用到自己的图表中。

在 PowerPoint 中，默认配备了取色器功能，如图 5-14 所示。但在 Excel 中，目前还未配备该功能，如果需要使用该功能，则可以在搜索引擎中搜索关键字"拾色器"，然后选择一款拾色器，将其下载并安装。推荐使用小丸拾色器，如图 5-15 所示。拾色器的使用方法较为简单，在开启颜色拾取功能后，单击屏幕中的目标颜色，即可获得该颜色的详细信息（主要是不同颜色的代码值）。

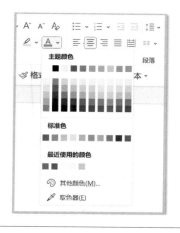

图 5-14　PowerPoint 中的取色器功能　　　　图 5-15　小丸拾色器

2. 配色网站

下面，麦克斯为大家推荐几个好用的配色网站。第一个推荐的是 Adobe 官方提供的配色网站 Adobe Color，其中的 Color Wheel 工具页面如图 5-16 所示。Color Wheel 工具的特点是可以选择不同的配色原则和基准色，并且可以在色盘上自定义一组颜色。

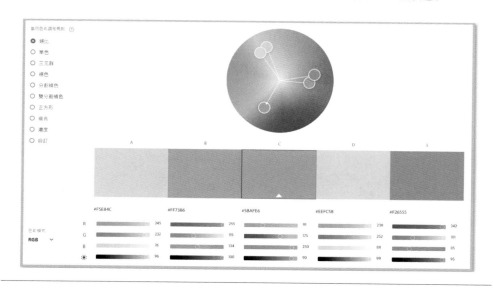

图 5-16　Adobe Color 网站的 Color Wheel 工具页面

在该网站中，不仅可以使用 Color Wheel 工具进行配色方案的设计，还可以使用 Color Contrast Analyzer 工具进行文本配色设计，但因为该功能在图表设计中的使用不多，感兴趣的读者可以自行尝试。Color Contrast Analyzer 工具页面如图 5-17 所示。

图 5-17　Adobe Color 网站的 Color Contrast Analyzer 工具页面

第二个推荐的是名为 Muzli Color 的配色方案生成网站，该网站可以提供 Color Palette Generator（色板生成器）功能，该功能介于自定义配色和提供配色方案两种模式之间。例如，单击所需的主题色，可以直接获取多组相应的配色方案，每组配色方案都是根据相应的选色逻辑配置的，如图 5-18 所示。

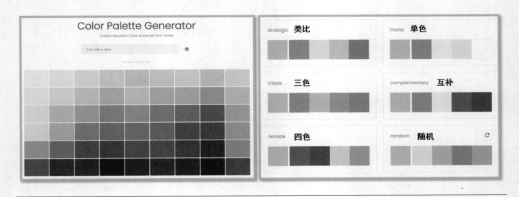

图 5-18　Muzli Color 网站的 Color Palette Generator 功能：主题色配色

技巧：在顶部的输入框中输入颜色代码或颜色名称，可以进行主题色的自定义选取。

此外，该网站配备了一项极为强大的特殊识别功能，它可以通过上传图片的方式自动获取图片中的核心配色方案。利用该功能，我们可以将现有画作、宣传册、设计图等中的配色方案直接提取出来，并且将其应用于图表设计中。

在 Muzli Color 网站的主页单击输入框右侧的图片图标，然后选择图片并上传，网站会自动分析该图片中的颜色信息，从而提供一套配色方案，并且提供该配色方案在图表等场景中的模拟应用效果，如图 5-19 所示。此外，该网站在底部还提供了一些现成的配色方案，感兴趣的读者可以自行查看。

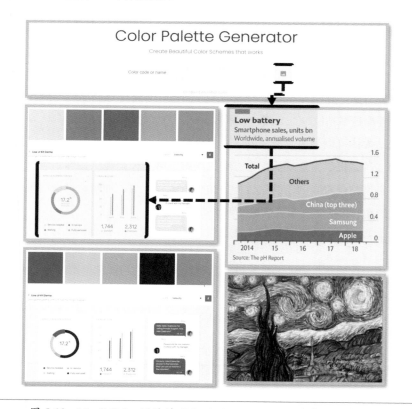

图 5-19　Muzli Color 网站的 Color Palette Generator 功能：图片配色

第三个推荐的配色网站是名为 Picular 的单色选取网站，该网站的功能独立于前面介绍的自定义配色方案和选取现成配色方案的方式，它可以帮助我们选择一种颜色作为主题色。

Picular 采用一种特殊的选色方式，它并没有将所有颜色直接列出，而是使用一个关键字作为主题，自动联想出与该关键字有关的单色，然后通过单击小别针图标，选取所需的颜色，从而组成所需的配色方案，如图 5-20 所示。

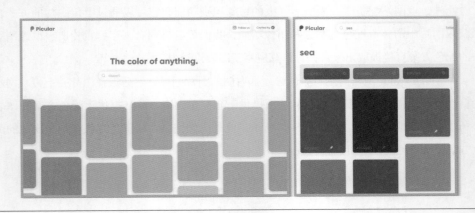

图 5-20　Picular 网站：主题选色

本书篇幅有限，只能介绍几个典型的配色网站，其他配色网站可以参考随书附赠资源中的"推荐配色网站清单"文档，大家可以选择自己感兴趣的查看。

配色网站大体可以分为 3 种，第一种是根据配色原则和基础色进行自定义快速配色的网站；第二种是提供大量现成配色方案的网站；第三种是提供特殊单色信息的网站。其中，第一种网站最符合图表制作过程中的配色流程；第二种网站可以提供现成的配色方案，使用简便，但劣势在于无法根据需求进行调整。

3. 参考配色

除了利用配色网站生成的随机配色方案和根据主题色与配色原则自定义的配色方案，我们还可以参考现有杂志、报纸、报告等中的图表配色方案，并且将其应用于图表设计中。《经济学人》中常用的图表配色方案如表 5-1 所示。

表 5-1　《经济学人》中常用的图表配色方案

组成	颜色	R	G	B	H	S	L
No.1 2+2色		16	105	161	135	16	105
		55	185	207	126	55	185
		157	66	81	233	157	66
		179	146	155	229	179	146

续表

组成	颜色	R	G	B	H	S	L
No.2 2+1+1+1色		16	105	161	135	197	084
		55	185	207	126	149	125
		228	182	94	026	172	152
		29	142	160	125	167	089
		179	146	155	229	043	154
No.3 2+3色		26	144	158	124	173	087
		163	212	209	118	087	177
		193	168	172	234	040	171
		187	126	133	235	075	148
		153	65	81	233	097	103
No.4 1+1+1色		71	80	85	134	022	074
		208	210	209	100	005	198
		222	103	105	239	155	154
No.5 3色		47	179	158	114	141	107
		136	197	182	110	083	157
		40	120	107	114	120	076
No.6 1+1+1色		25	146	155	123	174	085
		168	186	196	134	046	172
		232	111	68	010	188	142
No.7 10色		113	145	158	132	045	128
		222	104	104	000	155	154
		126	200	199	119	097	154
		230	182	97	026	175	155
		16	105	161	135	197	084
		55	185	207	126	149	125
		157	66	81	233	098	105
		179	146	155	229	043	154
		71	78	84	138	020	073
		180	198	208	134	055	183

续表

组成	颜色	R	G	B	H	S	L
		161	94	129	219	063	121
		50	185	205	125	146	121
		18	105	158	135	192	083
		223	103	105	239	157	154
No.8 10色		237	164	10	027	221	117
		125	200	196	118	098	154
		71	80	85	134	022	074
		245	228	24	037	221	127
		27	144	161	125	172	089
		155	175	186	134	044	161
……	……	…	…	…	…	…	…

《经济学人》中常用的 8 种配色方案对应的图表范例如图 5-21 所示，这些配色方案覆盖了该杂志超过 80% 的图表配色。

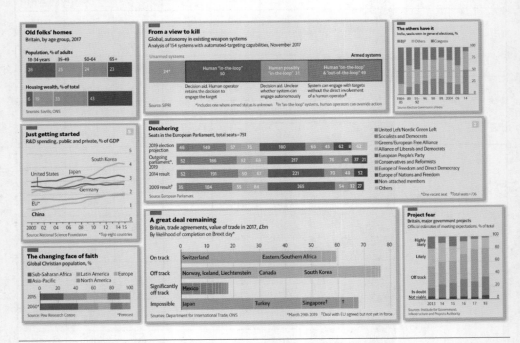

图 5-21 《经济学人》中常用的 8 种配色方案对应的图表范例

仔细观察图 5-21 中出现的颜色组合，可以发现一些有趣的配色规律，具体如下。

- 有几种颜色的出现频率非常高。例如，1 号方案中的两种蓝色和两种红色，在后续的 2 号、3 号方案中也有出现。
- 在 3 号方案和 5 号方案中都出现了相同色相、不同饱和度的阶梯式配色。
- 当需要的颜色种类较多时，可以在红色、蓝色的基础上拓展绿色、紫色、黄色、橙色等色相。
- 灰黑色、灰白色和浅蓝色经常作为补充颜色出现，承担辅助项目配色的工作。

> 技巧：在熟悉以上配色方案后，根据上述规律，感兴趣的读者可以选择自己喜欢的常用配色，组成一个具有十几种颜色的集合，作为自己的常用配色池。在进行图表设计时，可以根据实际需求选取所需的颜色，从而提高配色效率。

《彭博商业周刊》中常用的配色方案如表 5-2 所示，对应的图表范例如图 5-22 所示。这些配色方案同样覆盖了该杂志超过 80% 的图表配色，并且颜色的种类明显减少。

表 5-2　《彭博商业周刊》中常用的配色方案

组成	颜色	R	G	B	H	S	L
No.1 4色		23	102	174	139	185	093
		15	142	76	099	195	074
		249	235	23	038	229	129
		35	32	33	227	011	032
No.2 5色		15	142	76	099	195	074
		188	157	202	188	072	170
		23	102	174	139	185	093
		237	28	36	238	206	125
		249	235	23	038	229	129
No.3 2色		237	111	62	011	200	141
		98	193	207	125	128	144
No.4 7色		237	28	36	238	206	125
		249	235	23	038	229	129
		15	142	76	099	195	074
		188	157	202	188	072	170

续表

组成	颜色	R	G	B	H	S	L
No.4 7色		244	133	141	237	201	178
		161	163	151	047	015	148
		23	102	174	139	185	093
……	……	…	…	…	…	…	…

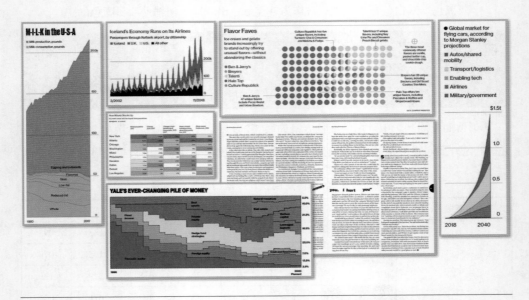

图 5-22 《彭博商业周刊》中常用的配色方案对应的图表范例

　　仔细观察《彭博商业周刊》中的配色方案，可以发现，与《经济学人》相比，《彭博商业周刊》中的颜色更加靓丽，饱和度更高。这其实和杂志本身的设计风格息息相关，因为在《彭博商业周刊》中，图表类型的选取普遍更简单，甚至图表中的数据系列都普遍较少，因此可以通过在图表中设置高饱和度的颜色进行突出显示，从而与朴素的环境形成强烈对比，具有独特的视觉冲击力。这与《经济学人》的风格完全不同。《经济学人》与《彭博商业周刊》中的页面对比如图 5-23 所示。类似地，我们在制作图表时，也需要考虑图表放置位置的尺寸和环境中的色彩情况，尽可能使其和谐统一。

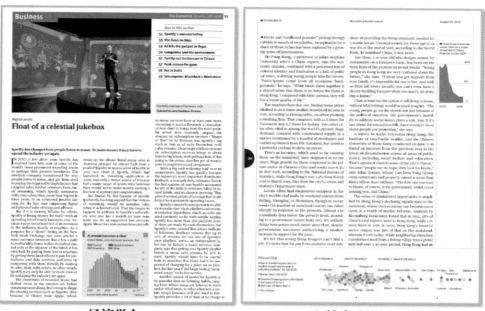

经济学人　　　　　　　　　　　　彭博商业周刊

图 5-23　《经济学人》与《彭博商业周刊》中的页面对比

《自然》杂志中推荐的配色方案如表 5-3 所示，对应的图表范例如图 5-24 所示。

表 5-3　《自然》中推荐的配色方案

组成	颜色	R	G	B	H	S	L
No.1 3色		170	45	42	001	146	100
		188	184	156	035	046	163
		43	148	184	130	150	107
No.2 1+4色		235	91	37	011	200	129
		92	101	114	144	026	097
		139	149	161	142	025	142
		187	195	204	141	034	185
		221	227	234	142	057	215
No.3 3色		245	127	32	018	220	131
		202	185	218	181	074	190
		88	197	205	123	130	138

续表

组成	颜色	R	G	B	H	S	L
No.4 4+4色		98	115	183	152	089	133
		99	162	200	135	115	141
		109	203	210	123	127	151
		177	220	196	098	092	188
		176	111	83	012	089	122
		226	141	91	015	169	150
		251	178	109	019	228	170
		255	225	170	026	240	201
……	……	…	…	…	…	…	…

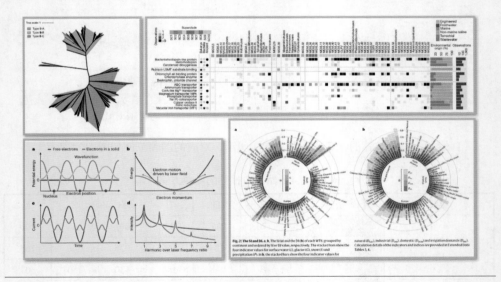

图 5-24　《自然》中推荐的配色方案对应的图表范例

《科学》中推荐的配色方案如表 5-4 所示，对应的图表范例如图 5-25 所示。

表 5-4　《科学》中推荐的配色方案

组成	颜色	R	G	B	H	S	L
No.1 4色		198	0	12	238	240	094
		240	130	17	020	212	121
		180	163	202	177	065	172
		35	25	22	009	055	027

续表

组成	颜色	R	G	B	H	S	L
No.2 3色		15	45	122	149	188	065
		31	142	193	133	174	106
		137	204	187	110	096	161
No.3 2色		0	173	193	124	240	091
		224	129	50	018	178	129
No.4 3色		10	50	76	136	185	041
		127	91	132	195	044	105
		191	205	223	143	080	196
No.5 4色		19	125	194	136	198	101
		104	206	244	131	208	164
		252	238	33	037	235	135
		239	57	35	004	208	129
……	……	…	…	…	…	…	…

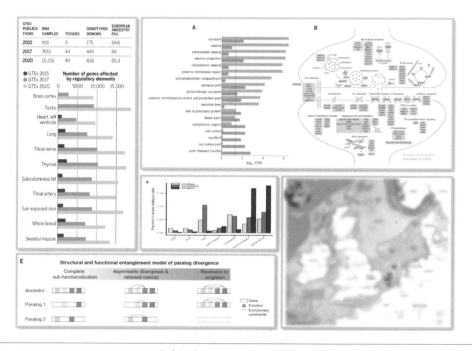

图 5-25　《科学》中推荐的配色方案对应的图表范例

观察《经济学人》、《彭博商业周刊》、《自然》和《科学》中的图表配色方案，可以感受到商业类杂志和科学类杂志在图表配色和风格上的巨大差异，这是商业图表和科学图表之间的差异。

在商业类杂志中，因为有专门的图表制作团队，所以可以明显看出，即使是不同的文章，其图表的配色方案和编写风格都是非常统一的。

在科学类杂志中，每篇文章中的图表均由其各自的团队完成，所以其配色方案和编写风格会略显杂乱。这一点也体现在图表的配色选取上，每个团队都有各自的个人风格偏好。因此上述科学类杂志中的配色方案都不能算杂志的常用配色方案，但依然可以作为日常图表设计的参考。

> **注意**：在科学类杂志中，经常会看到使用软件默认的配色方案或标准色配色方案的图表，这会导致图表损失部分高级感。但因为科学图表更加注重数据表达的准确度和精确度，所以这种情况是合理的。在商业图表中应该尽量避免这种情况发生。

5.3 组织作图数据

我们在前面的内容中曾经强调过一个观点：原始数据并不等于作图数据。这是因为Excel图表模块对输入图表的数据格式有特定的要求，并且不同类型的图表有不同的要求。此外，在制作特殊的图表效果时，需要对原始数据进行排序、分离、空行、错位等操作，用于实现所需的效果。基于以上两点，在制作图表前，一般都会有一个从原始数据到作图数据的整理过程，而这个过程可能需要用到一些特殊的 Excel 操作技巧和设计思维。下面对这部分内容进行详细讲解。

在整理数据部分，应该在不改变原始数据内容的前提下对数据的组织格式进行调整。在图表制作过程中，作图数据的整理操作主要包括排序、分离、空行、错位，下面通过数据整理实例分别进行讲解。

5.3.1 数据也要排好队

第一项作图数据整理操作是"排序"。通过提前对原始数据中的某些字段进行排序，可以影响成品图表中数据系列中各项数据的显示顺序。经过排序的数据可以为图表数据的呈现提供一个清晰的骨架，方便读者更迅速地阅读抽象的数据。例如，对销售额进行降序排序，对占比情况进行升序排序。因此，排序是作图数据整理过程中频繁出现的需求。

制作某行业各公司市场份额占比原始数据如图 5-26 所示，如果利用直方图或柱形图直接呈现，则会导致柱形高低错落，在阅读数据时缺乏重点。

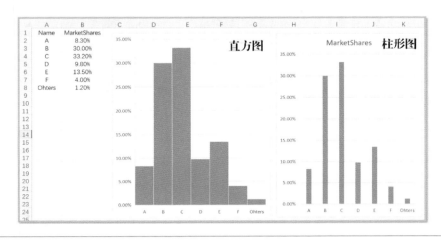

图 5-26　排序：原始数据

在通常情况下，会将普通直方图调整为帕累托图，而这需要对占比数据进行升序或降序排序，将占比较大的主要公司进行突出显示，并且计算累积占比，使其同步呈现，效果如图 5-27 所示。

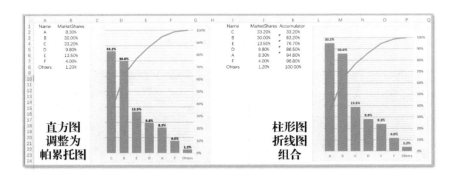

图 5-27　排序：数据整理效果

在图 5-27 中，右侧图表是使用 Excel 图表模块中的簇状柱形图组合折线图完成的帕累托图。与图 5-26 中的默认直方图 / 簇状柱形图相比，帕累托图的呈现效果会得到大幅提升。其中，蓝绿色的柱形用于表示降序排序的各公司市场份额占比情况，橙色折线用于表示各公司的累积市场份额占比情况。

> 说明：图 5-27 右侧的图表使用组合图完成制作。在 Excel 中，有专门的帕累托图模板，可以帮助我们更加快速地完成图表制作，它的优点在于，可以自动对数据进行排序和组合两种图表类型，缺点在于图表元素的灵活度较低。在实际的图表制作过程中，选择哪种方法制作都可以。

从图 5-26 到图 5-27 的转变过程中，除了有配色、图表类型、数据标签、网格线等元素的加入，排序也是其中的一个核心变化。在 Excel 中，单击菜单栏中的"数据"选项卡→"排序和筛选"功能组→"排序"功能按钮，弹出"排序"对话框，在其中添加一个或多个条件项，并且指定排序字段、排序依据和次序，单击"确定"按钮，即可对数据进行排序，如图 5-28 所示。

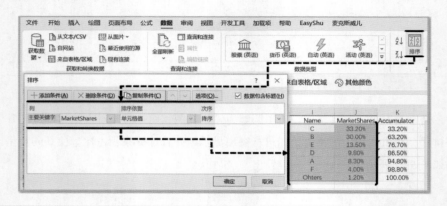

图 5-28　排序：操作方法

> 说明：Excel 的排序功能支持单条件排序、多条件排序和自定义排序。图 5-28 中的操作是单条件排序操作，多条件排序操作、自定义排序操作与单条件排序操作类似，区别在于，多条件排序操作需要添加多个条件项，并且上方条件的优先级更高，会优先进行排序；而自定义排序需要提前在 Excel 中设置自定义排序列表。因为本书的篇幅有限，所以不再展开说明，感兴趣的读者可以自行尝试，或者参考侯翔宇的《Excel 高效手册》中的第 271 ～ 276 页。

5.3.2　数据的分身之术

第二项数据整理操作是"分离"。通过提前对原始数据中的数据系列进行拆分，我们可以获得独立控制部分数据格式的能力。例如，将单个数据系列分离为正数数据系列和负数数据系列，可以单独控制正数数据系列和负数数据系列的颜色，以便区分。因此，麦克斯将这种操作称为数据的分身之术。

　　某公司在各月的负债金额数据如图 5-29 所示，利用柱形图或折线图直接呈现是足以看清数据变化趋势的，但略显单调，并且无法强调其中负债金额过高的特殊时段。

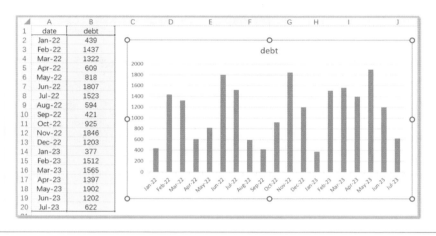

图 5-29　分离：原始数据

　　因此，我们可以尝试将原始数据分离为两个数据系列，一个数据系列用于存储负债金额高于 12 万元（红线值）的数据值，另一个数据系列用于存储负债金额在正常范围内的数据值，并且单独控制它们的格式，最终效果如图 5-30 所示。

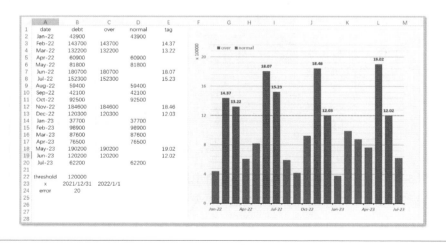

图 5-30　分离：数据整理效果

在图 5-30 中的原始数据基础上，将 debt 数据系列分离成了 over 和 normal 两个数据系列，分别用于表示超红线负债数据和未超红线负债数据。使用分离后的数据系列创建柱形图，并且设置"系列重叠"参数的值为 100%，表示完全重叠，即可实现与图 5-29 中的效果类似的效果。

因为我们已经提前将一个数据系列分离成了多个数据系列，所以我们获得了对拆分后数据系列的独立格式控制权，给 over 数据系列填充红色，给 normal 数据系列填充蓝色，即可实现强调超红线负债数据的效果。

> 说明：在图 5-30 所示的图表中还添加了自定义数据标签；使用了特殊的轴标签设置；添加了散点图误差线，用于模拟红线效果。这些设置技巧前面已经介绍过，如果忘记了如何操作，则可以返回相应的章节进行查看。建议打开范例文件，自行思考，模拟上述效果，从而将多种知识融会贯通、消化吸收。

在上述操作过程中，分离操作的核心是 IF 函数的条件判断。我们可以使用 IF 函数对自定义条件进行判定，并且将不同的结果返回，从而得到分离后的数据系列。本范例中使用的公式如图 5-31 所示。

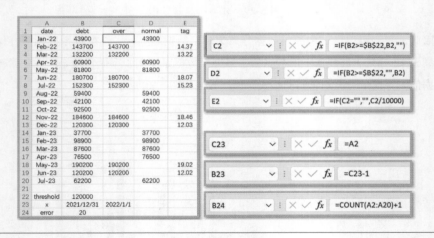

图 5-31　分离：公式

在图 5-31 中，核心逻辑为 C2 与 D2 单元格中使用的 IF 函数逻辑。其中，C2 单元格中的 IF 函数主要用于判断 B2 单元格中的值是否大于或等于 12 万元（设定好的红线值），如果满足该条件，则返回当前的负债金额，否则返回空文本；D2 单元格中的 IF 函数逻辑恰好相反，它主要用于判断 B2 单元格中的值是否大于或等于 12 万元（设定好的红线值），如果满足该条件，则返回空文本，否则返回当前负债的金额。这样，负债数据便被分离成了超红线负债数据和未超红线负债数据，也就是把 debt 数据系列分离成了 over 数据系列和 normal 数据系列。

> 说明：使用 E2 单元格中的 IF 函数生成的 E 列数据，是用于制作 over 数据系列的自定义数据标签值的数据；B23 与 C23 单元格中的公式主要用于确认误差线的起点日期；B24 单元格中的公式主要用于统计数据点的个数，从而自动确定误差线的长度。感兴趣的读者可以自行研究相关细节。

公式除了在执行分离操作时会被使用，还经常出现在其他图表效果的制作过程中，是图表制作的最佳伴侣。利用公式可以极大地提高数据的自动化处理程度，甚至可以制作动态图表。例如，在上面的范例中，如果临时将负债金额的红线值修改为 10 万元，则可以直接将 B22 单元格中的值修改为 100 000，系统会自动重新计算数据并更新图表；即使增加了新的数据，也可以通过简单地修改图表数据范围，实现图表内容的更新，如图 5-32 所示。

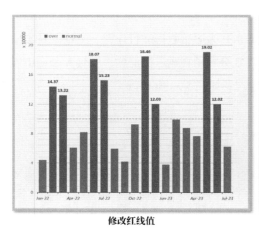
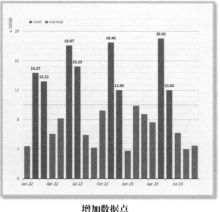

修改红线值　　　　　　　　　　　增加数据点

图 5-32　公式的自动化特性

5.3.3　增加必要的冗余数据

第三项作图数据整理操作是"空行"，即人为地在原始数据中增加冗余空行，从而实现特殊的空白效果。利用空行操作实现的一种典型图表为簇状堆积柱形图，它可以同时发挥簇状柱形图和堆积柱形图的优势。原始数据和簇状堆积柱形图范例如图 5-33 所示。

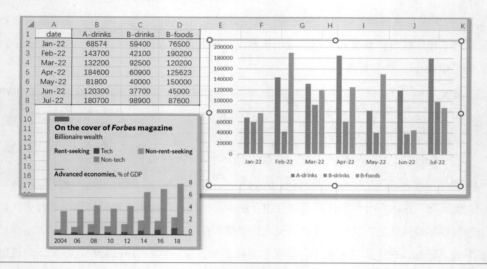

图 5-33　空行：原始数据和簇状堆积柱形图范例

在图 5-33 中可以看到，原始数据是某行业中两家公司 A 和 B 在不同月份的销售额数据，比较特殊的是，A 公司只销售饮品（drinks），而 B 公司同时销售饮品（drinks）和食品（foods）。因此，如果直接以 3 个数据系列为原始数据进行作图，则难以真实反映两家公司的总销售额对比情况。但如果先对 B 公司销售额进行汇总，再与 A 公司销售额进行对比，则无法反映 B 公司的销售组成情况，如图 5-34 所示。

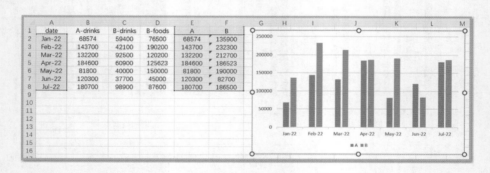

图 5-34　空行：一种尝试的处理方法

这时的最佳解决方法是利用簇状堆积柱形图同时进行汇总对比和组成呈现，如图 5-35 所示。在该簇状堆积柱形图中，每一组簇状柱形图都代表一个月的销售情况，其中左侧的数据系列代表 A 公司销售额，右侧的数据系列代表 B 公司销售额。因为 B 公司同时销售两个品类，所以使用堆积柱形图呈现各部分销售额的组成情况，从而解决上述问题。

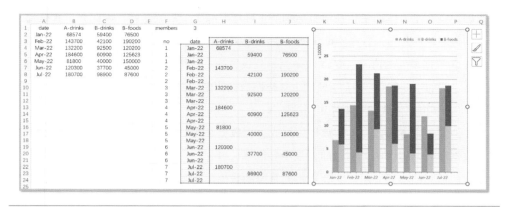

图 5-35　空行：簇状堆积柱形图

在上述范例中，从原始数据到作图数据，发生了巨大的变化，其中的核心数据整理操作便是空行和分离。下面重点讲解空行的作用。

首先明确一下簇状堆积柱形图的制图原理，其核心是多个经过错位、空行处理的数据系列以堆积柱形图的方式叠加，其中，错位主要用于保证正确的堆积关系，空行代表堆积柱之间的间隔，该范例的作图数据所用的公式如图 5-36 所示。

	A	B	C	D	E	F	G	H	I	J
1	date	A-drinks	B-drinks	B-foods		members	3			
2	Jan-22	68574	59400	76500						
3	Feb-22	143700	42100	190200		no	date	A-drinks	B-drinks	B-foods
4	Mar-22	132200	92500	120200		1	Jan-22	68574		
5	Apr-22	184600	60900	125623		1	Jan-22		59400	76500
6	May-22	81800	40000	150000		1	Jan-22			
7	Jun-22	120300	37700	45000		2	Feb-22	143700		
8	Jul-22	180700	98900	87600		2	Feb-22		42100	190200
						2	Feb-22			
						3	Mar-22	132200		
						3	Mar-22		92500	120200
						3	Mar-22			
						4	Apr-22	184600		
						4	Apr-22		60900	125623
						4	Apr-22			
						5	May-22	81800		
						5	May-22		40000	150000
						5	May-22			
						6	Jun-22	120300		
						6	Jun-22		37700	45000
						6	Jun-22			
						7	Jul-22	180700		
						7	Jul-22		98900	87600
						7	Jul-22			

F4	=INT((ROW(1:1)-1)/$G$1)+1
G4	=INDEX(A:A,F4+1)
H4	=IF(MOD(ROW(1:1),$G$1)=1,INDEX(B:B,F4+1),"")
I4	=IF(MOD(ROW(1:1),$G$1)=2,INDEX(C:C,F4+1),"")
J4	=IF(MOD(ROW(1:1),$G$1)=2,INDEX(D:D,F4+1),"")

图 5-36　空行：公式

在图 5-36 中，从原始数据到作图数据，最大的变化是将原始数据中的每行都拓展成了 3 行为一组，并且严格地分离了 A 公司和 B 公司的销售额。可以看到，在每组的 3 行中，首行中的数据为 A 公司销售额，次行中的数据为 B 公司销售额，末行为空行。这样设置的原因在于，我们希望在横坐标轴上正确地堆叠 3 个数据系列，因此在设置 A 数据系列的值时，B 公司销售额不能干扰 A 数据系列的值，因此将其设置为空；反之亦然，在设置 B 数据系列的值时，要将 A 数据系列设置为空；增加的空行主要用于手动构建不同月份之间的空白间距。最后，使用上述作图数据创建堆积柱形图，并且设置"系列重叠"为 100%，即可完成簇状堆积柱形图的制作。

在公式逻辑方面，将单行数据拓展成多行数据并按要求分布数值的过程核心是构建重复数据序列，即图中 F 列中的重复序号值"1、1、1、2、2、2、3…"。该序号值既表示簇状柱形图的不同分组，又表示不同月份的数据。重复数据序列的生成公式可以参考 F4 单元格中的公式，属于非常经典的函数公式套路。

在完成序号的构建后，我们需要依次利用序号和判定逻辑对数据进行分离。在 G 列中，以 F 列中已构建的序号值为依据，使用 INDEX 函数读取月份，并且将其作为横坐标轴的标签信息；在 H 列中，首先判断当前行是否为每组的第一行，如果是，则返回原数据中对应月份的数据，否则返回空值，其中的关键点如下。

- 使用 MOD 函数计算余数，并且根据余数确定当前行的位置。
- 利用 INDEX 函数提取原始数据中当前月的数据；I 列与 J 列的运算逻辑与 H 列的运算逻辑类似，类比理解即可。

> 说明：INDEX 函数主要用于读取指定单元格区域中指定位置的数据值，MOD 函数主要用于计算除法运算的余数，ROW 函数主要用于返回指定范围的行号，并且随着公式向下递增。缺乏公式基础的读者可以先尝试使用单个函数，再返回工作表中测试完整公式。

以上便是我们为空行数据整理操作提供的范例说明。虽然空行本身不提供任何额外的信息，但它在图表制作过程中可以起到人为间隔数据的作用。此外，虽然我们对空行进行了单独讲解，但空行的本质和空白单元格没有区别，都代表在某个位置上没有数据，在图表上不显示。因此，可以将通过分离操作创建的空格看作一个个"小空行"在发挥作用，空行与它们之间的区别只是保证了在位置上完全没有数据。

5.3.4 相互礼让的数据系列

第四项作图数据整理操作是"错位"，即数据系列与数据系列之间在某些维度上完全独立，好像是数据系列之间在相互礼让，如不同的数据系列不共用横坐标轴。我们在 4.2.6

节中介绍的错位显示效果，就是通过该操作实现的，如图 5-37 所示。本节我们重新优化数据的呈现，并且重点讲解数据的整理过程。

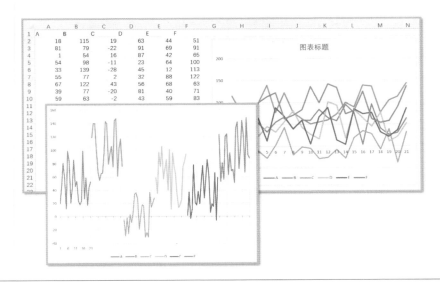

图 5-37　错位显示效果

本范例使用的原始数据、作图数据和图表如图 5-38 所示。原始数据中包含 4 个数据系列，分别代表 4 家公司在不同月份的销售额变化情况。因为在相同的纵坐标范围内的数据系列较多，会影响人们对数据的查看，所以计划利用错位显示多个数据系列的技巧，将不同的数据系列分别呈现在不同的横坐标范围内。

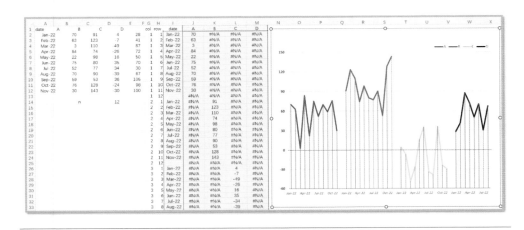

图 5-38　错位：原始数据、作图数据和图表

说明：最终图表中还使用了图表连线元素，用于强化数据点和月份的对应关系；并且增加了零值参考线，用于强调数据中存在负值这个特别之处。这些都是在实际作图过程中可以复用的小技巧。对于其他设置，读者可以基于文件和所学内容自行尝试调整。

在本范例中，从原始数据到作图数据的过程经历了两个核心操作，分别是空行插入与数据系列错位，具有一定的难度，但在有了前面的基础后，相信大家都能够轻松掌握。下面介绍数据整理过程中使用的公式和处理逻辑。

数据整理过程使用的所有公式如图 5-39 所示。其中，D14 单元格中的公式主要用于统计原始数据集中的数据点数量，此处的"+1"主要用于在错位后的数据中添加分隔空行。G2 和 H2 单元格中的公式主要用于构建辅助数据序列，G2 单元格中的公式主要用于构建重复数据序列，H2 单元格中的公式主要用于构建循环数据序列。可以将 col 列中的数据看作数据系列序号，将 row 列中的数据看作数据点序号。综合来看，表示第 col 个数据系列下的第 row 个数据点。例如，col 列中的数据值为 1、row 列中的数据值为 2，表示图中第 1 个数据系列中的第 2 个数据点。

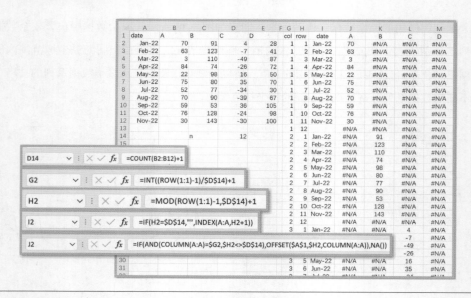

图 5-39　错位：公式

在准备工作完成后，我们就可以利用前 3 个公式的返回值，正式开始作图数据的整理工作了。在 I2 单元格中，我们需要循环提取原始数据中 date 数据系列的值（日期），因此直接使用 INDEX 函数在 A 列中依次提取即可，提取的位置序号为当前的 row 系列值加 1（A 列的第一个值为标题，需要跳过，所以加一）。为什么在 I2 单元格的公式中还存在一个 IF 条件判断呢？这是因为数据系列之间用于分隔的空行是不需要返回水平标签值的，所以增加了一个判断条件，用于确认当前位置是否为空行。

J2 单元格中的公式较复杂，但它的功能非常强大，通过拖曳 J2 单元格并将其应用到完整的数据区域，可以获得 A、B、C、D 列中的所有错位后的数据点。该公式的主框架同样是一个 IF 函数，但 IF 条件判断部分更加复杂。只有在"当前列等于 col 系列值"和"当前行不是空行"这两个条件同时满足时，才可以使用 OFFSET 函数根据行、列号提取原始数据；否则返回 #N/A 错误值，表示该位置无数据，不进行可视化。

说明：AND 函数主要用于处理多个逻辑条件结果的"与"运算，只有在所有条件都满足时，才返回逻辑真值 TRUE。OFFSET 函数主要用于将一个单元格确定为锚点，并且在指定行偏移量与列偏移量后，按要求移动锚点单元格的位置，返回移动位置后的数据。例如，将 A1 单元格偏移 2 行 1 列，会返回 B3 单元格中的值。如果你对函数运行逻辑有疑问，则可以开启工作簿进行试验，帮助自己理解。

以上便是我们为错位数据整理操作提供的范例说明。除了公式实现存在一定的难度外，可以看出，分离、空行、错位操作其实都有一个相似之处：它们都为原始数据增加了一些空白单元格或错误值单元格，这些空格就像一块块砖头，将目标数据"托举"到更合适的位置。或许以后你会看到、想到更多的作图数据整理技巧，但核心可能都是利用空格调整数据的位置，可以举一反三、灵活运用。本书中提到的这几个技巧非常经典，在实际操作过程中，大家可以根据设计需求和自己的想象力灵活运用，不拘泥于这几种形式，而是灵活地调整出自己需要的数据形式。

5.3.5　辅助数据是好帮手

最后补充一个非严格意义上的作图数据整理技巧——添加辅助数据。这个技巧是利用函数公式或手动编辑的方法，在原始数据中添加新的内容，主要应用于可视化呈现中，通常用于更新原有的数据标签或横坐标轴标签。因为是自定义的新数据内容，所以使用起来比原来的标签更加灵活。

虽然本节第一次正式讲解添加辅助数据，但在前面的学习中我们已经多次使用过该技巧，如 5.3.2 节中的 tag 数据系列，如图 5-40 所示。

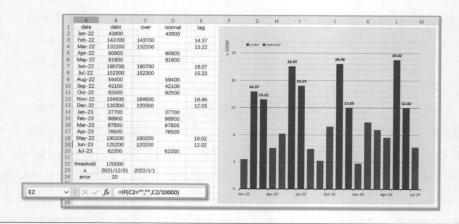

图 5-40　辅助：范例数据

在图 5-40 中，主要的作图数据范围在 A、C、D 列，其中 C、D 列中的数据是通过 B 列中的数据分离得到的。而其中 E 列中的 tag 数据系列其实并没有参与可视化图形的构建，它主要用于进行"红色 over"数据系列的数据标签显示。

原始数据的数据值分布在 10 万元左右，如果直接显示数据值，那么无论是位于坐标轴上，还是位于数据标签中，都会显得非常冗余。常规的做法是对所有数据进行单位换算。在本范例中，我们将数据值的单位转换为"万元"，因此需要对原有数据进行相应的处理。可以利用 E2 单元格中的公式，判断 C 列中是否有数据值，如果有，则将其缩小为原来的一万分之一并返回，否则返回空值，完成标签数据的构建。在完成以上工作后，打开"设置数据标签格式"侧边栏，对数据标签进行格式设置，如图 5-41 所示。

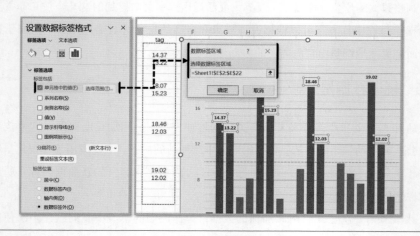

图 5-41　辅助：设置数据标签的格式

除了上述范例中构建的辅助标签数据，参考线的点位数据、计算公式的中间步骤、手动构建的水平分类标签数据、垫脚石数据系列等也属于辅助数据的范畴。在实际操作中，辅助数据其实没有固定的形式，它是根据你的图表设计思路和需求一步步构建出来的。

5.4　本章小结

本章主要讲解了图表设计中的 3 个核心内容：选择图表类型、为图表配色、组织作图数据，重点理解这 3 个核心内容背后蕴含的图表设计理念，即独立于具体的软件功能、参数设置的通用底层逻辑。

从下一章开始，我们将进入一个新的篇章，开始从零开始，手把手地教大家制作经典图表。通过前 5 章的学习，我们已经掌握了数据与可视化的概念，了解了图表世界的分类与底层逻辑，掌握了使用 Excel 图表模块实现基础图表效果的方法，掌握了通用的图表设计逻辑，接下来需要将它们应用到真实的图表制作案例中。

第3篇

案例实战

第 **6** 章

多组数据对比的图表制作

欢迎大家进入手把手教你制作图表的新篇章。本章的主题是"对比",即如何呈现多组数据之间的差异对比(尤其是两组数据之间的差异对比)。因为是实战内容,所以建议大家打开范例文件,跟随讲解步骤,从零开始操作,完成所有图表的制作。只有真正动手操作,才能更高效地理解和掌握所学知识。在这个过程中,如果遇到了问题,则可以回顾前面相应章节中的内容,温故而知新。

本章主要讲解 5 种用于呈现对比数据的经典图表的特征及制作方法,其中有非常典型的纯粹用于呈现对比数据的图表——非典型飓风图、对比条形图;也有特殊的图表——表型图;还有复合图表——杠铃图、斜率图。

6.1 飓风图

6.1.1 认识飓风图

飓风图是一种非常典型的呈现两组数据对比的图表类型,因其形似飓风而得名,范例如图 6-1 所示。我们可以认为飓风图是一种具有两个相对条形的特殊条形图,在 Excel 中使用条形图或堆积条形图可以制作飓风图。

因为飓风图中不同数据系列的相同项目是在水平方向上进行对比的,所以对比效果非常强烈,可以清晰地获取长度和方向视觉暗示。飓风图有一个特点是,对比的中心轴一般位于数轴的零值处,并且左右两侧均为正向延伸的数轴。如果将飓风图的纵坐标轴设置为某个对象的各个组成部分,那么飓风图可以在呈现数据对比的基础上,增加呈现数据构成的能力。

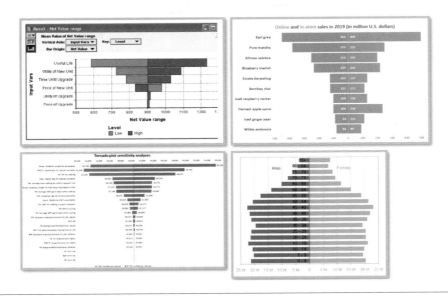

图 6-1 飓风图范例

6.1.2 图表范例：制作一个飓风图

1. 图表范例与背景介绍

使用 Excel 的图表模块制作一个飓风图，范例如图 6-2 所示。该图表曾在《经济学人》的正式刊物中被应用，属于规范的商业图表。

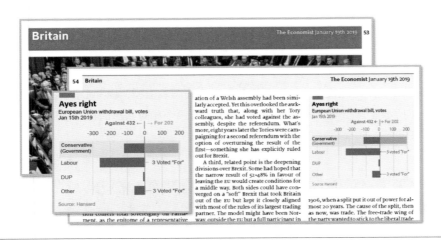

图 6-2 制作一个飓风图：图表范例

说明：在图 6-2 中，左侧的图表不是原版图表，而是麦克斯运用 Excel 图表模块模拟制作的练习图表。

图 6-2 中的飓风图主要描述的是英国的不同政党（纵坐标轴）对脱欧方案的投票情况。通过该飓风图，可以清晰地看到，除了首行中的保守党有明显的支持票外，其他政党对该方案的意见均为反对。支持票数与反对票数这两组数据的对比情况，很适合使用飓风图呈现。

2. 作图分析与数据准备

本范例图表使用的原始数据与作图数据如图 6-3 所示。其中，原始数据非常简单，涵盖范围为C79 ~ E83 单元格的5行3列数据，为了制作飓风图，需要提前构建辅助数据系列。

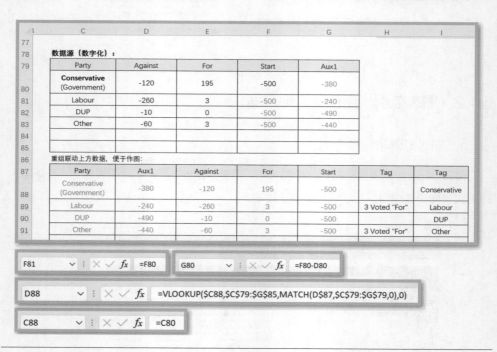

图 6-3　制作一个飓风图：原始数据与作图数据

说明：数据表中的黑色数据是实体数据，蓝色数据为基于公式的计算值。

在图 6-3 的第一个表格中，在 F 列与 G 列分别构建了辅助数据系列 Start 和 Aux1。

将 Start 数据系列中的所有值设置为固定值 −500，Aux1 数据系列中的值是通过公式 F80−D80 计算得到的，是 Start 数据系列和 Against（反对投票）数据系列的差值。

为什么要采用这种逻辑制作图表呢？实际上，即使不构建 Aux1 数据系列，也不会影响本范例图表的制作。使用 3 列原始数据直接创建的图表如图 6-4 中的左侧图表所示，该图表也是正确的。之所以采用这种逻辑制作图表，是因为当飓风图对称中心不是零值时，使用原始数据直接创建图表的方法会失效，如图 6-4 中的中部图表所示。使用辅助数据系列可以适应这种数据的变化，通用性更好。具体操作方法如下：先累积 Against、For 和 Aux1 数据系列，再将灰色的 Aux1 数据系列的填充设置调整为"无填充"，即可实现将中轴横坐标设置为 300 的飓风图效果，如图 6-4 中的右侧图表所示。

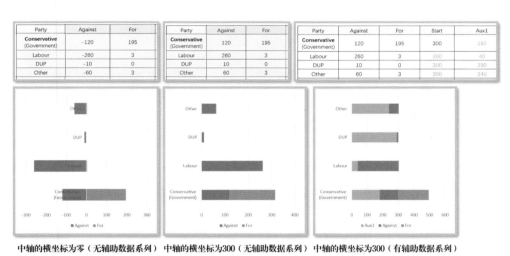

图 6-4　制作一个飓风图：核心制作逻辑

辅助数据系列的作用是作为底部的累积数据系列，将它的数据值设置为与其他数据系列的数据值互补，可以保证中轴的统一。因此，将 Aux1、For 和 Against 数据系列按顺序叠加到堆积条形图中，即可完成范例图表的基础构建。作图数据中剩余的两列数据主要用于创建数据标签和纵坐标轴标签。

3. 创建图表并设置画布

现在正式开始制作图表，大家可以事先打开本范例的演示文档，找到作图数据（麦克斯已经准备好了，读者也可以按照类似逻辑，自己准备作图数据）。对于复杂图表的制作，我们一般推荐先创建空白图表：单击菜单栏中的"插入"选项卡→"图表"功能组

→ "条形图"下拉按钮，在弹出的下拉列表中选择堆积条形图即可，如图6-5所示。

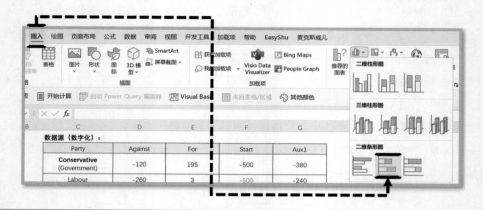

图6-5　制作一个飓风图：创建空白的堆积条形图

注意：因为此处为首次在本书中讲解制作图表的完整流程。所以在接下来的内容中，对操作的讲解会较为详细，如果后续的图表制作流程中有类似的内容，则会省略相应的步骤，读者可以回到这里或前面章节中的相应部分进行回顾复习。

技巧：在不选中数据的基础上直接插入图表，就会得到一张空白图表。因为复杂图表对数据系列一般有特殊的要求，根据所选数据创建的默认图表通常不能满足要求，因此在实际操作过程中，建议从正确类型的空白图表开始制作。

　　在空白图表创建完成后，需要设置画布的尺寸和比例，这个过程可以通过拖曳操作完成，也可以通过精准设置宽度、高度属性完成，如图6-6所示。画布的尺寸取决于在什么场景中应用图表。例如，如果要将图表放在单页的PPT文件中，那么画布的比例和尺寸应该与PPT文件的比例和尺寸保持一致；如果要将图表应用于杂志文章中的某个范围，那么画布的尺寸不能超过杂志的版面大小。设置画布的尺寸和比例是后续图表制作的基础设置，后续在制作标题、绘图区、横坐标、纵坐标时，都要以画布的尺寸和比例为基础进行设置，因此非常重要。

　　虽然可以让画布尺寸适应内容，但调整画布尺寸会同步影响其中的其他元素，有些元素会同比例缩放，但比较容易错位，导致比例失调，需要额外的操作进行修补。此外，在图表制作过程中不断调整画布的尺寸和比例，容易造成图表尺寸、比例与最终环境的尺寸、比例不匹配的情况，因此不建议这样调整。

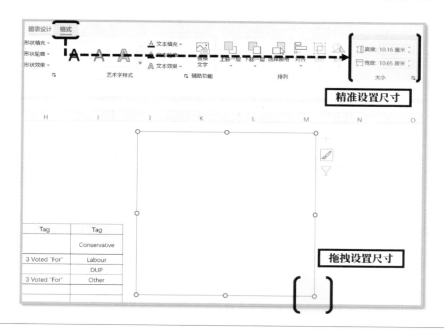

图 6-6　制作一个飓风图：设置画布的尺寸和比例

> **技巧**：除非有特殊的设计需求，否则一般不建议根据内容调整画布的尺寸和比例，建议在固定画布尺寸和比例的基础上进行后续设计和制作，这样更容易把握各部分图表元素的结构比例。此外，如果最终应用场景对图片的清晰度要求较高，那么建议尽量放大画布尺寸（因为 Excel 目前做不到无损输出矢量图表，这是一种权宜之计）。

选中图表并右击，在弹出的快捷菜单中选择"设置图表区域格式"命令，打开"设置图表区格式"侧边栏，为画布填充 RGB 值为（225，235，244）的底色，完成对画布的基础设置，如图 6-7 所示。

4. 添加数据系列

在完成画布的基础设置后，下面为图表添加合适的数据系列。本范例图表中有 2 个原始数据系列和 1 个辅助数据系列。操作方法如下：选中图表，单击菜单栏中的"图表设计"选项卡→"数据"功能组→"选择数据"功能按钮，弹出"选择数据源"对话框，单击"添加"按钮，创建新的数据系列，依次设置"系列名称"和"系列值"参数。重复上述步骤，直至将 3 个数据系列全部添加，操作示意如图 6-8 所示。

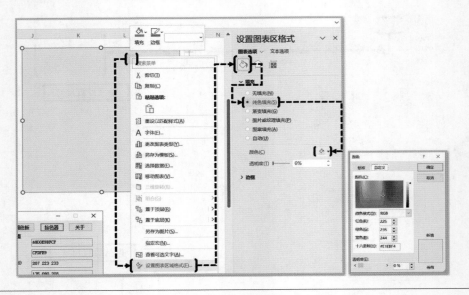

图 6-7　制作一个飓风图：填充画布底色

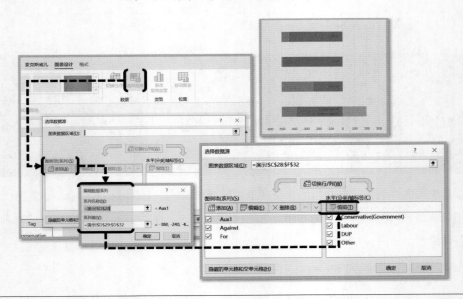

图 6-8　制作一个飓风图：添加数据系列

注意：因为是从空白图表开始添加数据系列的，"水平（分类）轴标签"默认为空，所以不要忘记设置"水平（分类）轴标签"参数的值，单击"水平（分类）轴标签"列表框中的"编辑"按钮，然后按要求选择数据范围即可。

在图 6-8 中可以看到，数据系列的叠加顺序并没有满足我们的需要。蓝色的 Aux1 数据系列应该位于红色的 Against 数据系列的左侧，因此我们需要返回"选择数据源"对话框，利用上下箭头按钮，调整数据系列的顺序，从而改变数据系列的叠加顺序，如图 6-9 所示。

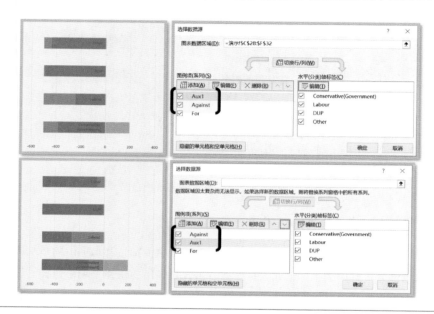

图 6-9　制作一个飓风图：改变数据系列的叠加顺序

5. 设置绘图区范围

在添加数据系列后，我们可以在图表的画布中看到代表数据点的可视化图形和数轴。在正式设置数据点的格式前，我们应该依次设置绘图区的尺寸、坐标轴、网格线。整体遵循由外向内、从大到小、由框架到细节的设置逻辑，可以有效减少额外的返工操作。

绘图区是指图表画布中用于显示数据系列的区域，一般占据画布半数以上的面积，并且位于中下部，需要根据具体的图表设计进行调整。其他区域一般用于显示图表标题、数据来源，以及一些补充信息。

因为完整的图表制作与前面章节中介绍的实现某种效果不同，我们需要提前给主标题、副标题、单位、图例、数据来源、脚注等元素预留空间。因此需要先设置绘图区尺寸。

绘图区尺寸的调整非常简单，首先单击选中图表画布，然后单击绘图区中的任意空白处，选中绘图区，最后通过拖曳绘图区四周的 8 个定位点，对绘图区的尺寸进行调整，如图 6-10 所示。

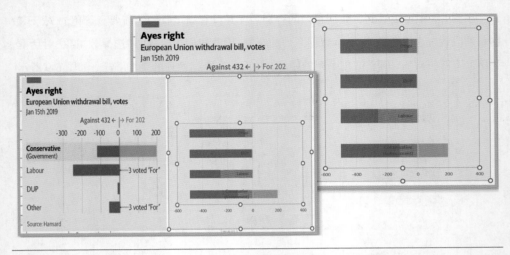

图 6-10 制作一个飓风图：调整绘图区尺寸

6. 设置横、纵坐标轴的格式

设置横、纵坐标轴的格式。先来看较为简单的横坐标轴，首先单击画布绘图区横坐标轴的数据部分，选中横坐标轴元素；然后右击，在弹出的快捷菜单中选择"设置坐标轴格式"命令，打开"设置坐标轴格式"侧边栏，设置边界的最小值为 -300、最大值为300、大间隔为 100，不需要刻度线，如图 6-11 所示。

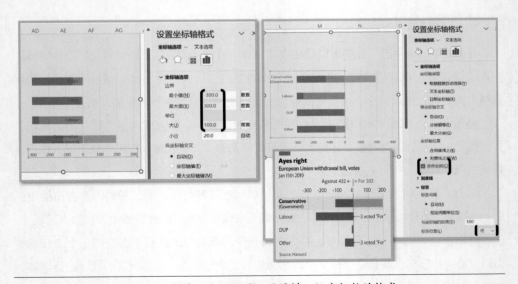

图 6-11 制作一个飓风图：设置横、纵坐标轴的格式

　　使用同样的方式打开纵坐标轴的"设置坐标轴格式"侧边栏，勾选"逆序类型"复选框，开启逆序刻度，正确显示数据系列的顺序；然后设置"标签位置"为"低"，将分类标签值显示在数据的最左侧。仔细观察低标签位置的效果，可以发现，虽然将标签移动到了左侧，但采用的依然是右对齐方式，而不是目标所需的左对齐方式。

　　要解决这个问题，我们需要开启辅助数据系列 Aux1 的第二项功能。Aux1 数据系列不仅可以发挥堆积柱中"垫脚石"的功能，还可以负责模拟纵坐标分类标签。操作方法如下：首先将原来的纵坐标轴标签关闭，将"标签"设置为"无"；然后添加 Aux1 数据系列的"数据标签"，并且将其设置为"轴内侧"模式；最后将数据标签内容替换为准备好的 tag 列数据即可，如图 6-12 所示。

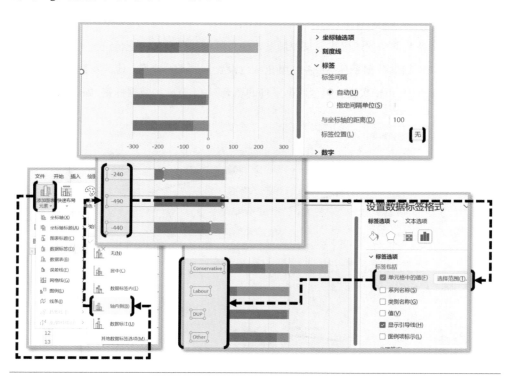

图 6-12　制作一个飓风图：左对齐分类标签

　　说明：在设置数据标签格式时，对数据标签值进行设置更灵活，可以随意设置其对齐方式。

　　调整横、纵坐标轴的颜色，以及文字的字体、字号，即可完成设置，如图 6-13 所示。

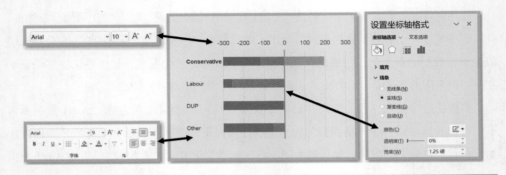

图 6-13 制作一个飓风图：坐标轴的格式设置

7. 调整数据系列的格式

接下来调整数据系列的格式，其中最重要的当属各数据系列的配色设置和条形的宽度设置。因此先将辅助数据系列 Aux1 的填充颜色设置为"无填充"，让其发挥支撑作用，但不显示在图表中，再依次设置其他数据系列的填充颜色、宽度和数据标签，如图6-14所示。

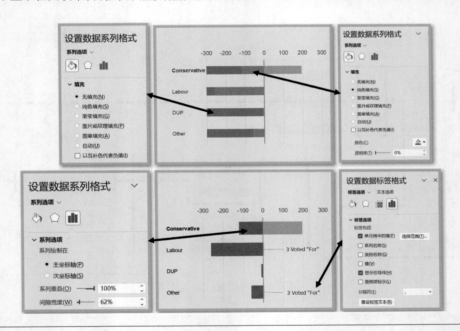

图 6-14 制作一个飓风图：调整数据系列的格式

> **技巧**：根据实际需求设置"间隙宽度"参数的值，但一般建议使用代表黄金比例的 38.2% 或 61.8%。

8. 添加附加信息

为图表添加主标题、副标题、单位、标识、脚注、数据来源等附加信息。这些附加信息本质都是文本，所以我们可以直接使用文本框及 Excel 中的形状图形进行制作，如图 6-15 所示。

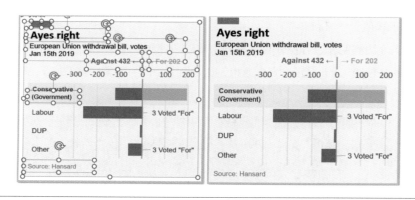

图 6-15　制作一个飓风图：添加附加信息

在图 6-15 中，右侧图表为最终图表，左侧图表中所有处于选中状态的元素均为文本框和图形，它们之间的差异只在于文本内容、字体颜色、字体类型和摆放位置，根据实际需求设置即可。创建文本框和图形的方法如图 6-16 所示。

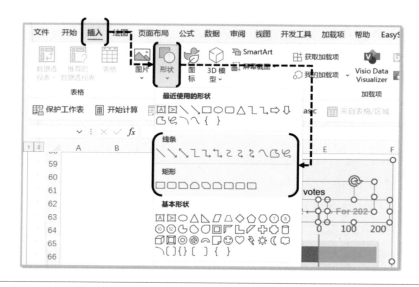

图 6-16　制作一个飓风图：创建文本框和图形的方法

在上述步骤中，有两个细节值得特别说明。

- 第一组数据点使用浅蓝色阴影进行重点强调，该效果类似于在 4.2.2 节中讲解的区域强调效果，但因为只有单个区域，所以不建议使用数据系列进行模拟，建议直接使用带透明度的矩形覆盖在图表上实现，会简单很多。
- 在横坐标轴上方添加两个方向的数据系列指示，发挥图例的作用，这种新颖的图例形式值得学习和参考。

此外，在图表制作过程中，可以看到中轴红线穿越了横坐标轴上的零值（图形模拟中轴向上的延长线），并且没有发生遮挡，这是因为专门为横坐标轴添加了与背景颜色相同的底色填充。

> **说明**：虽然使用形状进行可视化效果修补的过程看上去比较原始，但这是非常正常且实用的。图表中的很多遮挡、延伸、强调、装饰功能都是通过这种方法实现的。在进行专业制作时，甚至会在最后将图表输出到 Adobe Photoshop、Adobe Illustrator 中进行修补、优化。

> **说明**：关于本范例图表的更多信息及图表制作的操作演示，可以在哔哩哔哩视频网中搜索关键字"Excel 图表大全 | 010 非典型飓风条形图"，参考视频教程辅助理解。

6.2 对比条形图

6.2.1 认识对比条形图

用于对两组数据进行对比的典型图表，除了飓风图，还有对比条形图。这两种图表非常相似，主要区别在于分类标签的位置，二者的效果对比如图 6-17 所示。

在图 6-17 中，左侧图表为飓风图，右侧图表为对比条形图。通过对比可以发现，对比条形图与飓风图在图表呈现上的最大差异在于，对比条形图的分类标签显示在了左右两组对比数据中间，而不在一侧。这种调整可以使我们更容易获取类别和条形的对应关系信息。虽然二者的效果差异不大，但制作逻辑有很大差异。

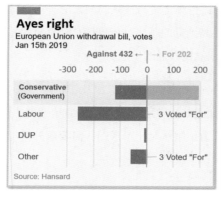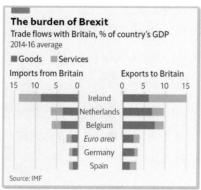

图 6-17 飓风图与对比条形图的效果对比

6.2.2 图表范例：制作一个对比条形图

1. 图表范例与背景介绍

下面使用 Excel 的图表模块制作一个对比条形图，范例如图 6-18 所示。该图表曾在《经济学人》的正式刊物中被应用，属于规范的商业图表。

图 6-18 制作一个对比条形图：图表范例

说明：在图 6-18 中，左侧的图表不是原版图表，而是麦克斯运用 Excel 图表模块模拟制作的练习图表。

图 6-18 中的图表主要描述的是，与英国进行频繁贸易往来的国家的进出口贸易额占据各国自身 GDP 的百分比情况，核心是按从高到低的顺序进行排序，并且显示每个国家与英国的进口和出口贸易额度对比，适合使用对比条形图呈现。

2. 作图分析与数据准备

本范例图表使用的原始数据与作图数据如图 6-19 所示。该图表的原始数据非常简单，涵盖 C92 ~ G98 单元格的 7 行 5 列数据，但为了制作对比条形图，需要额外增加一个辅助数据系列 Aux。

	C	D	E	F	G	H
90	**数字化数据源:**					
91	各国与英国贸易情况Imports from Britian			Exports to Britian		
92	Reigon	Goods	Services	Goods	Services	Aux
93	Ireland	8	6	6	9	-10
94	Netherlands	4	2	7	2.8	-10
95	Belgium	4.5	1	7.5	2.3	-10
96	Euro area	1.5	2	2.5	1.6	-10
97	Germany	1.2	0.5	3	0.5	-10
98	Spain	1	0.7	1.5	1.5	-10

图 6-19　制作一个对比条形图：原始数据与作图数据

> 说明：本范例中的数据准备工作没有用到公式。

绘图区内条形图的制作大体可以分为左、右两部分，比较特殊的是，左、右为两个独立的图表，右侧的图表中包含中间的分类标签及其他图表元素（制作过程类似于飓风图），左侧的图表中只包含绘图区，用于呈现对比数据组。这种综合多个图表构建最终图表的技巧，在 Excel 图表制作过程中经常用到。

3. 创建图表

现在开始正式制作图表。因为数据较为简单，所以可以不采用先创建空白图表再添加数据系列的方法，而是直接选中 Region 列标签及 Exports to Britain 区域内的 3 列数据，然后直接创建堆积条形图，完成图表的创建，如图 6-20 所示。

> 技巧：因为首列和后续 3 列数据不属于连续区域，所以在选取第一个数据区域后，需要先按住 Ctrl 键，再选取第二个数据区域，实现离散区域的同时选取。这是 Excel 中常用的操作技巧。

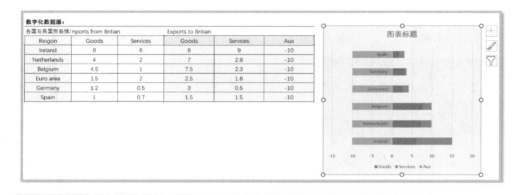

图 6-20　制作一个对比条形图：创建图表

4. 设置绘图区范围

在图表创建完成后，我们需要先删除冗余的图表元素，如图表标题和多余的图例信息，再调整绘图区范围，效果如图 6-21 中的右侧图表所示。对于图表标题，可以将其选中，然后按 Delete 键直接删除；对于图例，因为需要删除 Aux 数据系列，保留剩余的数据系列，所以需要先整体选中图例元素，然后在此基础上单击 Aux 数据系列的图例，独立选中该数据系列的图例，最后将其删除，并且不影响其他数据系列图例的显示。

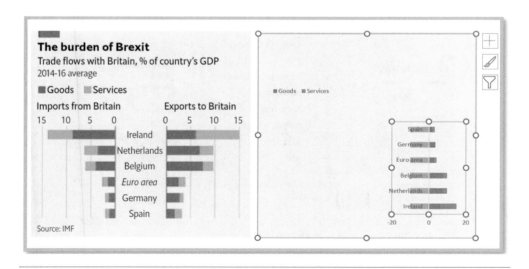

图 6-21　制作一个对比条形图：设置绘图区范围

绘图区范围需要根据实际的图表设计进行安排，但在本范例中，因为要包含数据标签部分和条形部分，所以将绘图区的宽度调整为占整个图表宽度的三分之一左右，并且将其放置于右侧。

> 说明：因为数据标签会随坐标轴调整自动溢出，所以不用为其预留位置。此外，不要求将数据标签一次性调整到非常精准的位置，如果在制作中发现不恰当之处，则可以随时进行调整。

5. 设置横、纵坐标轴的格式

下面设置横、纵坐标轴的格式。对于横坐标轴，将其取值范围设置为 0 ~ 15，并且将大间隔设置为 5；对于纵坐标轴，需要勾选"逆序类别"复选框，调整排序顺序，然后将"标签位置"设置为"无"，具体参数设置如图 6-22 所示。因为分类标签固定采用右侧对齐方式，无法将其调整为左对齐或居中对齐，所以在下一步中使用数据标签解决这个问题。

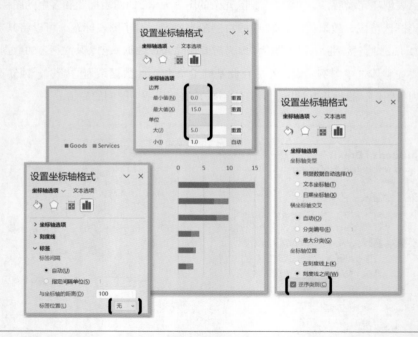

图 6-22　制作一个对比条形图：设置横、纵坐标轴格式

6. 调整数据系列的格式

调整数据系列的格式主要包括修改填充颜色、修改条形宽度和添加数据标签，如图 6-23 所示。

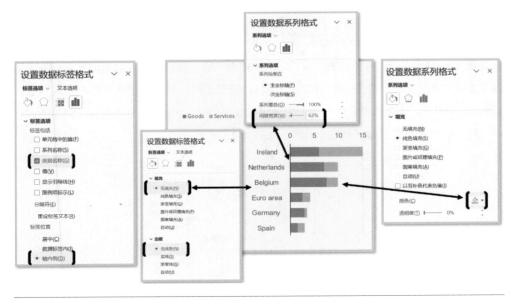

图 6-23　制作一个对比条形图：修改填充颜色和条形宽度

修改填充颜色和修改条形宽度的相关参数设置此处不再赘述，读者可以自行查看图 6-23 中的参数设置。在设置数据标签时，需要补充说明一些操作细节。在选中 Aux 数据系列后，通过"添加图表元素"功能可以实现数据标签的添加，然后按照图 6-23 中的参数设置，将"标签位置"设置为"轴内侧"、将"标签包括"设置为"类别名称"，将"填充"设置为"无填充"，将"边框"设置为"无线条"，其实无法直接获得图示效果，得到的效果如图 6-24 所示，这是为什么呢？

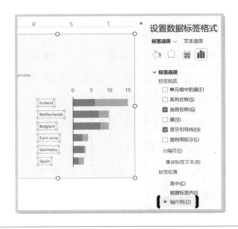

图 6-24　制作一个对比条形图：特别的数据标签

说明：关于数据标签各种模式之间的效果对比，可以参考 4.2.4 节中的相关内容。

在图 6-24 中，将"标签位置"设置为"轴内侧"后，得到的是左对齐的数据标签（这种设置方式和飓风图制作中的设置方式相同）。按照逻辑，我们应该将"标签位置"直接设置为"居中"，从而获得我们想要的中轴对齐效果。但是，在将"标签位置"设置为"居中"后，会发现不再显示任何数据标签，如图 6-25 所示。

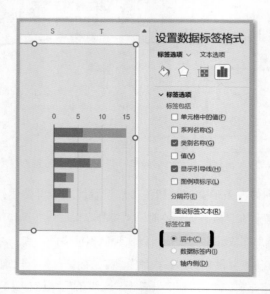

图 6-25　制作一个对比条形图："居中"模式的效果

产生这种问题的原因是，Excel 图表模块对不在坐标范围内的数据系列不予显示（如范例图表中的 Aux 数据系列），而"居中"模式和"数据标签"模式的数据标签都和数据系列自身的条形绑定，因此也不会显示出来。因此，在本范例中，我们只能采用"轴内侧"模式。对于标签居中的问题，我们可以通过手动调整解决。需要注意的是，要实现数据标签居中的效果，不要手动移动数据标签的位置，应该调整数据标签框的范围，从而实现数据标签居中的效果，两种方法的效果对比如图 6-26 所示（只调整了部分，用于表示调整效果，尾部的部分保留了原始状态，以便对比查看）。

在图 6-26 中，"轴内侧"模式的左对齐是指所有数据标签框都左对齐，而每个数据标签框的大小是由标签内容的长度决定的，但在数据标签框内都默认居中对齐。因此，将所有数据标签框调整为相同的宽度，即可实现标签的居中对齐。

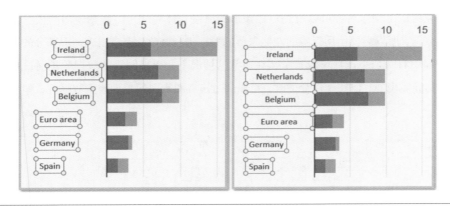

图 6-26　制作一个对比条形图：两种实现数据标签居中方法的效果对比

7. 制作对比条形

接下来制作对比条形，这是制作对比条形图的一个附加的特殊步骤。在制作对比条形时，不要重新选择数据，应该按照上述的流程重新制作一张独立图表；正确的做法是直接复制已有上一步制作的图表，然后对其进行修改。在本范例中，要添加对比条形，首先复制上一步制作的图表；然后删除图表图形外的所有元素，并且将绘图区尺寸调整为与画布尺寸相同；再将"填充"设置为"无填充"，将"边框"设置为"无线条"；接下来将该图表和上一步制作的图表组合；最后，因为对比条形图左、右两侧的图表是相对的，所以需要勾选"逆序刻度值"复选框，将横坐标逆序排序，如图 6-27 所示。

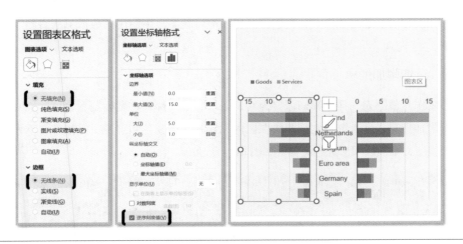

图 6-27　制作一个对比条形图：制作对比条形

在完成以上操作后，可以看到对比条形图已经大体完成，但数据使用的依然是右侧条形的数据，所以需要使用正确的左侧条形的数据进行修改，完成图表图形部分的制作。这个过程中有一个小技巧可以参考。在通常的情况下，更换图表的数据源是通过"选择数据"功能实现的，但在条件合适时，可以通过拖曳图表引用范围改变数据源，如图 6-28 所示。

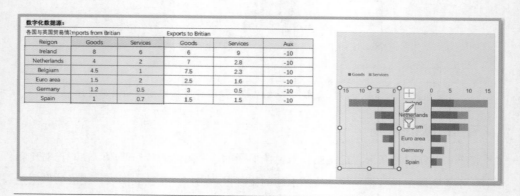

图 6-28　制作一个对比条形图：替换数据源的小技巧

在选中图表的绘图区后，系统会自动以色块的形式对该图表使用的数据源进行强调。例如，在上面的图表中，紫色区域代表垂直分类标签，红色区域代表两个数据系列名称，蓝色区域代表数据系列的数据值。这些区域本身并不是固定不变的，可以随意拖动它们，直到覆盖所需的数据。操作方法为将鼠标指针悬浮在区域边缘或角落，在鼠标指针发生变化后拖动即可。通过该方法，我们可以轻松地将新图表中使用的数据源从右侧 3 列切换为第 2、3 两列。

8. 添加附加信息

与制作其他图表一样，我们需要为对比条形图添加标题、副标题、单位、说明、数据源等附加信息，并且统一它们和绘图区内元素的字体颜色和字号。操作难度不大，可以直接使用文本框或图形进行完善，如图 6-29 所示。

说明：关于本范例图表的更多信息及图表制作的操作演示，可以在哔哩哔哩视频网中搜索关键字"Excel 图表大全 | 036 对比条形图"，参考视频教程辅助理解。

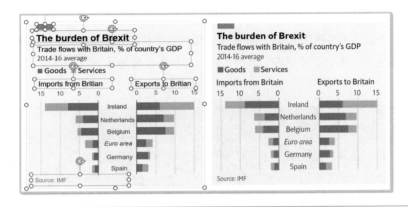

图 6-29　制作一个对比条形图：添加附加信息

6.3　表型图

6.3.1　认识表型图

表型图是一种形似表格的图表，同时具有表格和图表的性质，范例如图 6-30 所示（该图表来自《经济学人》）。

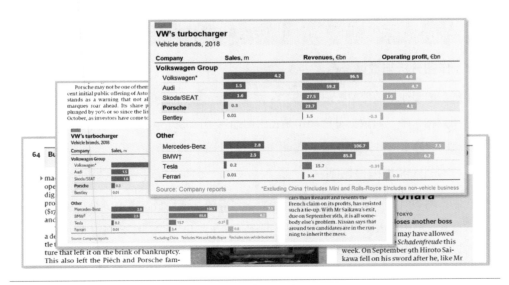

图 6-30　表型图范例

可以看到在结构上，表型图和表格类似，但是在表格中应该表示数据的部分，使用图形化的处理进行了可视化呈现，使原本枯燥且难以比较的数值可以被直观地阅读。此外，因为表型图继承了表格的"对齐"特性，所以可以更容易地捕捉不同行或不同列之间的数据对比。

> 说明：看到这里，很多读者可能会联想到Excel的迷你图功能，即直接在单元格中绘制长形图/折线图，实现数据的呈现。基本思路是一样的，但是通过接下来演示的方法制作"表型图"可以实现更为灵活的样式。例如，迷你图对正负值、格式、数据标签等附加功能的处理能力都比较弱，使用图表模块制作会更加灵活。

6.3.2 图表范例：制作一个表型图

1. 图表范例与背景介绍

下面以图6-30中的表型图为范例，讲解表型图的制作步骤。该图表曾在《经济学人》的正式刊物中被应用，属于规范的商业图表应用。该图表主要反映的是大众集团下的汽车品牌和世界上其他大型汽车品牌在2018年的销售数量、收入和营业利润的对比情况。

> 说明：在图6-30中，右上方的图表不是原版图表，而是麦克斯运用Excel图表模块模拟制作的练习图表。

2. 作图分析与数据准备

本范例图表使用的作图数据如图6-31所示。它虽然和原始数据相似，但已经是处理过的作图数据，唯一的数据整理操作是在中间插入了两行冗余的空行作为占位行，方便后续进行图表元素的对齐操作。

3. 不创建图表但设置画布

在制作图表时，通常首先创建空白图表，然后依次添加数据系列，最后进行更详细的格式设置。但因为表型图和表格的相似度极高，并且Excel本身就是善于处理表格的软件，所以我们可以不借助Excel图表模块，直接使用工作表单元格区域制作底图，从而更高效地完成表型图的制作。

Company		Sales, m	Revenues, €bn	Operating profit, €bn
Volkswagen Group	Volkswagen*	4.2	96.5	4.0
	Audi	1.5	59.2	4.7
	Skoda/SEAT	1.6	27.5	1.6
	Porsche	0.3	23.7	4.1
	Bentley	0.0	1.5	-0.3
Other	Mercedes-Benz	2.8	106.7	7.5
	BMW†	2.5	85.8	6.2
	Tesla	0.2	15.7	-0.3
	Ferrari	0.0	3.4	0.8

图 6-31　制作一个表型图：作图数据

　　使用作图数据和工作表单元格区域模拟得到的画布如图 6-32 所示，可以看到已经实现了大致的目标效果。在制作这个特殊画布时，可以通过如图 6-33 所示的菜单功能完成行高调整、列宽调整、字体选择、字体加粗、单元底色填充、边框线添加等操作，此处不再赘述。

VW's turbocharger
Vehicle brands, 2018

Company	Sales, m	Revenues, €bn	Operating profit, €bn
Volkswagen Group			
Volkswagen*			
Audi			
Skoda/SEAT			
Porsche			
Bentley			
Other			
Mercedes-Benz			
BMW†			
Tesla			
Ferrari			

Source: Company reports　　*Excluding China †Includes Mini and Rolls-Royce ‡Includes non-vehicle business

图 6-32　制作一个表型图：不创建图表但设置画布

图 6-33　制作一个表型图：单元格格式设置功能按钮

接下来要从何着手？这个问题其实是框架的行列数量问题，是使用表格制作图表要考虑的首个关键点，在制作表型图时需要考虑，在后续章节制作方块热力图时也需要考虑。一种比较不错的方法是提前使用手绘的草图规划需要的行数和列数，其中，除了内容占据的行和列，还要注意在内容之间要保留多余的空行或空列（例如，图 6-32 的图表中的第 4、12、18、20 行，以及第 1、2、6、8、10 列），以便后续进行间隙调整。

4. 创建数据系列的条形

在图表框架制作完成后，下面需要实现 3 个数据系列的可视化。在本范例中，我们只需要数据系列的可视化图形，不需要图表模块中的其他元素，如标题、坐标轴、网格线等，这些元素效果都可以通过设置工作表单元格区域的格式实现。所以，这里只需选中原始数据中的一个数据系列，然后创建一个条形图，如图 6-34 所示。

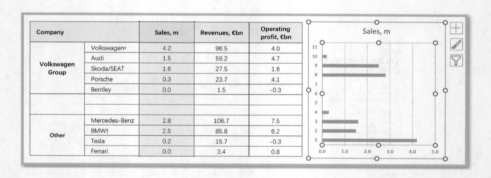

图 6-34　制作一个表型图：创建条形图

> **注意**：先选取数据源范围，再创建条形图，可能会不准确，注意保证红色的标题数据区域和蓝色的数据值区域不重叠（此处的标题为双行标题，在创建图表时可能会导致识别偏差）。

在创建条形图后，我们需要删除图表中的冗余元素，并且设置数据系列的格式，包括移除图表标题、调整横坐标轴的最大范围并移除 / 隐藏横坐标轴、逆序纵坐标轴并移除纵坐标轴、修改数据系列的填充颜色、修改数据系列之间的间距、添加数据标签、设置数据标签格式等，如图 6-35 所示。

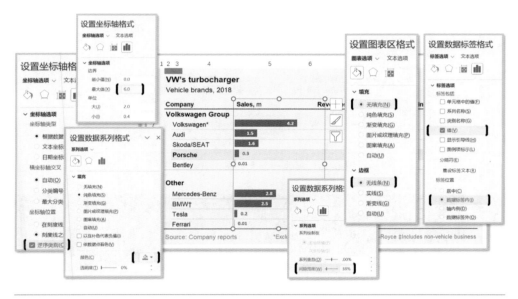

图 6-35　制作一个表型图：删除图表中的冗余元素并设置数据系列的格式

虽然创建的是一个非常简单的单系列条形图，但是在数据标签中隐藏了一个非常重要的图表设计细节：在长条形和短条形中，要对数据标签的位置和颜色进行适当的修改。例如，在长条形中，可以将数据标签显示在条形内，并且将颜色设置为白色；但在短条形中，将数据标签显示在条形内，会产生阅读干扰，因此需要将其显示在条形外，并且将颜色设置为数据系列的颜色。

> **说明**：在本范例中，因为数据量不大，所以可以通过手动调整少量特殊值的格式达到设计目的。如果希望图表可以根据数据值的大小设置数据标签的位置和相应的颜色，则可以采用前面介绍过的"系列拆分"技巧实现，感兴趣的读者可以自行尝试。

利用制作对比条形图的技巧，直接复制现有的条形图单元，修改数据源，即可快速制作其他两个数据系列的条形。最后组合 3 个独立图表，并且将其放置在单元格区域的对应位置，即可完成表型图的制作，最终效果如图 6-36 所示。

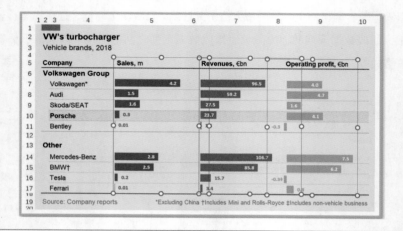

图 6-36　制作一个表型图：最终效果

> **技巧**：在选中图表后，复制并粘贴，可以生成图表的副本。也可以在选中图表后，按住 Ctrl 键拖曳图表，系统会自动生成一个图表副本，这是 Windows 操作系统中通用的副本生成快捷操作。

补充一个小细节，仔细观察图 6-36 中第三个数据系列的倒数第二个数据点，可以发现，在数据外多了一个特殊的脚注标记符号"‡"。该符号也属于数据标签的一部分，但是我们并没有为其单独设置一个辅助数据系列，用于替换当前的标签值。那这个效果是如何实现的呢？这里使用的是特殊的数字格式，也是一种推荐的方法，与使用辅助数据系列相比，更容易操作，如图 6-37 所示。

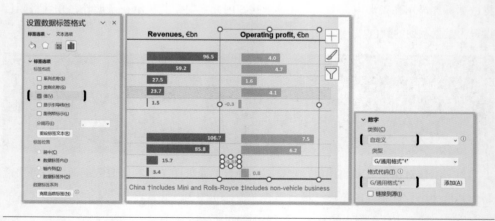

图 6-37　制作一个表型图：特殊的数字格式

说明：数字格式可以使用代码进行规范。本范例采用自定义的数字格式代码，完成了部分数字标签中特殊字符的添加。数字格式代码中的"G/通用格式"表示数据值本身，将其修改为" G/通用格式 ‡"，即可自动在其后添加特殊符号"‡"。

说明：关于本范例图表的更多信息及图表制作的操作演示，可以在哔哩哔哩视频网中搜索关键字"Excel 图表大全 | 039 表型图"，参考视频教程辅助理解。

6.4 杠铃图

6.4.1 认识杠铃图

杠铃图因其中用于表示数据的图形形似杠铃而得名，是一种典型的点状图，也可以将其视为条形图 / 柱形图的一种衍生图表，通常用于进行多组（2 ~ 3）数据的对比呈现，范例如图 6-38 所示。

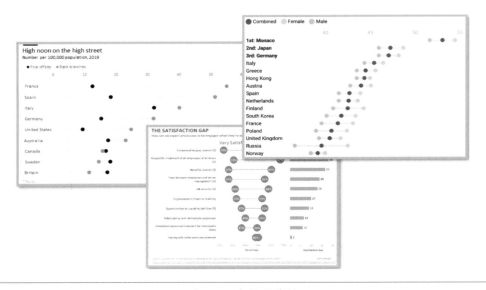

图 6-38　杠铃图范例

图 6-38 中的图表是一种常见的杠铃图，在不同分类下，2 ~ 3 组数据可以使用圆点表示，并且通过直线连接同类的数据点，形成形似杠铃的数据图形。

其实图 6-38 中的数据集也可以使用簇状条形图或柱形图进行呈现。在使用相同数据集的情况下，簇状条形图和杠铃图的效果对比如图 6-39 所示。通过对比可以发现，杠铃图因为只保留了数据条的"端点"，使两组数据点在一条线上呈现，所以在视觉上更加紧凑、简洁，更容易将视线聚焦于数据点，并且通过连线，可以更加突出两组数据之间的差异；而簇状条形图的呈现效果容易让人感到眼花缭乱，难以直观发现两组数据之间的差异。

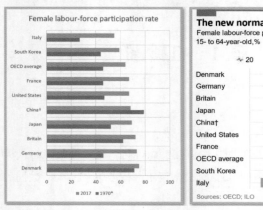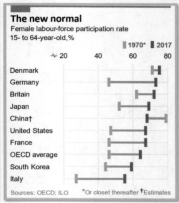

图 6-39　簇状条形图和杠铃图的效果对比

6.4.2　图表范例：制作一个杠铃图

1. 图表范例与背景介绍

下面以图 6-40 所示的杠铃图为范例，讲解杠铃图的制作步骤。该图表曾在《经济学人》的正式刊物中被应用，属于规范的商业图表。该图表主要反映的是世界上不同国家 15 ~ 64 岁的女性就业率在两个不同年代的情况对比。

> 说明：在图 6-40 中，左侧的图表不是原版图表，而是麦克斯运用 Excel 图表模块模拟制作的练习图表。

2. 作图分析与数据准备

本范例图表使用的原始数据与作图数据如图 6-41 所示。其中，左上角的表格为原始数据表，较为简单，只包含各个国家在 20 世纪 70 年代及 2017 年这两个时间节点上的就业率，这是需要对比呈现的两组数据。

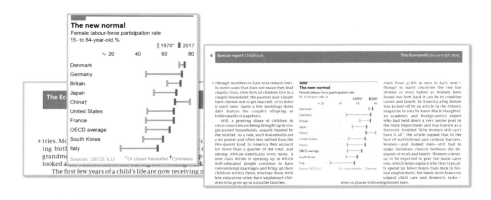

图 6-40 制作一个杠铃图：图表范例

	C	D	E	F	G	H	I	J	K	L
72	数据源（数字化）：				辅助数据源（带公式）：					
73	Country	1970*	2017		Level of data	Lot1	Lot2	Lot3	Lot0	
74	Denmark	71	75		0.5	71	4	5	-13	
75	Germany	46	73		1.5	46	27	7	-13	
76	Britain	62	72		2.5	62	10	8	-13	
77	Japan	52	69		3.5	52	17	11	-13	
78	China†	79	68		4.5	68	11	1	-13	
79	United States	47	67		5.5	47	20	13	-13	
80	France	46	67		6.5	46	21	13	-13	
81	OECD average	46	64		7.5	46	18	16	-13	
82	South Korea	44	59		8.5	44	15	21	-13	
83	Italy	27	55		9.5	27	28	25	-13	
84										
85	主标题	The new normal								
86	副标题	Female labour-force participation rate								
87	来源	Source: OECD; ILO								
88	单位	15- to 64-year-olds, %								
89	附注	* Or closest thereafter †Estimates								
90	十字架符号代码	†	†							

图 6-41 制作一个杠铃图：原始数据与作图数据

需要重点查看的是其中的作图数据，即右上角的表格中的数据。右上角的表格中包含 5 列数据，其意义各不相同，一部分是使用函数公式生成的，另一部分是使用原始数据计算得到的。例如，首列名为 Level of data，在该列中，通过在 G74 单元格中使用函数公式"=ROW(1:1)-0.5"并向下拖曳，得到以 0.5 为起点、以 1 为步长的等差数列。之所以要构建这样的数据系列，是因为杠铃图的制作是通过堆积条形图和散点图组合实现的，其中堆积条形图负责"杠"部分的呈现，散点图负责"铃"部分的呈现。

Level of data 列中的数据主要用于帮助数据系列中的数据点在垂直方向上进行定位，

从而和堆积条形图保持一致，在后续的制作过程中介绍它是如何发挥作用的。剩余的 4 列依次名为 Lot1、Lot2、Lot3、Lot0，其数据分别表示堆积条形图中 4 段数据值的大小。其中，Lot0 列中的数据比较特别，主要负责负值的堆积，用于添加数据标签，实现"左对齐"垂直轴分类标签的呈现（这个技巧在前面几张图表中多次出现，大家应该比较熟悉了）；Lot1、Lot2、Lot3 列中的数据主要负责将正值部分拆分为 3 条线段，其中 Lot1 列中的数据值代表杠铃左侧的长度，Lot2 列中的数据值代表杠铃中间的杠长，Lot3 列中的数据值代表杠铃右侧的长度，并且要保证 3 段数据值的和为固定值 80。

举个例子，在范例数据中，首行 Denmark（丹麦）的数据值从 71 变为 75，所以杠铃左侧的长度应该为二者之中的最小值（71），杠铃长度应该为二者差值的绝对值（4），杠铃右侧的长度应该为总值（80）与二者中最大值（75）的差（5）。因此，Lot1、Lot2、Lot3 列中的数据值分别为 71、4、5。这些逻辑可以使用函数公式轻松部署、自动计算，如图 6-42 所示。

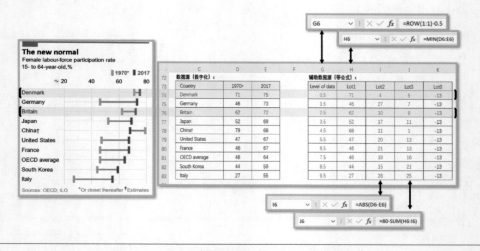

图 6-42　制作一个杠铃图：作图分析与数据准备

将上述计算值和原始数据重新排列，即可得到作图数据表，如图 6-43 所示。其中，左侧为制作堆积条形图所需的数据，用于制作"杠"；右侧为制作散点图所需的数据，用于制作"铃"。

3. 创建图表并设置画布

接下来进行图表的创建，可以从堆积条形图开始创建，也可以从散点图开始创建。这里我们先创建堆积条形图，如图 6-44 所示。

主坐标轴堆积条形图使用数据（引用数值仅用于说明）：						次坐标轴散点图使用数据（引用数值仅用于说明）：		
Country	Lot0	Lot1	Lot2	Lot3		Level of data	1970*	2017
Denmark	-13	71	4	5		0.5	71	75
Germany	-13	46	27	7		1.5	46	73
Britain	-13	62	10	8		2.5	62	72
Japan	-13	52	17	11		3.5	52	69
China†	-13	68	11	1		4.5	79	68
United States	-13	47	20	13		5.5	47	67
France	-13	46	21	13		6.5	46	67
OECD average	-13	46	18	16		7.5	46	64
South Korea	-13	44	15	21		8.5	44	59
Italy	-13	27	28	25		9.5	27	55

图 6-43　制作一个杠铃图：作图数据表

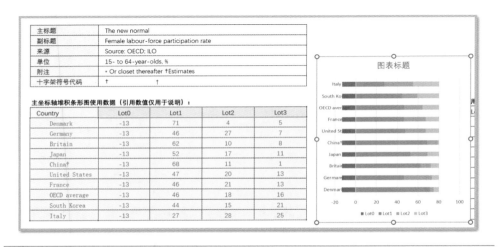

图 6-44　制作一个杠铃图：创建堆积条形图

在图 6-44 中，右侧的图表是使用左侧的作图数据创建的堆积条形图。接下来需要将散点图数据系列添加至图表中。因为新增的数据系列默认为堆积条形图的形式，所以无法完整输入散点图的数据系列。但是不要紧，在堆积条形图的基础上新增两个占位数据系列即可（数据可以随意填写）。然后重新调整图表类型，将 Lot0 ~ Lot3 数据系列的图表类型都设置为堆积条形图，将新增的两个占位数据系列的图表类型都设置为普通的散点图，参数设置如图 6-45 所示。

在完成图表类型的修改后，返回"选择数据源"对话框，对散点图数据系列中的横、纵坐标轴的数据值进行完善（需要填写正确的数据），效果如图 6-46 所示。

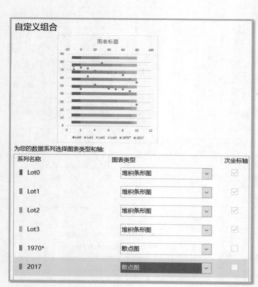

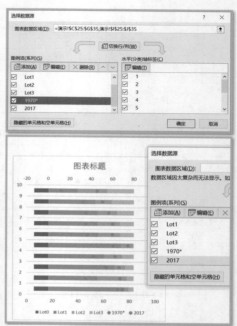

图 6-45　制作一个杠铃图：添加数据系列、　　　　图 6-46　制作一个杠铃图：完善
　　　　修改图表类型、完善数据　　　　　　　　　横、纵坐标轴的数据值

技巧：此时，散点图的数据系列和堆积条形图的数据系列在垂直方向上已经完美适配，即散点的高度恰好和各个分类条形的高度统一。这是因为我们提前设置了使用从 0.5 开始、步长为 1 的等差序列作为散点图数据系列 Y 值，这也是堆积条形图和散点图对齐的技巧。

简单调整画布底色及绘图区范围，并且删除多余的图表元素，即可完成图表创建和画布设置，效果如图 6-47 所示。

4. 设置横、纵坐标轴的格式

下面设置横、纵坐标轴的格式。观察图 6-47 中的效果，可以发现，目前核心的问题有 3 点：数据的顺序不对；散点图和堆积条形图在水平方向上并不适配，散点没有落位于堆积分界处（因为主、次坐标范围不统一）；缺少垂直网格线。因此首先需要解决上述 3 个问题，参数设置和效果如图 6-48 所示。

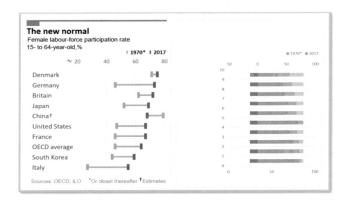

图 6-47　制作一个杠铃图：图表创建和画布设置

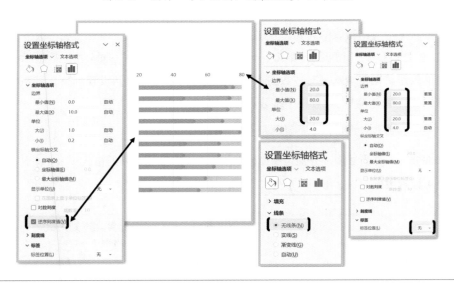

图 6-48　制作一个杠铃图：坐标轴调整

　　对于数据顺序不对的问题，在 4.1.2 节中讲解过 Excel 图表模块在垂直分类标签轴上的显示和原始数据相反，解决方法是勾选对应坐标轴的"逆序类别"复选框。但是本范例的情况比较特殊，因为同时使用了主、次纵坐标轴的组合图，所以需要依次勾选主、次纵坐标轴的"逆序刻度值"复选框，才能实现目标、保证格式统一，如图 6-48 左侧的参数设置。

　　对于散点没有落位于堆积分界处的问题，这是因为组合图中使用的主、次横坐标轴的自动识别范围不同，所以需要使主、次横坐标的范围和间隔保持一致，如图 6-48 右侧的参数设置。

技巧: 在完成了上述设置后,还需要一个额外的操作,即隐藏所有不需要的坐标轴图形,通常有以下两种做法。

- 直接选中不需要的坐标轴,按 Delete 键删除即可(设置还是会生效,只是图表上没有该元素的实体对象)。

- 将坐标轴标签设置为"无",将坐标轴线条样式设置为"无线条"即可。

前者是直接将图表元素删除,达到不显示的目的;后者是通过视觉方法使得坐标轴被隐藏,实际还存在轴的实体,可以被鼠标选中。推荐使用后者,达到视觉上隐藏的目的即可。因为在实际操作中,后续可能还需要进行坐标轴设置的调整,直接删除坐标轴,会导致无法再打开"设置坐标轴格式"侧边栏,需要重新添加坐标轴元素,才能继续进行设置,操作比较不便。

对于缺少垂直网格线的问题,直接添加"主要垂直网格线"即可(主、次坐标轴都可以)。但是还存在一个问题,那就是条形图的网格线默认都在不同分类之间显示,而我们所需的效果是网格线水平对齐数据点。这个问题无法使用默认设置解决,需要通过调整数据系列的格式解决,放在下一部分进行讲解。

5. 添加数据标签并调整数据系列的格式

本部分一共分为 2 步,分别为添加数据标签和调整数据系列的格式。

(1)处理数据标签,用于呈现分类名称,如图 6-49 所示。

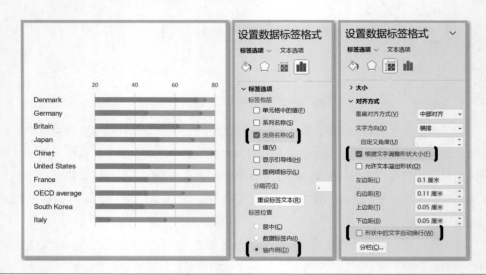

图 6-49　制作一个杠铃图:添加数据标签

在图6-49中，选中Lot0数据系列，添加数据标签，并且将"标签位置"设置为"轴内侧"，将"标签包含"设置为"类别名称"，取消勾选"形状中的文字自动换行"复选框（因为在调整字体格式时，自动换行会导致分行显示，效果不好）。

（2）调整数据系列的格式，这里主要运用的技巧我们曾在4.1.6节中使用过，即使用自定义图形作为数据系列的填充，从而模拟杠铃和网格线的效果，如图6-50所示。

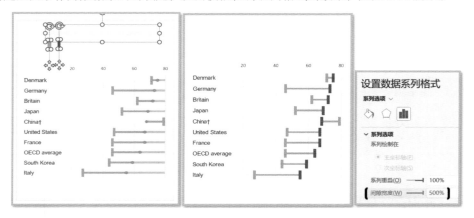

图 6-50　制作一个杠铃图：调整数据系列的格式

> **技巧**：杠铃图通常使用"圆形"作为两端，但使用"矩形"也是不错的选择。如果对比的两组数据有顺序，或者有时间先后的变化，那么杠铃中间的横杠可以使用"箭头线"表示，可以突出变化方向，并且更有利于阅读。滑珠图与杠铃图一样，同属于条形图衍生图表，该图表也可以使用相似的方法完成制作（读者可以发挥自己的想象力，在此基础上继续衍生）。

在图 6-50 中，首先需要使用 Excel 中的"形状绘制"功能，准备长条灰色矩形（用于模拟网格线）、红 / 蓝色高瘦矩形（用于模拟两端的"铃"）。将元素依次复制到相应的数据系列中（复制图形，选中数据系列，粘贴即可）。在中间段，杠铃的"杠"可以不使用"自定义图形填充"技巧，可以直接修改其填充颜色，并且通过调整"间隙宽度"的值调整其粗细。

6. 添加附加信息

和前面的图表制作一样，我们需要为图表添加标题、副标题、单位、说明、数据源等附加信息，并且设置其颜色和大小，如图 6-51 所示。

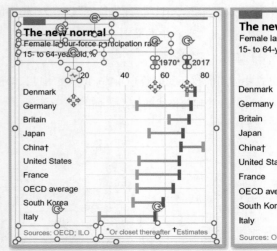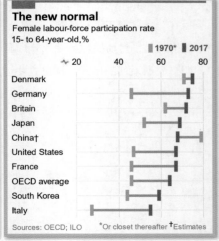

图 6-51　制作一个杠铃图：添加附加信息

说明：添加附加信息操作通常是对文本框、形状、符号、图形相关知识的综合运用，并且配合对颜色、字体、尺寸、位置的调整，都比较简单。因此，在后续的图表制作中，会省略该步骤。

说明：关于本范例图表的更多信息及图表制作的操作演示，可以在哔哩哔哩视频网中搜索关键字"Excel 图表大全 | 004'杠铃图'的制作"，参考视频教程辅助理解。

6.5　斜率图

6.5.1　认识斜率图

　　斜率图在表面上看是一种折线图，好像是用于反映数据变化趋势的图表，但更加准确地说，斜率图是综合了折线图表示变化率方面的优势，主要用于对两组数据进行对比的图表，尤其适合用于反映两组数据在两个不同时间的变化情况和差异。斜率图范例如图 6-52 所示。

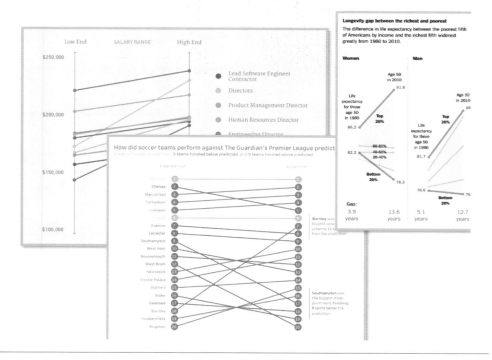

图 6-52 斜率图范例

根据图 6-52 可知，斜率图的组成非常简单，一个数据系列只包含两个端点和中间的连线（与杠铃图有些类似）。因为单个数据系列的组成足够简洁，与难以容纳大量数据系列普通折线图相比，斜率图可以轻松容纳 5 ~ 10 个数据系列，并且可以清晰呈现数据的对比和变化。

斜率图的主要特征是使用斜率表示数据变化的强度。这点可以和杠铃图进行对比，因为杠铃图的变化都是统一在与横坐标轴平行的水平线上的，因此变化幅度可以通过长度视觉暗示进行判定。但在斜率图中，变化差异会更加显著，因为除了长度视觉暗示外，斜率本身也代表角度、方向视觉暗示。数据增加/减少导致的向上/向下变化可以很容易地被区分，通过斜率也可以很轻松地判定数据增减的速率。如果辅以颜色进行区分，那么这种差异会被进一步强化。可以根据实际需求选择配色方案和分组方案。

此外，因为斜率图中的每组数据都被放在了"一条轴"上呈现，所以数据的分布特性比较容易被观察，极值情况可以被一眼识别出来，前后排序关系也一目了然。

以上便是斜率图的显著特征，基于斜率图可以衍生出凹凸图（或弹跳图），可以将这种图表视为斜率图的密集应用，范例如图 6-53 所示。

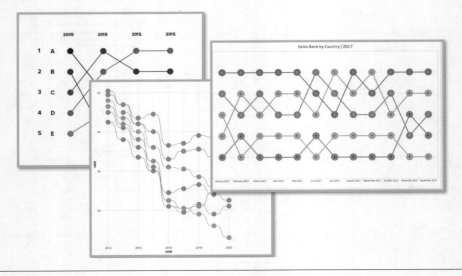

图 6-53　凹凸图范例

6.5.2　图表范例：制作一个斜率图

1. 图表范例与背景介绍

下面以图 6-54 所示的斜率图为范例，讲解斜率图的制作步骤。该图表曾在《经济学人》的正式刊物中被应用，属于规范的商业图表应用。该图表主要反映的是世界上不同地区的基督教信徒数量与人口数量占比的实际值和多年后的预测值对比情况。

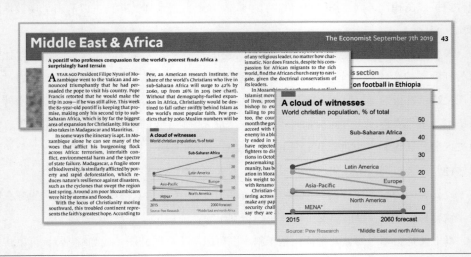

图 6-54　制作一个斜率图：图表范例

> 说明：在图 6-54 中，右侧的图表不是原版图表，而是麦克斯运用 Excel 图表模块模拟制作的练习图表。

2. 作图分析与数据准备

本范例图表使用的原始数据与作图数据如图 6-55 所示。其中，上面表格中的数据是原始数据，包含两组需要对比的数据。需要注意的是，和前面图表将一组数据作为一个独立的数据系列不同，斜率图会将每一行的两个值作为一个独立的数据系列，因此一共有 6 个独立的数据系列，可以独立控制各个数据系列的格式。下面表格中的数据是用于绘制两组数据点垂直连线的辅助数据，其中，在 F22 单元格中使用函数公式"=MAX(F9:F16)"提取了 F 列数据中的最大值；在 G22 单元格中使用相似的方法提取了 G 列数据中的最大值，并且将其作为连线最值。

	C	D	E	F	G
5					
6	原始数据（同作图数据）				
7	序号	名称		数据	
8	No.	regions		2015	2060 forecast
9	1	Sub-Saharan Africa		26	41
10	2	Latin America		25	22
11	3	Europe		23	14
12	4	Asia-Pacific		13	13
13	5	North America		12	9
14	6	MENA*		1	1
15	7				
16	8				
17					
18	系列对齐线绘制数据				
19	序号	名称		数据	
20	No.	regions		2015	2060 forecast
21	1	纵线起点高度		0	0
22	2	纵线长度（等于上方数据最大值）		26	41

图 6-55　制作一个斜率图：原始数据与作图数据

本范例的整体作图思路是，首先使用散点图将原始数据对应的多个数据系列绘制出来，然后利用辅助数据创建两个单点数据系列，最后配合误差线，完成两组数据中垂线的绘制。

3. 创建图表并设置画布

因为斜率图创建数据系列的逻辑与散点图创建数据系列的逻辑有差异，并且本范例比较特殊地使用了离散轴散点图，因此建议读者采用先创建空图表、再添加数据系列的方式完成图表的创建，思路会更加清晰，如图 6-56 所示。

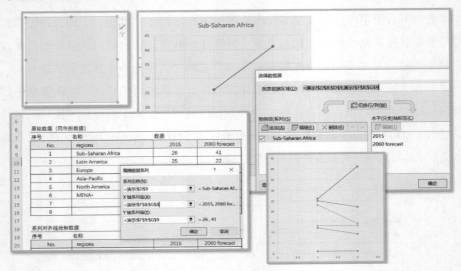

图 6-56　制作一个斜率图：创建图表并设置画布

在图 6-56 中，在创建完空白的带连线的散点图后，使用"选择数据"功能依次将 6 个数据系列添加到表格中，即可实现基础斜率图的构建。需要注意的是，"X 轴系列值"采用的是 F20 ~ G20 单元格的标题。虽然标题是文本，但是使用文本作为 X 轴系列值，Excel 图表模块并不会崩溃，也不会产生错误。这是因为系统会自动将一组文本的位置作为坐标轴系列值进行映射。例如，在图 6-56 右下角的图表中，数据系列的"X 轴系列值"使用的是文本数据，但没有产生错误，它自动使用数字进行了映射（"X 轴系列值"依次为 2015、2060 forecast，但在图中自动映射为横坐标等于 1、2）。

除了数据系列，还需要将两个用于绘制中垂线的辅助数据系列添加到图表中，使用"选择数据"功能添加新数据系列即可。需要注意的是，这两个数据系列都属于单点数据系列，分别位于坐标为（1,0）和（2,0）的固定位置，如图 6-57 所示。

4. 设置绘图区范围和坐标轴的格式

接下来设置绘图区范围和坐标轴的格式。先设置绘图区范围，为附加信息预留空间，再依次设置纵坐标轴和横坐标轴的格式，如图 6-58 所示。

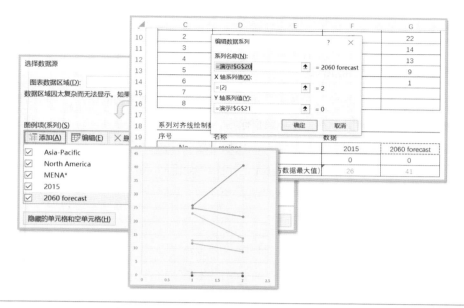

图 6-57 制作一个斜率图：添加辅助数据系列

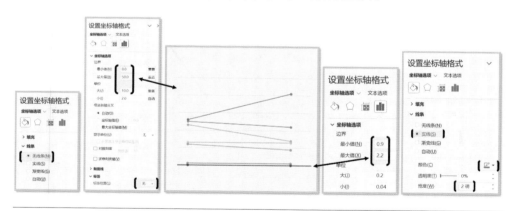

图 6-58 制作一个斜率图：设置绘图区范围和坐标轴的格式

需要注意以下两点。

- 在本范例中，无论是横坐标轴，还是纵坐标轴，都不保留标签，因此在设置完坐标范围后，需要将"标签位置"设置为"无"，并且将纵坐标轴的"线条"设置为"无线条"，进行视觉隐藏；横坐标轴的"线条"仍然采用"实线"，并且将"宽度"设置为 2 磅。

- 因为后续需要手动在图表右侧的水平网格线上安排刻度值，所以横坐标范围左侧的预留空间较小，右侧的预留空间较大，预留空间可以通过修改横坐标范围进行调整（值为 0.9 ~ 2.2）。

5. 调整数据系列的格式

下面调整数据系列的格式。在本部分，需要调整核心数据系列的格式，为辅助数据系列添加误差线和隐藏辅助系列，添加数据标签。

首先调整 6 个核心数据系列的格式，主要调整连线的颜色和粗细，以及端点的类型、颜色、大小，如图 6-59 所示。因为总体上斜率图的数据量不算大，所以通常会采用较大、较粗的图形，从而增加数据的存在感。

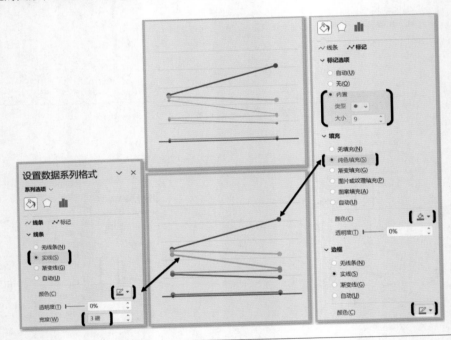

图 6-59 制作一个斜率图：调整核心数据系列的格式

然后增加两组数据的垂线，依次选中辅助数据系列，添加误差线元素，并且设置其格式，如图 6-60 所示。使用计算好的数据作为长度，并且只保留正向误差和无线端。

最后添加数据标签、调整其位置、设置其字体格式，并且将附加信息逐步添加到图表中，如图 6-61 最后三张图所示。需要注意的是，纵坐标轴的刻度值可以直接使用文本框与空行的方式制作，并且将其放置于网格线上方。

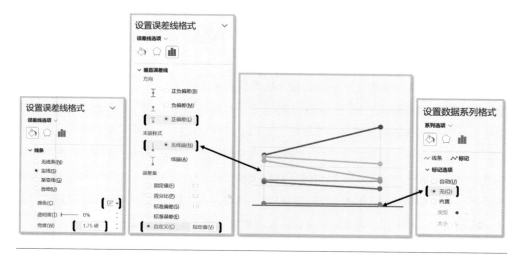

图 6-60 制作一个斜率图：调整辅助数据系列和误差线格式

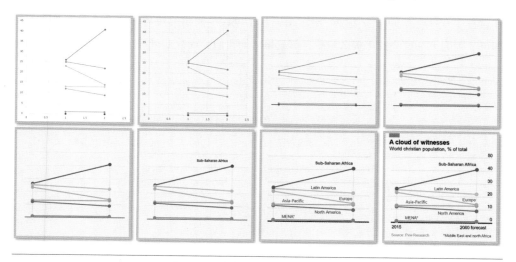

图 6-61 制作一个斜率图：全流程

说明：关于本范例图表的更多信息及图表制作的操作演示，可以在哔哩哔哩视频网中搜索关键字"Excel 图表大全 | 033 斜率图"，参考视频教程辅助理解。

6.6　本章小结

　　本章，我们主要讲解了实现对比效果的经典图表的特征与制作方法，以及制图过程中的图表设计逻辑和相关技巧。其中，图表设计与制作是第 1、2、5 章中的知识，创建图表、修改数据的基础操作是第 3 章中的知识，很多制图技巧是第 4 章中使用过的，本章主要在实际的图表制作环境中综合应用这些知识。通过实际操作，我们可以在具体的场景中，将抽象的理论知识融会贯通、消化吸收。这正是麦克斯一直强调的：一定要动手练习，单纯地阅读只会带来认知上的提升，难以深入掌握相关知识，并且容易遗忘。让大脑和双手一起工作，才可以更灵活、牢固地掌握新的知识。

　　在图表设计与制作方面，希望大家能够关注不同图表类型的特征。只有足够了解每种图表类型的优势和劣势，并且结合对可视化需求的深入理解，才可以在实际的图表制作过程中选择合适的图表类型。对于图表制作过程中使用的技巧，掌握它们并灵活应用即可。因为无论这些技巧多么精妙，都只是帮助我们实现数据可视化的手段。

第 7 章
呈现构成数据的图表制作

本章的主题是"构成"，即如何呈现一组数据中各个部分的构成情况，即通俗意义上所说的占比。再次强调：因为是实战内容，所以建议读者打开范例文件，跟随讲解步骤，从零开始操作，完成所有图表的制作。只有真正动手操作，才可以更高效地理解和掌握所学知识。在这个过程中，如果遇到了问题，则可以回顾前面相应章节中的内容，温故而知新。

本章主要讲解 4 种用于呈现构成数据的经典图表的特征及制作方法，分别是对比堆积柱形图、填充占比条形图、簇状堆积柱形图、不等宽柱形图。

7.1　对比堆积柱形图

7.1.1　认识对比堆积柱形图

在看到本图表的名字时，你可能会觉得有些许错乱：我到底在哪个章节？本章的主题不是"构成"吗？为什么还在介绍"对比"？有这个疑问非常好，因为这里涉及一个很重要的图表分类逻辑。

我们之前在 2.1.3 节中曾经为大家提供过一个常用的图表分类框架：对比、构成、分布、趋势、关联，实战篇也是按照这种实际需求逻辑进行划分章节的。但麦克斯要强调的是，真实世界比归纳的框架要复杂。更加准确地说，它是一个网状结构，细致且经过特殊设计的图表类型通常不会只属于一个分类。例如，对比堆积柱形图既强调了数据的对比，又强调了数据的构成，范例如图 7-1 所示（图表来自《经济学人》）。因此该类图表可以被贴上两个关键标签，放在哪一类中都是合理的。对于本书中提供的图表分类，读者将其作为参考即可。

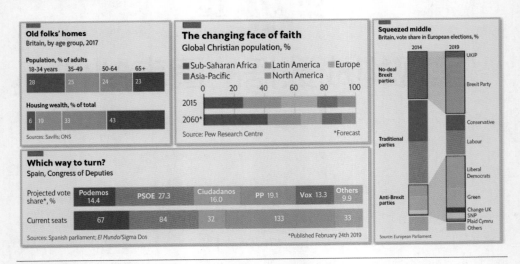

图 7-1　对比堆积柱形图范例

可以将斜率图看作折线图的简化图表类型，相应地，也可以将对比堆积柱形图看作普通堆积柱形图的简化版本。对比堆积柱形图通过只保留两组柱形，强调数据的对比和变化关系，思路与斜率图如出一辙。但堆积柱是基础图形，具有非常强烈的"构成"数据表达能力。因此，对比堆积柱形图非常适合表示两组构成数据的对比和变化过程，如某上市公司各主营产品的盈利构成情况在不同年份的对比和变化情况。

谈到"构成"数据的表达，很多读者都会想到一个基础图表——饼图，因为饼图可以非常形象地将一个圆形按照数据占比分割成多个扇形，使用角度视觉暗示呈现数据的大小。但与对比堆积柱形图相比，使用饼图进行"构成"数据的呈现还存在一些难以察觉的劣势。

只使用饼图呈现一组数据的组成结构，其实没有什么太大的问题，但只使用角度视觉暗示的精准度较低，会使阅读者对数据的把握准度降低。如果有多组数据，那么该问题会被进一步放大。例如，通常不会使用两个饼图呈现两组数据的组成结构，因为难以通过排版、布局使两个饼图有一个共同的参考系，并且角度分配的差异会使我们感到对比困难，如图 7-2 所示。

因为饼图在使用上的这些限制，所以人们进一步开发了圆环图，用于解决这种问题。在有多个数据系列的情况下，可以通过同心圆环的多层叠加表示多组数据的组成情况，并且因为起点相同、数据系列紧贴，所以对比的难度降低了不少，如图 7-3 所示。

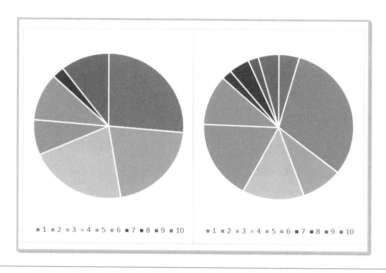

图 7-2　饼图的一些劣势：对比困难的饼图

即使如此，圆环图也存在较为明显的劣势，那就是使用角度视觉暗示进行数据的映射，在读者眼中更为直观所见的反而是弧长。虽然弧长和角度是一一对应的关系，但在相同角度下，内圈和外圈的弧长是不等的，这会造成一定的干扰。

因此圆环图被重新调整，从中间切断并平铺，变成了对比堆积柱形图，如图 7-4 所示。在对比堆积柱形图中，平行的排列避免了因为"弯曲"导致的弧度比较困难，提高了可控性；并且添加了数轴，可以更加精准地标识数据值大小；添加数据标签也变得更加简单。

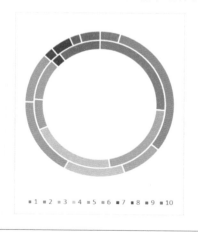

图 7-3　圆环图　　　　　　　　　　　图 7-4　对比堆积柱形图

说明：《经济学人》中会刻意避免使用饼图，一般会使用堆积柱形图代替饼图。由两组堆积柱构成的对比堆积柱形图被广泛运用。

7.1.2 图表范例: 制作一个对比堆积柱形图

1. 图表范例与背景介绍

下面以图 7-5 所示的对比堆积柱形图为范例，讲解对比堆积柱形图的制作步骤。该图表曾在《经济学人》的正式刊物中被应用，属于规范的商业图表。该图表主要反映的是英国在不同年份，各主要党派拥有的欧洲议会选举投票权占比情况。

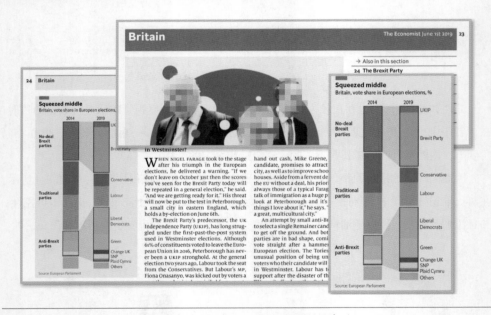

图 7-5　制作一个对比堆积柱形图：图表范例

说明：在图 7-5 中，右侧的图表不是原版图表，而是麦克斯运用 Excel 图表模块模拟制作的练习图表。

从整体上来看，图 7-5 中的图表由两个独立的堆积柱组成，分别代表两组不同年份的数据。每组数据中都包含多个独立的数据系列，表示不同党派的占比大小。比较特别的图表细节如下。

- 在组内根据实际需求划分出了三大类党派，分别是顶部的支持脱欧党派、中部的传统党派和底部的不支持脱欧党派，这是与图表表达主题相关的细节设计（每组之间都添加了额外的间隔和特殊的外框）。
- 为了强调两极化的支持脱欧党派和反对脱欧党派的占比大幅度增加，在两组堆积柱之间添加了梯形连接阴影，用于强调映射关系。

2. 作图分析与数据准备

本范例图表使用的原始数据与作图数据如图 7-6 所示。其中，上面表格中的数据为需要进行对比的两组数据。中部表格中的数据在原始数据的基础上，在中间插入了 3 组辅助数据系列（添加的辅助数据系列 Aux 主要用于构建分组之间的间隔，可以指定间隔宽度），用于制作堆积柱。底部表格中的数据主要用于在两组堆积柱之间制作梯形连接阴影。要实现上述效果，需要将百分比堆积柱形图和百分比堆积面积图组合起来，因此我们需要计算阴影线各部分的跨度，得到 4 个独立的数据系列，用于进行百分比面积图的堆积。例如，第一个堆积面积部分的数据系列 Aux21 由数据系列 UKIP 与 BrexitParty 组成，第二个堆积面积部分的数据系列 Aux22 由数据系列 Aux11、Conservative、Labour、Aux12 组成，第三个堆积面积部分的数据系列 Aux23 由数据系列 LiberalDemocrats、Green、ChangeUK、SPN、PlaidCymru 组成，第四个堆积面积部分的数据系列 Aux24 由数据系列 Aux13、Others 组成。对跨度的计算，使用 SUM 函数选中对应部分求和即可，可以对照如图 7-7 所示的数据图进行辅助理解。

数据源（数字化）：

	UKIP	BrexitParty	Conservative	Labour	LiberalDemocrats	Green	ChangeUK	SNP	PlaidCymru	Others
2014	10	0	8	8	3	4	0	1	0	4
2019	2	14	4	6	8	5	1	2	1	2

数据源（辅助列）：

柱形图	UKIP	BrexitParty	Aux11	Conservative	Labour	Aux12	LiberalDemocrats	Green	ChangeUK	SNP	PlaidCymru	Aux13	Others
2014	10	0	0.2	8	8	0.2	3	4	0	1	0	0.2	4
2019	2	14	0.2	4	6	0.2	8	5	1	2	1	0.2	2

面积图	Aux21	Aux22	Aux23	Aux24
2014a	10	16.4	8	4.2
2014b	10	16.4	8	4.2
2019b	16	10.4	17	2.2
2019a	16	10.4	17	2.2

间隔线
0.2

图 7-6 制作一个对比堆积柱形图：原始数据与作图数据

注意：辅助数据系列属于哪部分由目标效果决定。例如，在本范例中，Aux11 和 Aux12 数据系列不属于上、下两个阴影部分，它们属于中间传统党派的部分，所以将其归入第二个堆积面积部分。

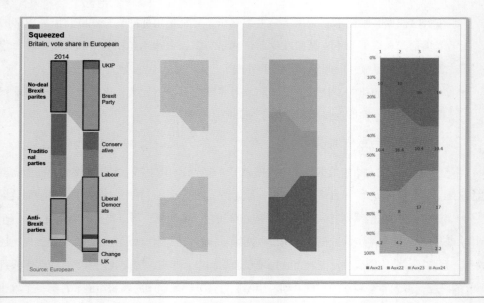

图 7-7　制作一个对比堆积柱形图：模拟阴影的原理

3. 创建图表、添加数据系列、设置画布

在数据准备工作完成后，下面开始创建图表。本范例中包含的数据系列非常多，可以先创建空白图表，再依次添加数据系列；也可以直接选取数据创建图表，然后进行行列反转操作，从而快速添加所有的数据系列，如图 7-8 所示。

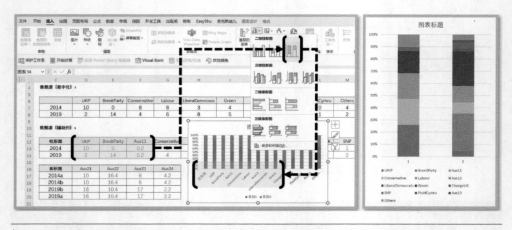

图 7-8　制作一个对比堆积柱形图：创建图表并添加数据系列

如果选取中部表格中的数据，然后直接创建百分比堆积柱形图，那么只会包含 2014

年和2019年的两个数据系列，与要求不符。使用"切换行/列"功能命令可以正确进行设置，快速实现多个数据系列的添加（当数据系列比较多时，可以使用该方法添加数据系列，比手动添加更高效）。

在此基础上，首先添加4个用于制作阴影的数据系列（使用传统方法依次添加即可）；然后将图表类型设置为组合图，将新增的辅助数据系列的图表类型设置为百分比堆积面积图，再将其放置于次坐标轴上，具体参数设置如图7-9所示；最后移除冗余元素、设置绘图区范围、设置画布底色。

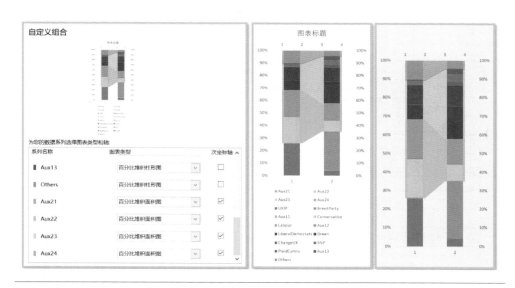

图 7-9　制作一个对比堆积柱形图：添加辅助数据系列并设置图表类型

4. 设置坐标轴的格式

接下来设置坐标轴的格式。实际上，本范例图表中并不存在严格意义的坐标轴，因为我们重点关注的是各项占比在两个时间段的对比和变化情况，所以需要调整坐标轴的格式，用于控制显示顺序及隐藏坐标轴。

> **技巧**：这里体现了一个关键的图表设计思维，那就是"尽可能保证图表中的所有要素都是必要的"，也可以理解为"如无必要，勿增实体"。在本范例图表中，堆积柱和阴影已经足够表示数据的构成变化情况了，所以辅助的纵坐标轴百分比数值可以完全舍弃。此外，本范例图表在数据部分的复杂度已经足够高了，舍弃坐标轴可以平衡画面，使省出来的空间更好地进行数据类别标识，有助于读图。

首先将主、次纵坐标轴逆序，并且将"标签位置"设置为"无"，用于隐藏纵坐标轴标签；然后移除冗余的水平网格线；最后将主横坐标轴标签替换为年份分类标签，保留主横坐标轴标签，隐藏横坐标轴的其他相关元素，如图 7-10 所示。

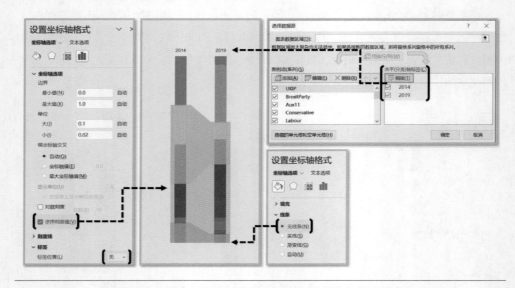

图 7-10 制作一个对比堆积柱形图：设置坐标轴的格式

5. 调整数据系列的格式

为各个数据系列填充合适的颜色，或者不进行颜色填充，并且通过调整"间隙宽度"的值（设置为 100%），将堆积柱的宽度调整至合适大小，如图 7-11 所示。

本部分主要设置数据系列的颜色，核心数据系列按照配色方案选择填充颜色即可；对于各分组部分的间隔数据系列 Aux11、Aux12、Aux13，可以将其设置为无填充颜色，也可以将其填充颜色设置为与背景颜色相同的颜色。对于不需要的阴影块，可以采取相同的填色思路，不填充或使用与背景颜色相同的颜色进行填充，即可在视觉上实现隐藏效果。

注意：如果在设置阴影填充颜色时遇到了无法选取和填色的问题，则可以参考图 7-11 中右上角的参数设置，手动将数据系列的堆积顺序逆序排列（相应地，也要取消次纵坐标轴的逆序排列），然后进行颜色调整。相当于不使用纵坐标轴的自动逆序功能，改为手动逆序排列。

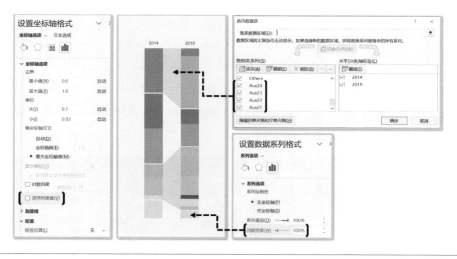

图 7-11　制作一个对比堆积柱形图：调整数据系列的格式

6. 添加附加信息

为图表添加主标题、副标题、单位、标识、脚注、数据来源等附加信息，如图 7-12 所示。除了上述步骤添加的附加信息外，数据标签、分组名称都是使用图形或文本框模拟制作的，并没有使用数据标签元素。

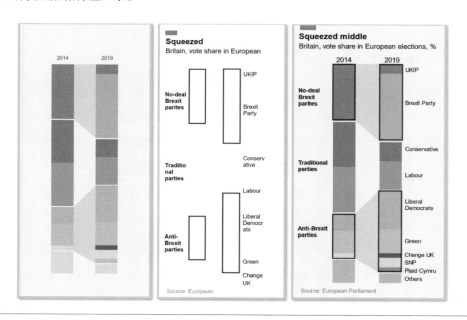

图 7-12　制作一个对比堆积柱形图：添加附加信息

本范例图表中的数据标签数量较多，并且一个数据系列只有两个数据点，只有一个数据点需要分类数据标签，因此，即使使用标签元素完成，也无法获得批量处理的特性，不如直接使用文本框模拟。此外，除了右侧的分类数据标签，在堆积柱左侧还添加了独立的"分组"标签，用于辅助阅读，原有的数据系列中并没有包含这部分信息，需要手动增加；黑色强调外框没有使用堆积柱形图的边框属性，因为效果不好，并且无法同时框选多个指定的元素。

> 说明：与大家讨论这些细节的原因是，希望大家能够明白，其实没有哪种工具可以完美适配自己的需求。工具的自由度追不上你的想象力是正常的。因此，在能够解决主要矛盾的情况下，可以使用一些特殊手段解决一些细节问题。

> 说明：关于本范例图表的更多信息及图表制作的操作演示，可以在哔哩哔哩视频网中搜索关键字"Excel图表大全 | 018 带连线的堆积柱形图"，参考视频教程辅助理解。

7.2 单元图

7.2.1 认识单元图

单元图是一类使用某个图形元素代表一定量值进行数据呈现的图表，如一个圆形代表一个席位、一个方形代表100人等。单元图因为阅读起来比较简单和直观，所以通常作为普通条形图、柱形图的升级版本被应用，范例如图7-13所示（图表来自《经济学人》）。

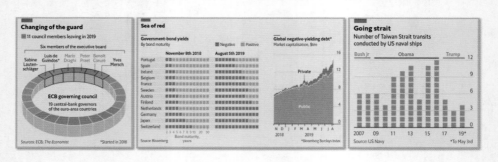

图 7-13　单元图范例

如果将单元图中的元素替换为其他非常规形状的"异型"，如人形或其他图标，则可以将其称为同型图；如果将单元数量设置为固定值 100，并且将其摆放成 10×10 的矩阵形式（一般情况），用于表示构成占比情况，则可以将其称为华夫图，范例如图 7-14 所示，左侧图表为同型图范例，右侧图表为华夫图范例。

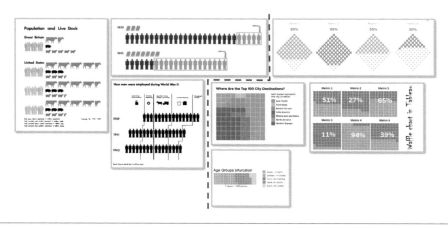

图 7-14　同型图范例和华夫图范例

这 3 类图表与普通柱形图、条形图的核心差异在于，它们将连续的图形打散为离散的数据块，让读者产生一种很强烈的"实体感"。例如，桌面上有一摊水，我们是难以估计其体积的，但如果将这摊水装入杯中，则可以很容易地估算出总杯数，并且通过杯子的尺寸快速推算出水的总体积，相当于变相降低了读数的难度。

如果配置固定总量的单元，并且使用不同颜色显示不同的数据对象，则可以使用这 3 类图表表示数据的构成情况，并且具有读数难度低的特性。

7.2.2　图表范例：制作一个单元图

1. 图表范例与背景介绍

下面以图 7-15 所示的单元图为范例，讲解单元图的制作步骤。该图表曾在《经济学人》的正式刊物中被应用，属于规范的商业图表。该图表主要反映的是，在印度政府部门的关键要员中，某家族成员的占比情况。

说明：在图 7-15 中，左侧的图表不是原版图表，而是麦克斯运用 Excel 图表模块模拟制作的练习图表。

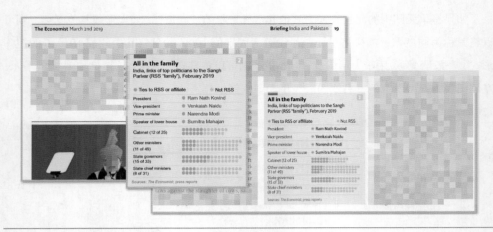

图 7-15　制作一个单元图：图表范例

根据图 7-15 中的图表可知，本范例图表所用的数据集其实非常简单，只有两组数据，分别表示各个部门的总席位数和某家族成员所占的席位数。在一般情况下，我们完全可以使用堆积条形图或堆积柱形图显示占比情况。但在本范例中，席位数和人数都是整数，并且都有非常具体的在真实世界中的表现，因此非常适合使用单元图强化离散的概念，拉近抽象数据与真实世界之间的关系，让读图变得更轻松。

> 说明：复杂数据集呈现常常面临的难题是数据信息量太大，如何将其都装入图表是一个难题，如何挑选重点信息保留也是一个难题。但反过来，数据集信息较少其实也有很多问题，因为可以呈现的数据太少，会导致出图显得过于"空旷"。因此，如何利用富余的显示空间资源自然地实现特殊效果、增加表现效果是一个难题。本范例就提供了一种良好的解决示范。

2. 作图分析与数据准备

本范例图表使用的原始数据（左侧）与作图数据（右侧）如图 7-16 所示。通过对比可以发现，与原始数据相比，作图数据有以下三大变化。

- 在每个部门之间插入了冗余空行，目的是"占位"，以便在图表中实现各部门之间的间隔／间隙的效果。
- 对于数据值较大的部门，目标效果是换行显示。因此对于这些部门的数据，我们可以手动将其拆分成多行独立的数据点。
- 附加的 tag 列数据主要用于制作特殊的数据标签。

	class	number_people	no_fullsize	
86	class	number_people	no_fullsize	
87	President	1	1	
88	Vice-president	1	1	
89	Prime minister	1	1	
90	Speaker of lower house	1	1	
91	Cabinet (12 of 25)	12	25	
92	Other ministers (11 of 49)	11	49	
93	State governors (15 of 33)	15	33	
94	State chief ministers (8 of 31)	8	31	

class	number_people	no_fullsize	tag
President	1	1	Ram Nath Kovind
Vice-president	1	1	Venkaiah Naidu
Prime minister	1	1	Narendra Modi
Speaker of lower house	1	1	Sumitra Mahajan
Cabinet (12 of 25)	6	13	
Cabinet (12 of 25)	6	12	
Other ministers (11 of 49)	4	17	
Other ministers (11 of 49)	4	16	
Other ministers (11 of 49)	3	16	
State governors (15 of 33)	8	17	
State governors (15 of 33)	7	16	
State chief ministers (8 of 31)	4	17	
State chief ministers (8 of 31)	4	16	

图 7-16　制作一个单元图：原始数据与作图数据

> 说明：本范例中的拆分过程是手动完成的，在实际操作中，可以运用函数公式进行计算，但运用函数公式的知识要求较高，此处不做介绍。

3. 选择数据系列、创建图表、设置画布

在数据整理完成后，首先选中图 7-16 右侧表格中的 class、number_people、no_fullsize 数据系列，将其作为原始数据，然后创建一个普通条形图，最后调整图表尺寸、设置绘图区范围、填充图表底色、删除冗余数据，如图 7-17 所示。

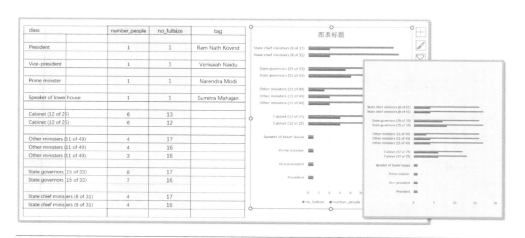

图 7-17　制作一个单元图：选择数据系列、创建图表、设置画布

> **注意**：因为数据中的总量数据系列和分量数据系列是相互独立的，并且总量数据系列中囊括了分量数据系列，所以在制作本单元图时，应该选择普通条形图，并且重叠数据系列完成制作，不应该选择堆积条形图。

4. 设置横、纵坐标轴的格式

单元图的读数难度较低，并且有明确的数量，因此一般不包含传统意义的坐标轴。在本范例中也是如此，通过调整横坐标范围、将纵坐标轴逆序，即可在视觉上将横、纵坐标轴隐藏，具体参数设置和效果如图 7-18 所示。

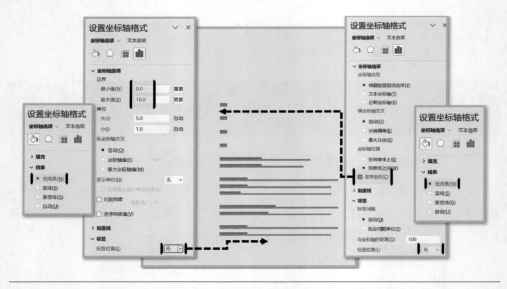

图 7-18　制作一个单元图：设置横、纵坐标轴的格式

5. 调整数据系列的格式

通过调整数据系列的格式，实现单元图的效果。首先将"系列重叠"设置为100%，将"间隙宽度"设置为38%（参考），从而使两个数据系列完全重合，并且宽度合适。但前提是要保证两个数据系列的遮挡关系正确，即构成部分的数据系列在上，完整的数据系列在下。如果不正确，则可以通过"选择数据"功能调整数据系列的顺序，如图 7-19 所示。

准备两个代表数据系列颜色的正圆形作为单元图中的单元，利用"自定义图形填充"技巧将柱形转化为单元柱形。设置要求为"层叠并缩放"，保证所有填充元素完整，并且与数据值相匹配。为数据系列添加数据标签，并且将其替换为准备的 tag 列中的数据值。

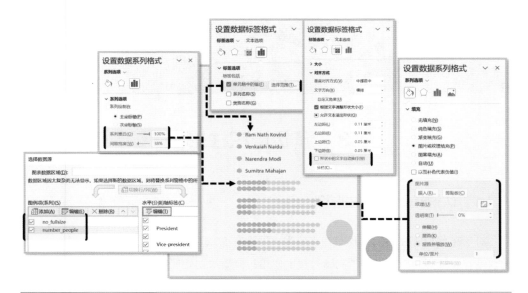

图 7-19 制作一个单元图：调整数据系列的格式

6. 添加附加信息

为图表添加附加信息，如图 7-20 所示。因为单元图的基本元素有别于一般的柱形元素，所以可以使用形状与文本框制作图例。对于代表各部门之间间隙的分割线，直接使用线段模拟即可。

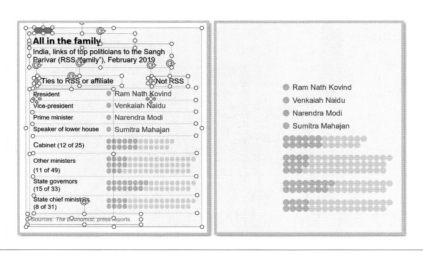

图 7-20 制作一个单元图：添加附加信息

说明：关于本范例图表的更多信息及图表制作的操作演示，可以在哔哩哔哩视频网中搜索关键字"Excel 图表大全 | 015 填充占比条形图"，参考视频教程辅助理解。

7.3　簇状堆积柱形图

7.3.1　认识簇状堆积柱形图

对于簇状堆积柱形图，我们并不陌生，因为在 5.3.3 节中，我们曾以簇状堆积柱形图的数据整理过程为例，讲解了制图过程中使用的典型数据处理技巧"空行"。简单地说，我们可以将簇状堆积柱形图作为普通簇状柱形图的强化衍生版本。簇状堆积柱形图在实现同簇数据对比的基础上，增加了呈现簇状柱形成员"构成"情况的能力，范例如图 7-21 所示。

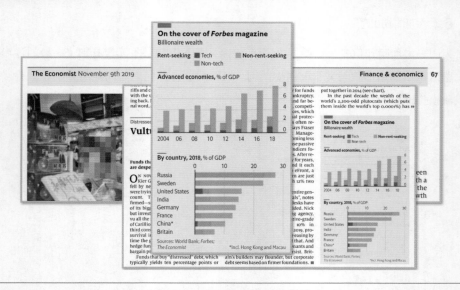

图 7-21　簇状堆积柱形图范例

7.3.2　图表范例: 制作一个簇状堆积柱形图

1. 图表范例与背景介绍

下面以图 7-21 中的簇状堆积柱形图为范例，讲解簇状堆积柱形图的制作步骤。该图表曾在《经济学人》的正式刊物中被应用，属于规范的商业图表。该图表主要反映的是全球范围内的主要经济体在过去十多年中富豪财富与总财富的占比情况，同时着重对比、强调了其中的寻租收益和非寻租收益。

> **说明**：在图 7-21 中，左侧的图表不是原版图表，而是麦克斯运用 Excel 图表模块模拟制作的练习图表。

2. 作图分析与数据准备

本范例图表使用的作图数据如图 7-22 所示。根据 5.3.3 节中的范例，需要先将原始数据彻底拆分为多个独立的数据系列，再利用堆积图进行叠加，如图 7-23 所示。而在本范例中，只在原始数据表中增加了 Aux1 和 Aux2 辅助数据系列。

	P	Q	R	S	T	U	V
18	year	Aux1	Aux2	Tech	Non-tech	Non-rent-seek	year
19	2004	5	5	0.2	0.5	3.9	2004
20	2006	5	5	0.4	0.8	4.05	06
21	2008	5	5	0.4	1.3	4.7	08
22	2010	5	5	0.5	1	4.15	10
23	2012	5	5	0.6	1.2	4.6	12
24	2014	5	5	0.8	1.4	6.8	14
25	2016	5	5	0.9	1.2	7.5	16
26	2018	5	5	1	1.6	8.2	18

图 7-22　制作一个簇状堆积柱形图：作图数据

year	Tech	Non-tech	Non-rent-seek
2004	0.2	0.5	3.9
2006	0.4	0.8	4.05
2008	0.4	1.3	4.7
2010	0.5	1	4.15
2012	0.6	1.2	4.6
2014	0.8	1.4	6.8
2016	0.9	1.2	7.5
2018	1	1.6	8.2

图1数据预处理：

TotalColumn	Position1	Position2	Position3
3	1	1	2
No.	Tech	Non-tech	Non-rent-seek
0	0	0	0
1	0.2	0.5	0
2	0	0	3.9
3	0	0	0
4	0.4	0.8	0
5	0	0	4.05
6	0	0	0
7	0.4	1.3	0
8	0	0	4.7
9	0	0	0
10	0.5	1	0
11	0	0	4.15
12	0	0	0
13	0.6	1.2	0
14	0	0	4.6

图 7-23　制作一个簇状堆积柱形图：预想的原始数据与作图数据

发生这种变化的原因是，麦克斯在本范例图表的制作过程中，使用了和前面章节完全不同的方法。使用不同的方法，可以为大家打开"脑洞"，理解如何灵活使用 Excel 图表模块。

在图 7-22 中，P、S、T、U 列中的数据均为原始数据，其中 S、T、U 列中的数据为 3 个数据系列，P 列中的数据为横坐标轴的标签值；剩余的 Q、R 列中的数据为添加的两个辅助数据系列，主要用于"占位"，其值可以随意设置。我们可以使用簇状柱形图和堆积柱形图的组合图制作簇状堆积柱形图（最后一列中的数据为横坐标轴标签值）。

3. 创建图表、设置画布、设置绘图区范围

选中 Q、R、S、T、U 列中的 5 个数据系列，直接创建一个簇状柱形图，设置画布大小、底色，设置绘图区范围，如图 7-24 所示。

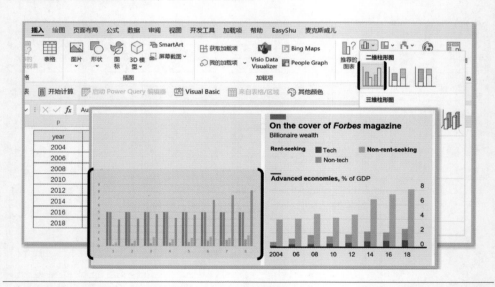

图 7-24　制作一个簇状堆积柱形图：创建图表、设置画布、设置绘图区范围

将图表类型设置为簇状柱形图与堆积柱形图的组合图，将 Aux1、Aux2、Non-rent-seek 数据系列放置于主坐标轴上，并且将其图表类型设置为簇状柱形图；将 Tech 和 Non-tech 数据系列放置于次坐标轴上，并且将其图表类型设置为堆积柱形图，如图 7-25 所示。

4. 设置横、纵坐标轴的格式

下面设置横、纵坐标轴的格式，操作较为简单，如图 7-26 所示。

（1）将主/次纵坐标轴的取值范围设置为 0～9，并且将大间隔设置为 2。

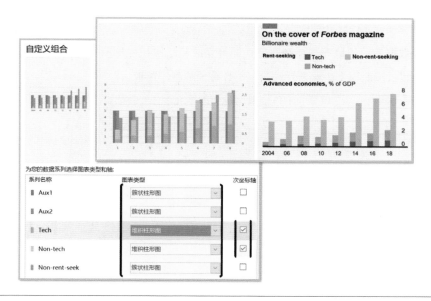

图 7-25　制作一个簇状堆积柱形图：更改图表类型为组合图

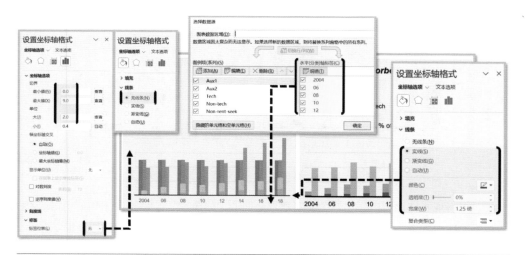

图 7-26　制作一个簇状堆积柱形图：设置横、纵坐标轴的格式

（2）在视觉上隐藏主 / 次纵坐标轴，将"标签位置"设置为"无"，将"线条"设置为"无线条"。

（3）将横坐标轴上的数据标签替换为预设的数据。

（4）将横坐标轴的"线条"设置为"实线"，并且将"颜色"设置为黑色，将"宽度"设置为 1.25 磅。

5. 调整数据系列的格式

调整数据系列的填充颜色和宽度，即可完成簇状堆积柱形图的制作，这部分内容非常重要，建议按照以下步骤进行设置，更容易理解制作逻辑。

（1）根据配色方案，设置3个目标数据系列的填充颜色，参数设置与效果如图7-27所示。

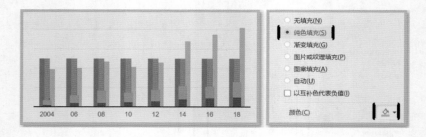

图7-27 制作一个簇状堆积柱形图：调整数据系列的格式（1）

（2）将簇状柱形图中相邻两个数据系列之间的"间隙宽度"设置为100%，参数设置与效果如图7-28所示。

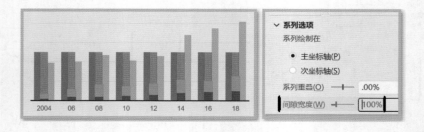

图7-28 制作一个簇状堆积柱形图：调整数据系列的格式（2）

（3）将堆积柱形图中相邻两个数据系列之间的"间隙宽度"设置为300%，参数设置与效果如图7-29所示。

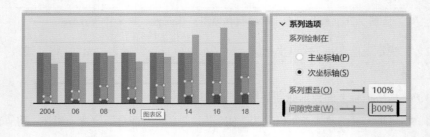

图7-29 制作一个簇状堆积柱形图：调整数据系列的格式（3）

（4）将辅助数据系列的填充颜色设置为"无填充"，在视觉上进行隐藏，参数设置与效果如图 7-30 所示。

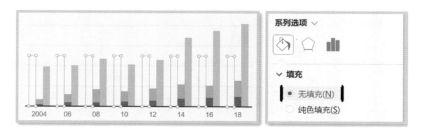

图 7-30　制作一个簇状堆积柱形图：调整数据系列的格式（4）

在以上操作过程中，需要注意以下两点。

- 构图逻辑的核心是让主坐标轴上的簇状柱形图和次坐标轴上的堆积柱形图重叠。所以我们在 Non-rent-seek 数据系列前添加了两个辅助数据系列，保证 Non-rent-seek 数据系列位于 3 个数据系列的最右侧。这样，在堆叠了堆积柱形图后，居中位置会是堆积数据系列，右侧位置会是 Non-rent-seek 数据系列，左侧位置会是辅助数据系列，可以手动将其隐藏。

- 在堆叠了堆积柱形图后，主坐标轴和次坐标轴上的柱形宽度可能会不统一。为了解决这个问题，我们需要对"间隙宽度"进行设置。"间隙宽度"表示相邻两个数据系列之间的间隙宽度和数据系列宽度的比值，如 100% 表示相邻两个数据系列之间的间隙宽度为 1 个柱形的宽度。因此，将簇状柱形图中数据系列的"间隙宽度"设置为 100%，将堆积柱形图中数据系列的"间隙宽度"设置为 300%（3 倍包括两个簇状柱形和单倍宽度的中间空白），即可统一主坐标轴和次坐标轴上两种柱形的宽度。

技巧：如果希望任意调整柱形的宽度，则需要进行一定的计算。例如，使用簇状柱形图的间隙宽度调整目标柱形宽度，假设将簇状柱形图中相邻两个数据系列之间的"间隙宽度"设置为 20%，用于获得较宽的柱形和较小的间距，那么在堆积柱形图中，要将相邻两个数据系列之间的"间隙宽度"设置为多少，才可以保证柱形宽度相同呢？答案是 220%，如图 7-31 所示。计算逻辑为"100/(300+X)=100/(100+Y)"，其中 X 是簇状柱形图中相邻两个数据系列的间隙宽度，Y 为堆积柱形图中相邻两个数据系列的间隙宽度，因此，在本范例中"Y=300+X-100"。

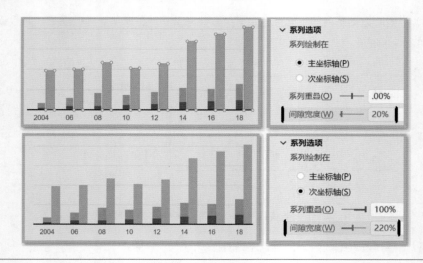

图 7-31　制作一个簇状堆积柱形图：统一宽度的计算逻辑

说明：本范例图表是一个系列图，另一个图表是基础的堆积条形图，没有特殊的制作技巧，并且其他元素可以使用文本框和形状组合制作而成，因此不再展开讲解。

说明：关于本范例图表的更多信息及图表制作的操作演示，可以在哔哩哔哩视频网中搜索关键字"Excel 图表大全 | 021 簇状堆积柱形图"，参考视频教程辅助理解。

7.4　不等宽柱形图

7.4.1　认识不等宽柱形图

不等宽柱形图又称为玛丽美歌图，简称为 Mekko 图，它的一大特征是在柱形图 / 条形图的基础上，将柱形本身的宽度、高度纳入数据呈现的范畴，使用柱形的宽度和高度分别表示两个维度的信息，范例如图 7-32 所示。

不等宽柱形图的一大优势在于，将柱形宽度引入，用于进行数据表达，因此可以容纳更多维度的数据；但相应的劣势是图表阅读的难度会有所提升，因此需要减弱这个问题带来的影响。在制作不等宽柱形图时，通常需要挑选 2 个可以相互配合的维度进行呈现。例如，柱形的高度表示人均数量，柱形的宽度表示人数。如此一来，除了可以通过长度视觉暗示理解数据值，柱形的面积也具有了"总量"的实际含义。此外，两个维度同时在画布中呈现，让不等宽柱形图拥有了类似于散点图可以表示两个维度数据"关系"的能力。

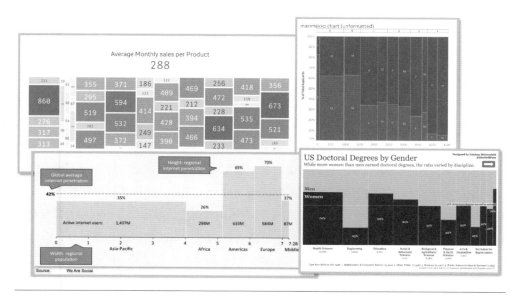

图 7-32　不等宽柱形图范例

7.4.2　图表范例：制作一个不等宽柱形图

1. 图表范例与背景介绍

下面以图 7-33 所示的不等宽柱形图为范例，讲解不等宽柱形图的制作步骤。该图表曾在《经济学人》的正式刊物中被应用，属于规范的商业图表。该图表主要反映的是在全球范围内，主要国家 / 地区的人口数量和人均碳排放量之间的关系。

> **说明**：在图 7-33 中，左侧的图表不是原版图表，而是麦克斯运用 Excel 图表模块模拟制作的练习图表。制作本图表要求具有一定的 Excel 函数公式基础知识，如果你不清楚绝对引用、相对引用及简单的函数公式拖曳应用，那么建议直接套用公式，或者在具有一定的基础后再尝试理解。

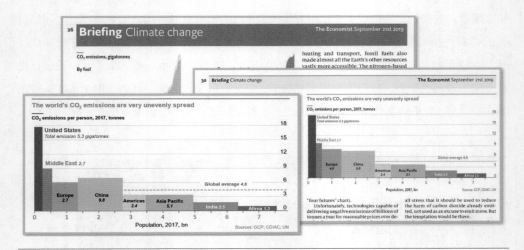

图 7-33   制作一个不等宽柱形图: 图表范例

虽然本范例图表在外观上看起来很简单, 但实际包含大量信息, 需要特别说明。在坐标轴结构中, 和一个位置表示一个绝对值或一种分类不同, 这里的横坐标轴是一个累积的连续数轴, 表示人口数量。不同的柱形具有不同的宽度, 表示具有不同的人口数量。所有柱形的累加结果, 可以通过最后的柱形所在的刻度读取。根据该结果可知, 全球范围内有 70 多亿人口纳入了本图表的数据范围。纵坐标轴是常规的柱形图纵坐标轴, 表示某个维度的指标, 在本范例图表中表示人均碳排放量。使用放置在横、纵坐标轴之间的不等宽矩形表示每个国家 / 地区的人口数量与人均碳排放量, 完成数据的呈现, 并且使用柱形的面积表示碳排放总量。

2. 作图分析与数据准备

本范例图表使用的原始数据与作图数据如图 7-34 所示。看上去比较复杂, 也是理解本图表制作的难点之一, 需要使用较为复杂的函数公式帮助我们完成数据整理工作。

在图 7-34 的大图中, 左上侧的表格中包含的是本范例图表的原始数据。为什么只有两组数据? 因为目标需要呈现的 3 个维度是相互关联的, 只要有其中任意两个维度的数据, 就可以计算得到第三个维度的数据。对碳排放数据而言, 各个国家 / 地区的碳排放总量和人口数量更容易获取, 因此接下来的第一个整理步骤就是添加新列, 完成人均碳排放量数据的计算 (J132 单元格公式 "=ROUND(H132/I132,1)")。此外, 我们还需要完成全球人均碳排放量 (Global Average) 的计算 (K132 单元格公式 "=ROUND(SUM(H132:H139) / SUM(I132:I139),1)")。最终得到图 7-34 的大图中右上侧的表格。

实际的原始数据

Country/Region	EmissionsTotal	Population
United States	5.3	0.3
Middle East	2.7	0.3
Europe	4.9	0.8
China	9.8	1.4
Americas	2.4	0.7
Asia Pacific	5.1	1.5
India	2.5	1.4
Africa	1.3	1.3

第一步预处理

Country/Region	EmissionsTotal	Population	EmissionsPer	Global Average
United States	5.3	0.3	17.7	4.4
Middle East	2.7	0.3	9	
Europe	4.9	0.8	6.1	
China	9.8	1.4	7	
Americas	2.4	0.7	3.4	
Asia Pacific	5.1	1.5	3.4	
India	2.5	1.4	1.8	
Africa	1.3	1.3	1	

第二步预处理

Country/Region	Population	Aux1
United States	0.3	1
Middle East	0.3	4
Europe	0.8	7
China	1.4	14
Americas	0.7	29
Asia Pacific	1.5	36
India	1.4	51
Africa	1.3	65

EmissionsPer	United States	Middle East	Europe	China
1	17.7	0	0	0
2	17.7	0	0	0
3	17.7	0	0	0
4	0	9	0	0
5	0	9	0	0
6	0	9	0	0
7	0	0	6.1	0
8	0	0	6.1	0
9	0	0	6.1	0
10	0	0	6.1	0
11	0	0	6.1	0
12	0	0	6.1	0
13	0	0	6.1	0
14	0	0	6.1	0
15	0	0	0	7

...ricas	Asia Pacific	India	Africa	Average	X-axis
0	0	0	0	#N/A	0
0	0	0	0	#N/A	0.1
0	0	0	0	#N/A	0.2
0	0	0	0	#N/A	0.3
0	0	0	0	#N/A	0.4
0	0	0	0	#N/A	0.5
0	0	0	0	#N/A	0.6
0	0	0	0	#N/A	0.7

图 7-34　制作一个不等宽柱形图：原始数据与作图数据

> **注意**：全球人均碳排放量（Global Average）的计算容易出错，不是直接计算人均碳排放量列中数据的均值，而是计算碳排放总量与人口总数的商。

在图 7-34 的大图中，左下侧的表格中包含的是拆分数据系列所需的辅助数据系列，右下侧的表格中包含的是拆分后的数据系列，即最终的作图数据（该表格很大，图 7-34 左下角的小图可以显示该表格的右侧末尾列）。

在正式说明最后两步数据整理操作前，需要先讲解不等宽柱形图的制作逻辑，从而更顺利地理解整理数据的逻辑。需要明确的是，使用 Excel 图表模块中的柱形图制作不等宽柱形图，如果需要增加均值线等元素，则可以使用折线图等进行组合。但我们知道的柱形图都是等宽度的，不等宽是如何实现的呢？简单来说，就是对不等宽柱形进行纵向切片。在本范例中，我们先按照 0.1 个人口计量单位进行切片，保证每个柱形固定宽度为 0.1 个人口计量单位，再利用若干个等宽的基础柱形进行不等宽柱形的构建（宽度由切片数量控制）。例如，United States 对应的人口数量为 0.3 个人口计量单位，因此可以切成 3 片，每片 0.1 个人口计量单位，最终使用 3 个等高的标准柱形就可以实现 0.3 个人口计量单位宽度的不等宽柱形。其他国家 / 地区的柱形根据具体的人口数量进行切片和构成即可，逻辑示意如图 7-35 所示。将所有国家 / 地区的柱形的数据系列分列、错位准备好，再进行叠加即可。

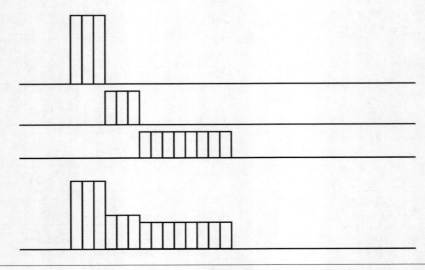

图 7-35　制作一个不等宽柱形图：构图逻辑示意图

以上便是不等宽柱形图的图形构成核心逻辑，我们需要按照这个逻辑对数据进行切片、分列和错位，最终重组成可以使用的状态，这也是制作该图表最困难的部分（首次理解会有一定的难度，在理解后会觉得其实并不困难）。

观察图 7-34 中大图左下侧的表格，可以看到该表格中有 3 列，前两列为基础的地名标签和相应的人口数量，而最后一列为数字辅助列（1、3、7、15…），看上去很奇怪。要理解其含义，需要阅读它的生成公式，其中 E142 单元格中的公式为 "=SUM($D$141:D141)/0.1+1"。该公式不算复杂，它首先对左侧区域内的数据进行求和，然后按照 0.1 个单位计算总切片数量，最后加 1。需要注意的是，这里的求和范围是从上至下的，主要计算当前行以上所有国家／地区的人口总数，因此计算得到的其实是"当前地区的切片编号起点"。怎么理解呢？下面举例说明，对于首行的 United States，人口数量为 0.3，切片数量为 3，因此所有切片中的第 1 ~ 3 片属于它；对于第二行的 Middle East，人口数量为 0.3，切片数量为 3，因此所有切片中的第 4 ~ 6 片属于它（因为前面已经有 United States 的 3 片了）；对于第三行的 Europe，人口数量为 0.8，切片数量为 8，因此第 7 ~ 14 片属于它（前面已有 United States 和 Middle East 的 6 片了）；以此类推。综上所述，计算的辅助数据系列中的数据值，其实就是各个数据系列的切片开始位置，这也是后面获取数据的重要依据。

下面构建作图数据系列。观察图 7-34 中大图右下侧的表格，可以看到，首列中的数据是索引序号，表示当前行切片是第几号切片；其他列中的数据依次为不同地区／国家的数据系列；末尾有两个特别的数据系列 Average 和 X-axis，主要用于构建均值线和横坐标轴，可以暂时不用理会，重点关注数据系列的构建。

下面重点查看 H142 单元格中的函数公式，该函数公式可以生成所有构成不等宽柱形的数据系列，如图 7-36 所示，顶部的公式就是 H142 单元格中的函数公式。该函数公式虽然很长，但是结构分明，我们可以将其分为 3 部分，如图 7-37 所示。

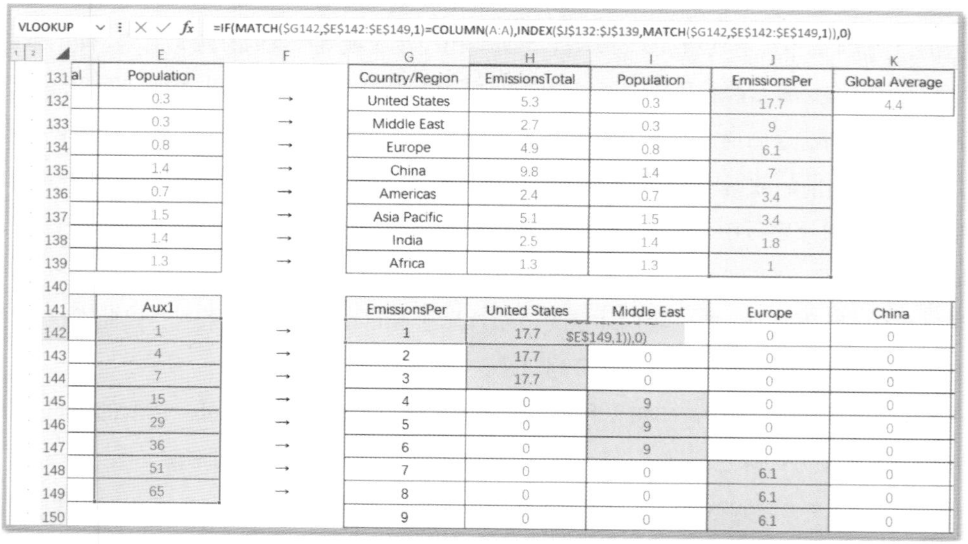

	Population		Country/Region	EmissionsTotal	Population	EmissionsPer	Global Average
132	0.3	→	United States	5.3	0.3	17.7	4.4
133	0.3	→	Middle East	2.7	0.3	9	
134	0.8	→	Europe	4.9	0.8	6.1	
135	1.4	→	China	9.8	1.4	7	
136	0.7	→	Americas	2.4	0.7	3.4	
137	1.5	→	Asia Pacific	5.1	1.5	3.4	
138	1.4	→	India	2.5	1.4	1.8	
139	1.3	→	Africa	1.3	1.3	1	
140							
141	Aux1		EmissionsPer	United States	Middle East	Europe	China
142	1	→	1	17.7	$E$149,1)),0)	0	0
143	4	→	2	17.7	0	0	0
144	7	→	3	17.7	0	0	0
145	15	→	4	0	9	0	0
146	29	→	5	0	9	0	0
147	36	→	6	0	9	0	0
148	51	→	7	0	0	6.1	0
149	65	→	8	0	0	6.1	0
150			9	0	0	6.1	0

VLOOKUP ✓ ƒx =IF(MATCH($G142,$E$142:$E$149,1)=COLUMN(A:A),INDEX($J$132:$J$139,MATCH($G142,$E$142:$E$149,1)),0)

图 7-36　制作一个不等宽柱形图：函数公式

```
=IF(
    MATCH($G142,$E$142:$E$149,1) = COLUMN(A:A),
    INDEX(
        $J$132:$J$139,
        MATCH($G142,$E$142:$E$149,1)
    ),
    0
)
```

图 7-37　制作一个不等宽柱形图：函数公式说明

在图 7-37 中，函数公式的最外层是一个简单的 IF 函数，其中可以分为红、蓝、绿三部分，红色公式是判断条件，如果判断成功，则执行蓝色公式，否则返回绿色公式，即 0 值。

其中最重要的当属红色公式的判断条件，它判断的其实是当前单元格是否需要返回切片数据，即判断当前切片是否属于当前数据系列（如前面说的切片 1 ~ 3 属于 United States 数据系列）。那它是如何判断的呢？它将当前的切片序号（图 7-36 中函数公式部分蓝色区域），放到此前的辅助数据系列（图 7-36 中函数公式部分红色区域）中进行匹配。匹配逻辑为找到小于或等于当前切片序号的所有元素中最大的元素在数组中的位置。例如，将切片序号 1 放到红色区域匹配，因为小于或等于 1 的只有 1，所以返回 1 在的位置，即 1；切片序号 2 和 3 也因为没有其他更小的元素，所以返回的都是 1 所在的位置，即 1；但切片序号 4 的情况有所改变，因为在红色区域中，小于或等于 4 的有两个元素，即 1 和 4，因此会返回最大的元素所在的位置，也就是 4 所在的位置，即 2；以此类推。因此，最终我们只需要判断返回值是否和当前数据系列值相等，就可以确定当前单元格所代表的切片是否属于当前的数据系列。下面举例说明，United States 数据系列是第 1 个数据系列，所以在所有切片序号中，只有当 MATCH 函数返回 1 时，我们才认为该切片属于 United States 数据系列；Middle East 数据系列是第 2 个数据系列，所以在所有切片序号中，只有当 MATCH 函数返回 2 时，我们才认为该切片属于 Middle East 数据系列；以此类推。这样我们就可以实现作图数据系列的分列与错位了。

在判定成功后，利用 INDEX 和 MATCH 函数读取正确的数据即可。读取的逻辑是找到图 7-36 右上方的绿色区域中当前数据系列序号位置的数据，完成任务。

> 说明：虽然花费了大量篇幅，但因为难度确实比较高，所以这里再统一说一个关键点：在这个流程中，有一个关键要素反复出现，就是当前切片序号在红色区域内匹配的位置，而这个位置序号其实是数据系列序号。条件判断和查找数据使用的都是这个序号。例如，US 数据系列序号为 1，ME 数据系列序号为 2，以此类推。对于函数公式中不清楚的部分，读者可以打开范例文件，复制本部分的函数公式，单独运行并对照结果，有助于理解。

在 H142 单元格中应用上述函数公式后，拖曳 H142 单元格右下角的填充柄，将该函数公式应用于整个作图数据表，即可获得所有作图数据系列。

3. 创建图表并设置其格式

选中所有作图数据系列，创建一个柱形图，并且将"系列重叠"设置为 100%，将"间隙宽度"设置为 0，即可完成不等宽柱形图的基本构建，如图 7-38 所示。

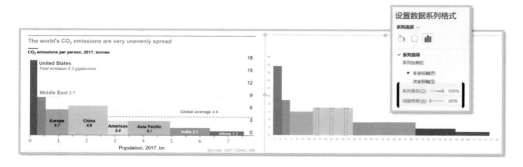

图 7-38　制作一个不等宽柱形图：创建图表并设置其格式

设置坐标轴、网格线、数据系列的颜色等，基本设置逻辑与前面讲解过的图表设置逻辑类似，此处不再展开讲解。需要注意的是，横坐标轴刻度线的设置会比较独特，需要先替换横坐标轴标签，再进行相应的参数设置，如图 7-39 所示。

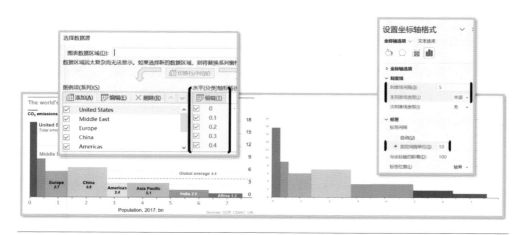

图 7-39　制作一个不等宽柱形图：横坐标轴刻度线的设置

说明： 本范例图表中有一个均值线效果，这个可以使用范例文件中的数据系列组合折线图构建，也可以使用误差线完成，甚至可以使用形状线条手动模拟，在实际操作中，根据需求选择合适的方式即可。制作难度不大，感兴趣的读者可以自行尝试。

说明： 关于本范例图表的更多信息及图表制作的操作演示，可以在哔哩哔哩视

频网中搜索关键字"Excel 图表大全 | 020 不等宽柱形图",参考视频教程辅助理解。

7.5   本章小结

本章,我们主要讲解了用于呈现数据构成情况的图表的制作方法与技巧。通过学习本章内容,大家可以了解避免使用饼图、圆环图的原因,以及饼图、圆环图与堆积柱形图之间的关联。可能大家也发现了,在呈现数据构成情况时,无论是使用长度视觉暗示,还是使用面积视觉暗示,通常都会涉及矩形元素。因此,在经典的图表类型中,堆积柱形图及其衍生图表是呈现"构成"数据很好的选择。

在学习用于呈现数据构成情况的图表类型的特征、进行图表制作的过程中,我们可以同步掌握很多新的制图技巧和数据整理方法。此处,麦克斯再次强调:制图技巧是实现数据可视化的手段,重点是掌握数据可视化设计的思维。本章我们打破了一个思维定式,提出图表的分类并不是僵化的,很多图表类型可以同时呈现多方面的特征。例如,对比堆积柱形图、簇状堆积柱形图可以同时呈现数据的对比、构成特征,范例中的不等宽柱形图可以同时呈现数据的对比、构成、关系等特征。

第 8 章

突出数据分布特征的图表制作

本章主要讲解如何制作用于呈现数据分布特征的图表，并且对其中的典型图表类型进行专题说明，讲解图表制作背后的设计理念与逻辑。呈现数据分布特征也是一种常见的数据可视化需求，通常在数据集体量较大、维度较多、无法直接阅读数据得出有效结论的情况下（例如，呈现某地区上万人口的身高体重分布情况，呈现上千家公司盈利情况，呈现研发投入数据的分布情况，等等）应用这类图表。

本章会针对性地讲解 4 种典型图表的制作方法，这 4 种典型图表分别是密度散点图、四象限散点图、单维度分类散点图和方块热力图。再次强调：因为是实战内容，所以建议读者打开范例文件，跟随讲解步骤，从零开始操作，完成所有图表的制作。只有真正动手操作实践，才可以更高效地理解和掌握所学知识。在这个过程中，如果遇到了问题，则可以回顾前面相应章节中的内容，温故而知新。

8.1　密度散点图

点是图表构成中一种最简单的元素，但因为点本身可大可小、颜色可明可暗、位置灵活多变，所以与线和面相比，它在图表中的表现反而更复杂。代表点这种要素的核心图表有两种类型，分别是基础的散点图与进阶的散点图。其中，一种常见的进阶散点图是密度散点图，这种图表通常用于呈现大量数据的分布与关联特征。

8.1.1　认识密度散点图

1. 什么是密度散点图

密度散点图是在基础散点图的基础上为数据点增加"透明度"特性后的一种经典图表。

因为密度散点图可以直观地用颜色的深浅呈现数据的累积情况，所以可以更好地帮助我们观察出数据在不同维度上的分布情况。与普通散点图相比，密度散点图可以更好地反映数据分布的疏密情况（普通散点图的重合点因为无透明度，因此信息会被覆盖）。常见的密度散点图范例如图 8-1 所示。

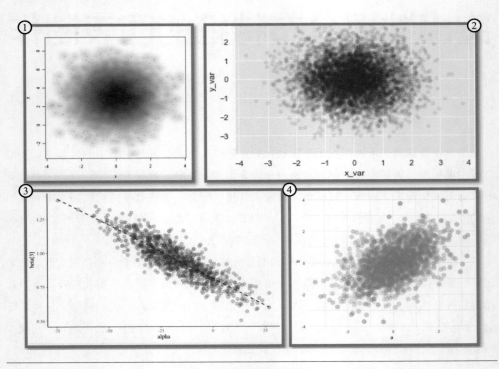

图 8-1　密度散点图范例

根据图 8-1 可知，对于同一个数据系列的数据点，我们会赋予它们相同的颜色及一定程度的"透明度"。在为数据点赋予横、纵坐标后，所有的数据点都会分布在底层的画布上。因为透明度的设定，所以数据密集分布的重叠部分会呈现出更深的颜色，帮助我们判断分布的疏密程度。

如果使用的是普通的散点图，则不会呈现任何堆积效果。即使在一个小范围内覆盖了 10 000 个数据点，其显示效果也可能会和覆盖 100 个数据点的显示效果相同，导致在读图时丢失部分信息。要更具体地感受到这一点，可以参考普通散点图与密度散点图的效果对比，如图 8-2 所示。

图 8-2 中的两个图表使用的是完全相同的数据集，共有 10 000 个数据点。其中，1 号

图表使用的是常规散点图，而 2 号图表为数据点添加了透明度特性。效果差异是非常明显的。在 1 号图表中，我们只能够简单感知到数据点分布有从两边向中间集中的趋势，但在中部区域，因为数据点过多，密集程度过高，所以无法得出有效信息。在 2 号图表中，我们不仅可以看到数据点的常规变化趋势，还可以很容易地辨别出数据点分布密度的"阶跃"变化，并且可以轻易看出数据点在总体上呈现出 5 个区域，甚至可以大体估算出这 5 个区域中数据点分布密度的比为 1 ∶ 2 ∶ 4 ∶ 2 ∶ 1。

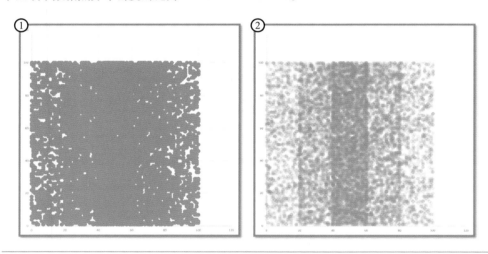

图 8-2　普通散点图与密度散点图的效果对比

综上所述，密度散点图通过透明度视觉暗示，为我们带来了更多的数据观察角度，是一种优秀的进阶散点图，适合用于呈现大量数据点的分布特征。

2. 几种相似图表的对比与区分

在学习密度散点图的过程中，会出现几种相似的不同类型的图表，干扰我们的理解，了解这些相关类型，可以从侧面帮助我们加深对密度散点图的理解，并且其中涉及的图表类型可以被应用到实际的图表制作中。

第一种类似于密度散点图的图表是密度面积图，范例如图 8-3 所示。密度面积图与密度散点图类似，也具有透明度特性，具有由横、纵坐标轴共同构建的平面，等等。但密度面积图中的主要数据不是"正常点"，而是一个个"摊开的异型点"（属于面积范畴）。因此，虽然密度面积图的构成逻辑与密度散点图基本相似，也可以用于观察数据的分布情况，但基础的图表类型底子不同。密度面积图一般应用于地理、气象等领域，并且需要使用更专业的制图软件完成制作，大家了解即可。

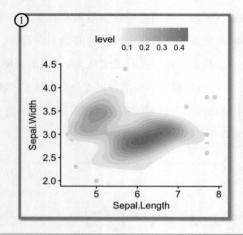
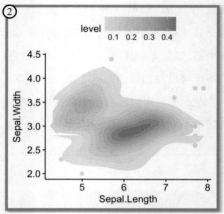

图 8-3　密度面积图范例

　　第二种类似于密度散点图的图表是无填充的散点图，范例如图 8-4 所示。粗看之下，无填充的散点图好像也实现了根据颜色深浅判定分布密度的效果，但这是我们的眼睛被"欺骗"了。在图 8-4 中，两个图表的基础图表均为散点图（2 号图表为更进一步的气泡图），但均未对数据点进行颜色填充，都使用了空心圆作为数据点。因此，当数据分布较密集时，数据点相互重叠的特征依旧可以通过数据点的边缘观察得到（实际颜色深浅不会发生变化，但数据分布较密集的区域颜色更加集中，会让人感觉颜色更深）。在实际操作中，这种空心化数据点形成累积效果的技巧可以使用，但麦克斯更推荐使用"透明度"实现，效果更好。

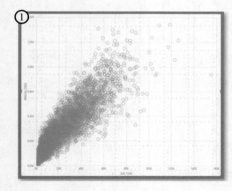
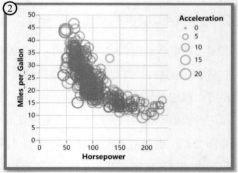

图 8-4　无填充的散点图范例

　　第三种类似于密度散点图的图表是极小颗粒的散点图，范例如图 8-5 所示。令人感到

"奇妙"的是，这种图表中确实出现了颜色深浅的变化，看上去似乎具有透明度特性，尤其是 2 号图表中由内向外的中心扩散。但实际上这两个图表与图 8-4 中的图表非常相似，每个数据系列都只有一种无透明度填充颜色。之所以形成类似透明的效果，是因为数据集中的数据点数量非常大，采取了极小颗粒数据点的散点图呈现。因为每个数据点都非常小，所以占据的图表空间非常小，数据分布越稀疏，颜色越淡，越趋近于白色，最终形成了渐变、累积的效果。在实际操作中，这种极小化数据点形成累积效果的技巧可以使用，但因为要求数据集包含大量数据点，所以更适合用于呈现科研实验数据。在商业图表中，密度散点图是更合适的选择。

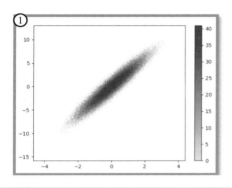
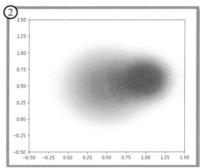

图 8-5　极小颗粒的散点图范例

说明：可能有部分更宽泛的观点会将上述几种类型中的一个或多个图表认为是密度散点图。但在本书中，密度散点图特指通过调整数据点透明度表现累积分布的散点图。

8.1.2　图表范例：制作一个密度散点图

1. 图表范例与背景介绍

下面使用 Excel 的图表模块制作一张密度散点图，范例如图 8-6 所示。该图表曾在《经济学人》的正式刊物中被应用，属于规范的商业图表。

说明：图 8-6 中的图表不是原版图表，而是麦克斯自己运用 Excel 模拟制作的练习图表。

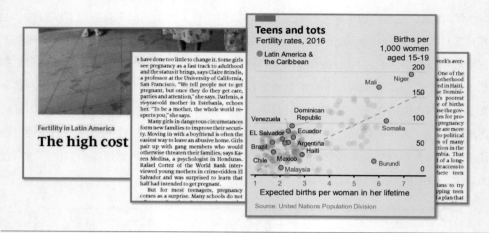

图 8-6　制作一个密度散点图：图表范例

图 8-6 中的图表反映的是，拉丁美洲 15 ~ 19 岁的年轻人比其他拥有相同生育期望地区具有更高生育率的问题。该图表的横坐标表示不同地区对女性一生中生育数量的期望值，而纵坐标表示各地区每千人的实际平均生育数量（是生育率的等价表述）。该图表的主要类型是散点图，主要用于呈现数据分布情况。因为左下方的数据集中分布，导致信息不明，所以将其进阶为密度散点图。

在正常情况下，这只是一个简单的数据集。在对代表拉丁美洲的数据点进行特殊颜色标注后，即可很容易地注意到它们的团积分布，并且从而发现拉丁美洲 15 ~ 19 岁年轻人的生育率普遍高于其他地区。

2. 作图分析与数据准备

如果我们要制作图 8-6 中的图表，那么首先应该考虑的问题是应该如何准备数据。这也是在确定图表类型和大体设计方案后要做的第一件事，所有图表的制作都是如此。

下面思考一下我们拥有的基础数据是什么？在本范例中，我们拥有的基础数据是所有国家 / 地区的期望生育数量和实际每千人的生育数量。但因为要突出拉丁美洲与其他地区之间的数据差异，所以我们要将其拆分成两个独立的数据系列，红色代表拉丁美洲，蓝色代表其他地区。

拉丁美洲的所有数据点中有两种不同的格式，一种是常规的带透明度的数据点，另一种是用于强调的特殊数据点。因此需要将拉丁美洲的数据拆分为两个独立的数据系列。对其他地区的数据按照类似的逻辑进行处理。因此，最终我们从整体上将所有数据划分为 4 个部分，用 4 个数据系列，如图 8-7 所示。

数据源（数字化）:

Redkeypoints

Country	Expected	Births per 1,000
拉美地区强调数据点	85	85
	1	70
Brazil	1.7	63
Chile	1.75	45
Dominican Republic	2.5	95
Ecuador	2.55	73
Argentina	2.35	63
Haiti	2.9	40
Mexico	2.2	62

Bluekeypoints

Country	Expected	Births per 1,000
其他地区强调数据点		195
		170
Somalia	6.3	105
Burundi	5.8	28
Malaysia	2.05	15

Redbackground

拉美地区普通数据点

Country	Expected	Births per 1,000
	2.2	61
Unknown2	2.5	80
Unknown3	2.5	65
Unknown4	2.6	43
Unknown5	2.6	46
Unknown6	2.3	75
Unknown7	2.8	62
Unknown8	1.7	57
Unknown9	2	68
Unknown10	2.8	44

Bluebackground

其他地区普通数据点

Country	Expected	Births per 1,000
		39
Unknown2	2.1	35
Unknown3	1.5	19
Unknown4	1.2	10
Unknown5	2.3	0
Unknown6	1.8	29
Unknown7	2.1	41
Unknown8	1.7	16
Unknown9	1.9	25
Unknown10	1.9	47

Teens and tots
Fertility rates, 2016
● Latin America & the Caribbean
Source: United Nations Population Division

图 8-7　制作一个密度散点图：数据准备

技巧：Excel 中的所有数据系列的数据点都可以批量设置格式，因此在图表设计中，具有相同格式的数据点一般会使用一个数据系列进行构建。

3. 创建空白图表并设置画布

下面正式开始制作图表。读者可以先打开本范例的演示文档，找到作图数据（麦克斯已经准备好了，在实际的图表制作过程中，读者可以按照类似的逻辑进行准备）。在制作复杂的图表时，我们一般推荐先建立空白图表：在菜单栏中单击"插入"选项卡→"图表"功能组→"散点图"功能按钮，在弹出的下拉面板中选择最基础的散点图即可，如图 8-8 所示。

图 8-8　制作一个密度散点图：创建空白的散点图

> 说明：在第6章中首次制作图表时，我们讲解的制图步骤是非常详细的，后续为了节省篇幅，减少了对重复细节设置的描述。现在到了第8章，可能大家的基础有所松动，因此在本范例中，我们再一次使用高标准的制图步骤，完整呈现图表制作细节，用于复习。在后续的图表制作过程中，相似内容仍然会省略。

> 技巧：再次强调，在不选中数据的基础上，直接插入图表，即可得到一个空白图表。因为复杂图表一般对数据系列有特殊的要求，选择数据创建的默认图表通常不能满足要求，所以在实际操作中，建议先创建正确类型的空白图表。

在空白图表创建完成后，需要对画布的尺寸、比例进行调整，这个过程可以通过拖曳直接完成，也可以通过精准设置"宽度"和"高度"属性完成，如图8-9所示。图表采用什么比例和尺寸，一般取决于在什么场景中应用该图表。例如，如果要将图表放在单页的PPT文件中，那么图表比例应该与PPT的比例保持一致；如果要将图表应用于杂志文章中的某一个范围内，那么图表大小会受限于版面大小。这是我们后续图表制作的尺寸基础，在后续设置标题、绘图区、横纵坐标时，都是根据画布尺寸按比例设置的，因此非常重要。

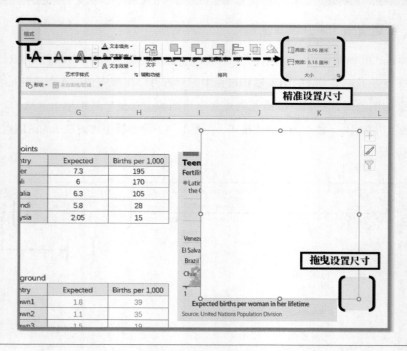

图 8-9　制作一个密度散点图：设置画布的尺寸和比例

技巧：如果没有特殊的设计需求，那么一般不建议根据内容对画布尺寸进行调整，建议在固定画布尺寸的基础上进行后续的图表设计和制作，这样更容易把握各部分图表元素的结构比例。此外，如果图表的应用场景对图片的清晰度要求较高，则可以尽可能大地设置画布尺寸（因为 Excel 目前做不到无损输出矢量图表，这是一种权宜之计）。

选中图表并右击，在弹出的快捷菜单中选择"设置图表区域格式"命令，即可打开"设置图表区格式"侧边栏，然后对画布的底色重新进行填充，填充颜色的 RGB 值为（225，235，244），完成对画布的基础设置，操作演示如图 8-10 所示。

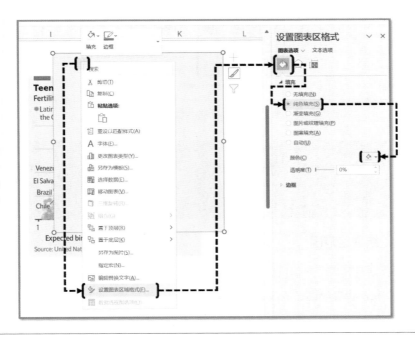

图 8-10　制作一个密度散点图：填充画布底色

4．添加数据系列

在画布设置完成后，我们需要为图表添加合适的数据系列。在本范例中，要添加已经拆分好的 4 个数据系列。操作方法如下：选中图表，单击菜单栏中的"图表设计"选项卡→"数据"功能组→"选择数据"功能按钮，弹出"选择数据源"对话框，单击"添加"按钮，弹出"编辑数据系列"对话框，建立新的数据系列，依次填入"系列名称"、"X 轴系列值"和"Y 轴系列值"。重复上述步骤，直至将 4 个数据系列全部添加，操作示意如图 8-11 所示。

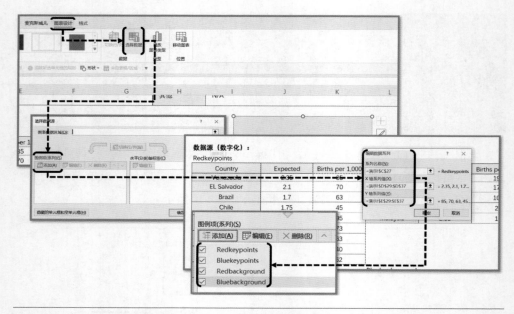

图 8-11　制作一个密度散点图：添加数据系列

注意：散点图与一般图表最大的差异便是，数据系列要同时提供在 X 轴和 Y 轴方向上的两组数据。在添加数据系列时，不要包含标题信息，只选取纯数据范围。

5. 设置绘图区范围

在添加数据系列后，我们可以在图表范围内看到相应的数据点。在正式设置数据点前，我们应该依次设置绘图区范围、坐标轴格式、网格线格式。整体遵循的是由外向内、由框架到细节的设置逻辑，可以有效避免额外的返工。

说明：绘图区是指图表画布中用于显示数据系列的区域，一般占据画布半数以上的面积，并且位于中下部，具体根据不同的图表设计进行调整，其他区域一般用于显示图表标题、数据来源及一些补充信息。

绘图区范围的设置非常简单，选中图表画布，单击绘图区中的任意空白位置，即可选中绘图区，通过拖曳绘图区四周的 8 个定位点，即可对其范围进行调整，如图 8-12 所示。

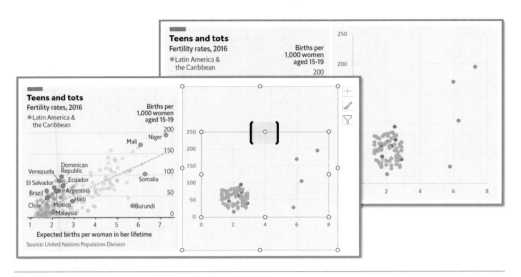

图 8-12　制作一个密度散点图：设置绘图区范围

> **说明**：如果在添加数据系列后发现图表类型被系统自动修改，则可以选中图表，然后使用"更改图表类型"功能命令切换图表类型。

6. 设置横、纵坐标轴的格式

下面设置横、纵坐标轴的格式。先来看较为简单的横坐标轴，首先单击画布绘图区中横坐标轴的数据部分，然后选中横坐标轴元素并右击，在弹出的快捷菜单中选择"设置坐标轴格式"命令，打开"设置坐标轴格式"侧边栏，最后设置边界的最小值、最大值、间隔大小和刻度线类型，如图 8-13 所示。因为此处我们的范围是 1 ~ 7，因此将边界的最大值和最小值分别设置 7 和 1。因为我们不需要小刻度线，所以开启主刻度线，关闭次刻度线，并且设置大间隔为 1。

> **注意**：因为关闭了次刻度线，所以将小间隔设置为任意值都没有影响。这是因为主刻度线之间的距离由大间隔决定，次刻度线之间的距离由小间隔决定。

但完成上述设置后，你会发现效果依旧与目标效果有一定的差距，如图 8-14 所示。

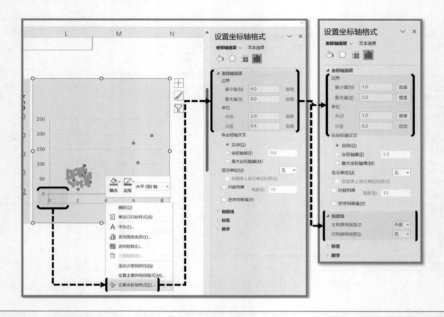

图 8-13　制作一个密度散点图：设置横坐标轴的格式

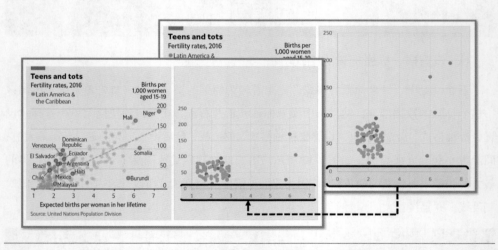

图 8-14　制作一个密度散点图：初步设置后的横坐标轴

要实现目标效果，具体操作如图 8-15 所示。

（1）设置数字的字体为 Arial、字号为 10 号、颜色为黑色（对于字体等图表元素的常规设置，直接使用"开始"选项卡中的功能按钮即可，无须进入图表元素设置侧边栏）。

（2）将横坐标轴的颜色设置为黑色，并且将其宽度设置为 1.5 磅。

（3）在横坐标轴两侧使用黑色细线手动构造延长线。

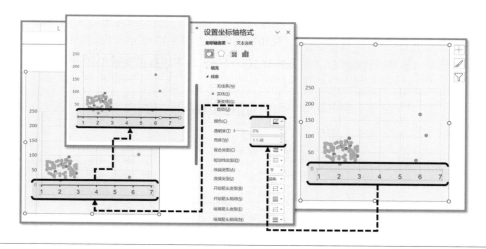

图 8-15 制作一个密度散点图：精细调整后的横坐标轴

在本范例中，横坐标轴采取的是较为简洁的设计（如无次坐标轴），所以整体在画布中的存在感较低，因此需要将横坐标轴加粗、将数值字号加大、采用更纯的黑色进行强调。

技巧：第（3）步中的"在横坐标轴两侧使用黑色细线手动构造延长线（主要是左侧）"是制作横坐标轴经常使用的典型方法，可以使坐标轴的显示更自然，更好地配合横向的网格线。但因为 Excel 中没有预设类似的设置，所以暂时是通过"线段图形"拼接模拟出来的，后面还有一个小技巧可以实现类似效果。

在本范例中，纵坐标轴采用特殊的无轴设计，将网格线与纵坐标轴合二为一，既可以起坐标轴的指示作用，又可以使图表整体更为简洁，是一种典型的数轴设计技巧（已经运用过多次，采用视觉隐藏设置即可）。对于纵坐标轴的数据标签，可以使用文本框模拟制作。

7. 设置网格线的格式

下面设置网格线的格式。选中图表，单击右上方的加号按钮，在弹出的下拉菜单中勾选"网格线"复选框，并且勾选"主轴主要水平网格线"复选框，取消勾选"主轴主要垂直网格线"复选框，从而移除默认网格线中"垂直"部分的网格线；然后在"设置网格线格式"侧边栏中，设置"颜色"的 RGB 值为（207，218，224），设置"宽度"为1.5 磅，如图 8-16 所示。

此时，你可能会有点疑问：网格线的水平长度好像不太够，与横坐标轴的长度有差异怎么办？这是我们埋在前面的一个"小坑"，需要使用一个特殊技巧解决这个问题。返回"设置坐标轴格式"侧边栏,将边界最大值设置为7.9,即可在不显示下一条节点刻度线的条件下最大化边界值,参数设置和相应的效果如图 8-17 所示。我们也可以将此前手动添加的横坐标轴延长线删除(如果你比较有经验,则可以提前完成上述设置)。

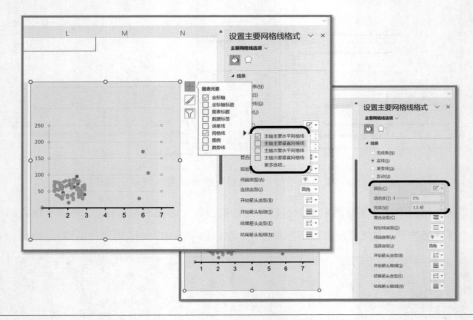

图 8-16　制作一个密度散点图:设置网格线

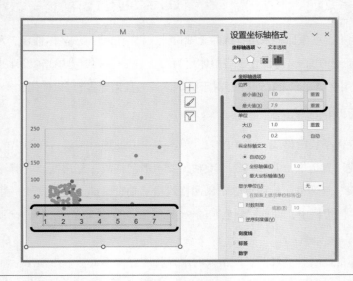

图 8-17　制作一个密度散点图:延长网格线的技巧

注意：可以将横坐标轴的边界最大值设置为 7.99、7.8 等，但不能是 8。因为此处将大间隔设置为 1，在 7 之后的 8 会出现下一条主刻度线，所以要规避。如果需要向右延伸极长的网格线，则可以通过前面使用的"遮挡法"手动对坐标轴进行修饰。

8. 调整数据系列的格式

分别调整 4 个数据系列的格式，如图 8-18 所示。此处与常规填色不同的是，需要对透明度进行设置。例如，在本范例图表中，将非重点数据的透明度设置为 90%。

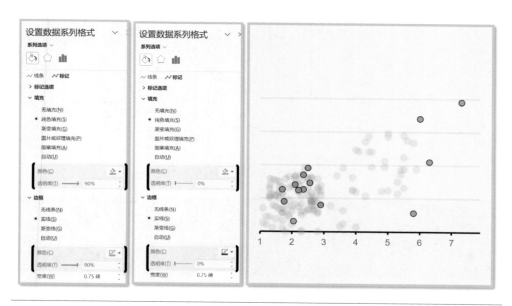

图 8-18　制作一个密度散点图：调整数据系列的格式

技巧：对透明度的设置与数据密集程度有关，数据点数量越多、越集中，透明度要求越高，反之越小。这是因为数据点数量越多、越集中，数据点平均叠加的层数越多，如果透明度过小，那么很容易导致叠加成"实心"填充，而无法通过颜色深浅体现数据点的分布情况。

除了基础的颜色设置，本范例图表还使用了趋势线，用于反映数据点分布的总体特征和变化趋势，帮助我们更好地把握数据的分布特性。前面讲解过使用"添加图表元素"功能可以轻松地添加趋势线，但在本范例图表的制作过程中，需要注意一个细节：因为我们将所有的数据点拆分为 4 个独立的数据系列进行不同的格式强调，所以在添加趋势线时，选择这 4 个数据系列中的任意一个为基础生成趋势线，都无法正确地反映总体数据集的变化趋势。因此，我们需要额外在图表中添加一个辅助数据系列，这个辅助数据系列中包括所有数据点，并且将数据点标记设置为"无"，使其隐藏，然后为该辅助数据系列添加趋势线，操作过程如图 8-19 所示。

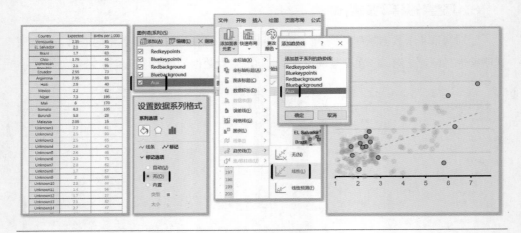

图 8-19　制作一个密度散点图：添加趋势线

说明：Excel 内置的趋势线具有多种模式，如"线性"模式、"移动平均"模式，这些模式采用不同的算法对选中的数据系列中的数据值进行处理和预测。对于不同模式的具体含义和使用方法，感兴趣的同学可以自行查看相关资料。

说明：关于本范例图表的更多信息及图表制作的操作演示，可以在哔哩哔哩视频网中搜索关键字"Excel 图表大全 | 013 密度散点图"，参考视频教程辅助理解。

8.2　四象限散点图

8.2.1　认识四象限散点图

在进阶散点图中，除了密度散点图，还有一种制作简单、效果良好的经典图表，那就是四象限散点图。制作四象限散点图的核心技巧是在4.1.4节中讲解过的"十字交叉数轴"参数设置。四象限散点图范例如图 8-20 所示。

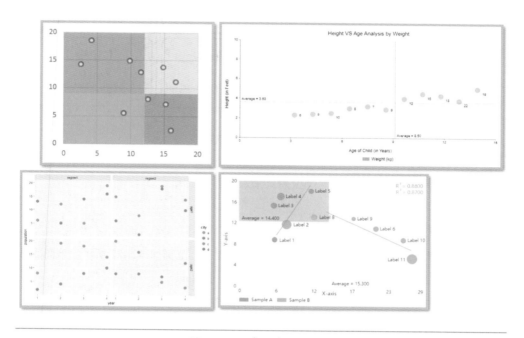

图 8-20　四象限散点图范例

在图 8-20 中，四象限散点图的最大特征是使用横、纵坐标轴（或普通的十字交叉线）将散点图的绘图区划分为了 4 个独立的区域，因为这 4 个区域拥有较为显著的数值特征（X 值大 Y 值小、X 值大 Y 值大、X 值小 Y 值小、X 值小 Y 值大），可以被更好地对应到 4 种不同的模式上，从而降低数据的阅读难度（可以一眼看出数据点分布在哪个象限，具有什么数值特征）。

这种设计借鉴了商业分析中经常使用的四象限图，范例如图 8-21 所示。四象限散点图和四象限图的区别主要在于，四象限散点图的横、纵坐标轴映射了具体的数值。因此，当数据集具有这种按数值高低组合集群特性时，使用四象限散点图可以更好地突出数据特征。

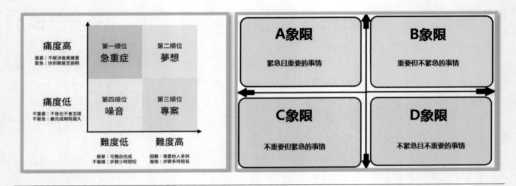

图 8-21　四象限图范例

8.2.2　图表范例: 制作一个四象限散点图

1. 图表范例与背景介绍

下面使用 Excel 的图表模块制作一个四象限散点图, 范例如图 8-22 所示。该图表曾在《经济学人》的正式刊物中被应用, 属于规范的商业图表。

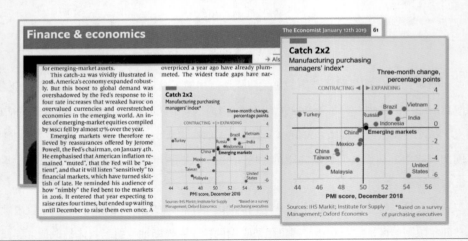

图 8-22　制作一个四象限散点图: 图表范例

> 说明: 在图 8-22 中, 右侧的图表不是原版图表, 而是麦克斯运用 Excel 图表模块模拟制作的练习图表。

在图 8-22 中, 散点图被横、纵坐标轴分为了四个象限, 属于标准的四象限散点图。

其中横坐标轴代表一个名为 PMI 的统计指标，纵坐标轴表示的是近三个月该指标的变化百分比。图表中的数据点反映了全球各国家／地区的该指标及其变化情况。因为绘图区被分为了四个区域，因此散落在相同区域的数据点很容易被归为拥有相似特征的一类，降低了数据理解难度。

2. 作图分析与数据准备

本范例图表使用的原始数据如图 8-23 所示，该数据也是本范例的作图数据，不需要进行任何额外处理，因为该效果可以通过 Excel 图表模块的坐标轴设置直接实现。

Country/Region	PMI score	Change
Turkey	44.2	1.6
Malaysia	46.8	-4.7
Unknown1	47.6	-2.7
China Taiwan	47.7	-3.1
China	49.7	-0.3
Unknown2	49.8	-1.5
Mexico	49.7	-1.9
Unknown3	49.5	-3.8
Emerging markets	50.3	0
Unknown4	50.3	0.3
Indonesia	51.2	0.4
Russia	51.6	1.7
Brazil	52.5	1.8
India	53.2	1
Vietnam	53.8	2.2
United States	54.2	-5.7

数据源（数字化）：

主标题	Catch 2x2
副标题	N/A
说明	Manufacturing purchasing managers' index*
来源	Sources: IHS Markit; Institute for Supply Management; Oxford Economics
附注	*Based on a survey of purchasing executives
横轴标题	PMI score, December 2018
纵轴标题	Three-month change, percentage points

图 8-23 制作一个四象限散点图：原始数据与作图数据

3. 创建图表、设置画布底色、设置绘图区范围

直接选中数据表，创建一个普通散点图，并且删除冗余的标题、图例等元素，设置画布底色，设置绘图区范围，如图 8-24 所示。

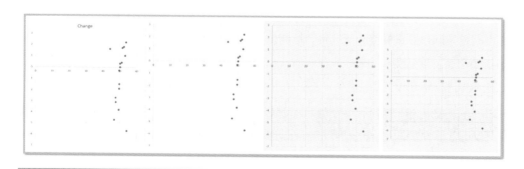

图 8-24 制作一个四象限散点图：创建图表、设置画布底色、设置绘图区范围

注意：因为 Excel 图表模块默认将所选数据的首列数据视为横坐标轴的刻度值，将所选数据的次列数据视为纵坐标轴的刻度值，所以在选择数据创建散点图时，只需选择 D、E 列数据。对于国家／地区标签值，会在后续利用数据标签添加。

4．设置横、纵坐标轴的格式

接下来设置横、纵坐标轴的格式，保证横、纵坐标轴的数据范围在恰当的区域，并且在 x=50 和 y=0 的位置交叉，实现十字交叉效果，具体参数设置和效果如图 8-25 所示。

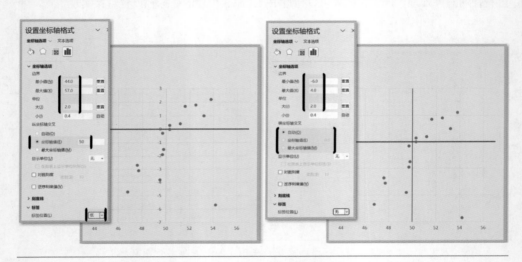

图 8-25　制作一个四象限散点图：设置横、纵坐标轴的格式

（1）设置横坐标轴的格式：设置取值范围为 44.0 ～ 57.0、大间隔为 2.0；将"标签位置"设置为"低"，使坐标轴和标签分开显示；将"纵坐标轴交叉"设置为"坐标轴值"，并且将其值设置为 50，保证纵坐标轴在横坐标为 50 的位置显示。

（2）设置纵坐标轴的格式：设置取值范围为 -6.0 ～ 4.0、大间隔为 2.0；因为要使用文本框模拟制作数据标签，所以将"标签位置"设置为"无"，使其在视觉上隐藏；"横坐标轴交叉"默认为"自动"，即 0 值，也就是使纵坐标轴在横坐标为 0 的位置显示，此处不再进行手动设置。

注意：图 8-25 中没有坐标轴的样式设置，读者自行将其设置为加粗和加黑即可。

5. 设置网格线的格式

本范例图表在网格线上应用了特殊的设计技巧，需要进一步进行调整，主要包括两方面：一方面要保留垂直网格线，并且加深其颜色、加粗其线条粗细，实现强调的效果；另一方面要增加网格线延长线（使用图形模拟），如图 8-26 所示。

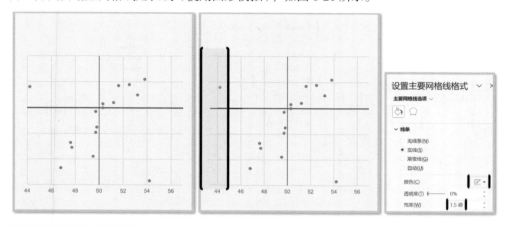

图 8-26　制作一个四象限散点图：设置网格线的格式

在这两方面进行特殊设计，是为了让图表最终的呈现效果更加协调。对于数据点较少的图表，如果采用散点图，则会使整个图表画面过于"空旷"，并且散点图的读数难度高于其他图表的读数难度。因此，强调网格线的存在，一方面可以平衡空旷的绘图区，另一方面可以让读数更加准确。为水平网格线添加左侧的延长线，可以产生左右对称的美感，并且使读者更加关注数据的左右向分布（观察原图，可以发现在绘图区上方有两个箭头，向左的箭头表示紧缩，向右的箭头表示宽松，其作用也是使读者更关注水平数值分布）。

6. 调整数据系列的格式

调整数据系列的格式，一共有以下 3 步，如图 8-27 所示。

（1）将数据系列的颜色设置为目标配色（左图）。

（2）为重要的数据点添加数据标签（中图）。

（3）使特殊的数据点强调显示（右图）。

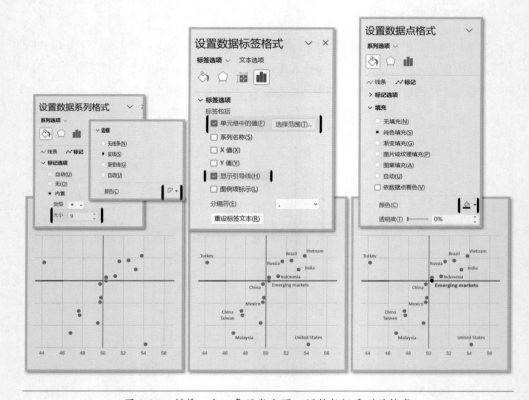

图 8-27　制作一个四象限散点图：调整数据系列的格式

技巧：

- 当数据点较少时，可以通过增大数据点突出数据。
- 当数据标签在分布较为密集时，很容易无法完整显示，可以采取"只标记重点数据"的策略。
- 在强调数据点时，除了修改填充颜色，还可以通过增加白色边框进一步强调。
- 在选中整个数据系列后，单击目标数据点，可以实现数据点的"单选"，在数据点处于单选状态时，可以独立设置该数据点的格式（数据标签的单选同理），该技巧通常用于进行少量数据点的重点强调。

添加标题、分区指示、数据源等附加信息，即可完成本范例图表的制作。

说明：关于本范例图表的更多信息及图表制作的操作演示，可以在哔哩哔哩视频网中搜索关键字"Excel 图表大全|009 四象限散点图"，参考视频教程辅助理解。

8.3 单维度分类散点图

8.3.1 认识单维度分类散点图

单维度分类散点图是一种经典的图表，主要用于处理大量数据点的分布情况，它最大的特征在于，需要先将散点图的其中一条连续的数轴手动处理成离散的分类轴，再对数据进行呈现。因此，单维度分类散点图同时具备分类特性和数据分布呈现的特性，范例如图 8-28 所示。

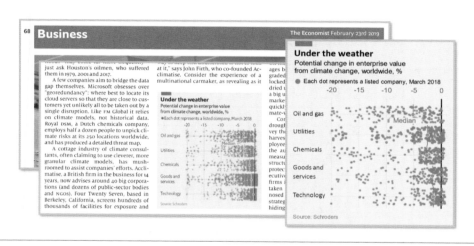

图 8-28 单维度分类散点图范例

对于只有一个数值维度的大数据集分布呈现，单维度分类散点图的这种特性具有很大的优势。因为在默认状态下，散点图主要用于呈现两个数值维度的"关联"和数据的"分布"，如果数据集中只有一组数值数据，那么在直接构建散点图，查看数据分布情况时，会发现无从下手。使用单维度分类散点图可以解决上述问题。通过手动构建一个虚拟的数值维度，用于进行纵向分类，可以实现类似于系列小图的效果，方便分别查看不同种类的数据点的分布情况。

8.3.2 图表范例：制作一个单维度分类散点图

1. 图表范例与背景介绍

下面以图 8-28 中的单维度分类散点图为范例，讲解单维度分类散点图的制作步骤。

该图表曾在《经济学人》的正式刊物中被应用，属于规范的商业图表。

> 说明：在图 8-28 中，右侧的图表不是原版图表，而是麦克斯运用 Excel 图表模块模拟制作的练习图表。

本范例图表主要反映的是，在全球范围内，大型油气、日用、化工、服务、科技行业内的公司受气候变化影响而发生的市值变化百分比。其中，纵坐标轴表示数据集中公司所在的几个行业，横坐标轴表示变化的具体百分比，每个数据点都表示一家独立的公司。

2. 作图分析与数据准备

本范例图表使用的原始数据与作图数据如图 8-29 所示。数据表乍看非常庞大和复杂，但不用紧张，跟着麦克斯对其进行拆解，理解起来并不困难。

	B	C	D	E	F	G	H	I	J	K
295										
296		Change横轴范围	Start1	End1	Change横轴范围	Start2	End2	Change横轴范围	Start3	End3
297		0	0.4	-5	0	0.5	-2.5	0	0.5	-3
298		100	-5	-10	100	-2.5	-5.5	120	-3	-4
299		150	-10	-15	150	-5.5	-13	150	-4	-15
300		180	-15	-19	185	-17	-20.5	180	-15	-20
301		190	-19.5	-20.5						
302										
303			Start1	End1	Start2	End2	Start3	End3	Start4	End4
304		Y纵轴范围	-0.6	-1.4	-1.6	-2.4	-2.6	-3.4	-3.6	-4.4
305										
306		No	Change1	Y1	Change2	Y2	Change3	Y3	Change4	Y4
307		1	-2.3	-0.89	0.18	-2.35	-2.18	-3.25	-1.1	-3.87
308		2	-2.02	-0.88	-1.78	-1.72	-0.4	-2.83	0.6	-4.17

	K	L	M	N	O	P	Q	R	S	T	U
295											
296	End3	Change横轴范围	Start4	End4	Change横轴范围	Start5	End5		No	Change	Y
297	-3	0	1	-2	0	0.7	-2		1	-2.3	0.047222162
298	-4	120	-2	-5	130	-2	-5		2	-2.02	0.766863871
299	-15	160	-5	-15	160	-5	-15		3	-3.32	0.441418316
300	-20	190	-15	-20	195	-19.5	-20.5		4	0.37	0.215025637
301									5	-2.43	0.690005435
302									6	-3.01	0.752878243
303	End4	Start5	End5		Median	Change	Y		7	-2.6	0.920235826
304	-4.4	-4.6	-5.4		Median1	-5.125	-1		8	-3.36	0.520866596
305					Median2	-2.535	-2		9	-3.22	0.981262799
306	Y4	Change5	Y5		Median3	-2.515	-3		10	-0.86	0.38620565
307	-3.87	-0.38	-5.25		Median4	-1.515	-4		11	-5	0.786334248
308	-4.17	0.46	-4.78		Median5	-1.315	-5		12	-3.68	0.042520073

图 8-29　制作一个单维度分类散点图：原始数据与作图数据

第一个问题是数据庞大，这是因为呈现数据分布情况的数据集一般都偏大，这是正常现象。在本范例中，一共涉及 5 个数据系列，共计 1000 个数据点。

第二个问题是复杂。本范例使用的原始数据表其实就是一个单纯的拥有 2 列 1000 行的表格，其中包含"行业"和"变化率"两个字段。虽然数据量比一般图表多，但数据结构并不复杂。为什么图 8-29 中的作图数据看上去很复杂呢？其原因有以下 3 点。

- 因为这里使用的是虚假模拟数据，如顶部第一个表格中的数据是控制数据点随机范围的一些固定参数，可以不用理会。

- 因为我们需要手动构建散点图的另一个数值维度，并且这个维度要求不同的分类在不同的区域均匀散布。因此，我们需要将 1000 行原始数据按照行业分类拆分为 5 个独立的数据系列，每个数据系列都要有横、纵坐标，用于作图。在图 8-29 中，左侧中部表格中的数据主要用于控制 5 个数据系列的纵坐标随机范围，左侧底部表格主要用于存放每个数据系列对应的横、纵坐标值。

- 因为图表不仅要呈现每个数据点的具体位置，还要对同分类下的所有数据点进行简单的统计，需要将其中位数一并呈现在图表中。因此构建了图 8-29 中右侧中部的表格，用于存放数据系列中位数的数据点坐标。

> **说明**：数据表较大，无法清晰显示，可以打开对应范例文件查看，辅助阅读。

在这个过程中，最重要的一步是"如何为每个数据系列的数据点分配对应的纵坐标"，这里使用简单的随机数即可。我们首先为每个数据系列都分配一个独属于它们的纵坐标分段。例如，设置油气数据系列的纵坐标分段为（-0.6 ～ -1.4），设置日用数据系列的纵坐标分段为（-1.6 ～ -2.4），设置化工数据系列的纵坐标分段为（-2.6 ～ -3.4），设置服务数据系列的纵坐标分段为（-3.6 ～ -4.4），设置科技数据系列的纵坐标分段为（-4.6 ～ -5.4）。这个过程需要保证每个区段的范围宽度相等，并且区段与区段之间留有一定的间隙作为分隔。然后利用随机函数 RANDBETWEEN 实现随机纵坐标的分配（随机分配的纵坐标可以让数据点在指定的高度范围内均匀分布）。例如，单元格 E307 中使用的函数公式为"=RANDBETWEEN(E\$304*100,D\$304*100)%"，其含义为，首先读取该数据系列的范围上下限；然后将其放大 100 倍，作为随机范围的上下限，生成随机数；最后将随机数除以 100，得到随机小数。

> **注意**：放大百倍再缩小到百分之一的原因是 RANDBETWEEN 函数只接受整数作为随机范围的上下限。

3. 创建图表、设置画布、添加数据系列

在完成数据分析和数据准备工作后，创建一个空白的散点图，并且完成对画布的设置，

手动添加 5 个数据系列，完成基础图表的制作，如图 8-30 所示。最后移除冗余元素，调整绘图区范围。

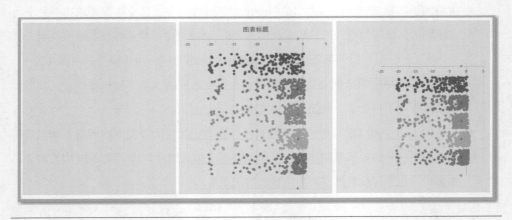

图 8-30 制作一个单维度分类散点图：创建图表、设置画布、添加数据系列

4. 设置横、纵坐标轴的格式

接下来设置横、纵坐标轴的格式，保证横、纵坐标轴的取值范围在恰当的区域内，并且正确设置坐标轴样式和标签位置，具体参数和效果如图 8-31 所示。

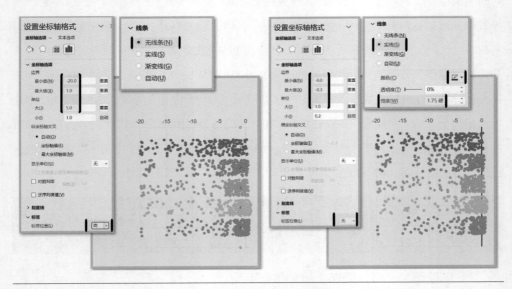

图 8-31 制作一个单维度分类散点图：设置横、纵坐标轴的格式

（1）设置横坐标轴的格式：设置取值范围为 -20 ～ 1（正数主要用于表示网格线自然延伸，并且正值完整显示）、大间隔为 5；将"标签位置"设置为"高"，使坐标轴标签和网格线分开显示；将坐标轴的"线条"设置为"无线条"，使其在视觉上隐藏。

（2）设置纵坐标轴的格式：设置取值范围为 -6 ～ -0.3（最大值 -0.3 不是整数，可以形成不封闭网格线的效果；最小值 -6 是整数，用于保证每个数据系列都位于一条水平网格线上。这两个处理细节要注意）、大间隔为 1；因为此处的数值轴标签无实际意义，所以将"标签位置"设置为"无"，使其隐藏，然后使用文本框模拟分类标签；将纵坐标轴加粗、加黑，实现强调效果。

> 注意：设置纵坐标轴的格式时，最大值为 -0.3，最小值为 -6。

5．调整数据系列的格式

添加中位数数据系列，并且设置所有数据系列的格式，参数设置及效果如图 8-32 和图 8-33 所示。

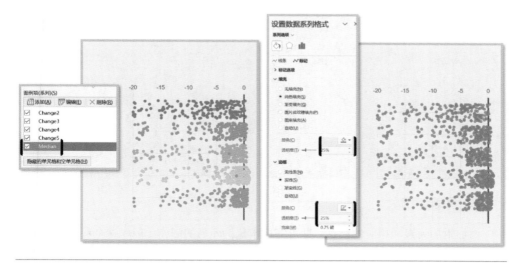

图 8-32　制作一个单维度分类散点图：添加中位数数据系列并设置其格式

（1）为表格添加中位数数据系列。

（2）统一 5 个核心数据系列的格式。

（3）为中位数数据系列添加误差线并设置其格式。

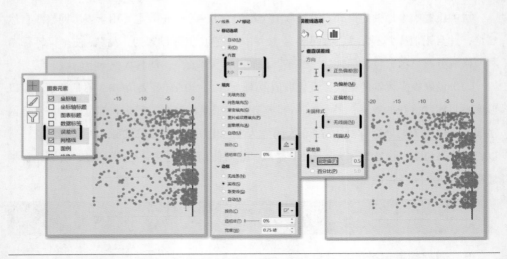

图 8-33　制作一个单维度分类散点图：添加误差线并设置其格式

> 技巧：为了保证制图过程的清晰，本范例图表使用 5 个数据系列呈现主数据，但它们的样式其实是相同的，因此将所有数据系列合并为单个数据系列制作本范例图表同样可行。这样在数据系列的格式设置上会较为简单，一次性设置完成即可。但本范例图表将数据拆分为了 5 个数据系列进行显示，其实在格式设置上也有快捷技巧：我们可以在设置完一个数据系列的格式后，选中其他数据系列，通过按快捷键F4，自动重复上一次的参数设置，从而快速统一设置 5 个数据系列的格式；也可以在设置完一个数据系列的格式后，利用"格式刷"复制其参数设置，并且将其快速应用到其他数据系列中，从而快速统一设置 5 个数据系列的格式。

6. 图表修饰

添加附加元素和相应的信息，即可完成本范例图表的制作。但在这个环节有两个特殊的图表修饰问题需要解决。

第一个问题是垂直延长网格线问题，如图 8-34 所示。常规的网格线会默认从图表坐标轴的一端开始绘制。在本范例图表中，纵坐标轴从底部开始绘制，然后按照大间隔为 1 的标准向上绘制其他水平网格线，直至将设定的纵坐标轴的取值范围用尽。这会导致底部无法实现类似于顶部的开放式网格线。

解决方法非常简单，创建一个与图表底色相同的矩形，将其放置于底部网格线上，遮挡封闭部分，即可实现开放延长网格线的效果。但前提是需要配合坐标轴设定，预留一定空间的冗余坐标轴用于遮挡。

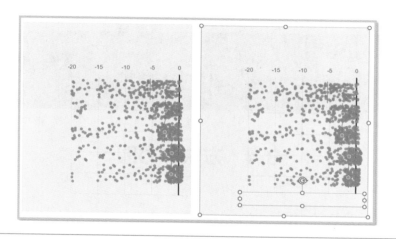

图 8-34 制作一个单维度分类散点图：垂直延长网格线

第二个问题是中位数数据系列的图层叠加问题，也是中位数数据系列误差线的显示问题，如图 8-35 所示。仔细观察图 8-35，可以发现，虽然我们通过调整数据系列的层级顺序，将中位数数据系列显示于所有主要数据系列之上，没有发生遮挡。但与之伴随的误差线依旧发生了遮挡，并没有完美满足我们的需求。与误差线类似，纵坐标轴也存在类似的遮挡问题。

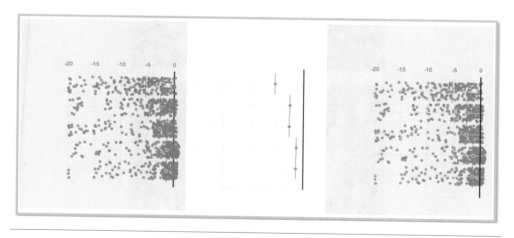

图 8-35 制作一个单维度分类散点图：调整图层叠加关系

这种问题目前无法通过参数设置解决，但我们可以利用"影子图表"调整这种图层叠加关系。在图 8-35 中，我们复制制作完成的图表，将底色设置为无填充，删除所有不需要的元素，然后将影子图表叠加在原图之上，即可调整图层叠加关系，解决问题。

说明：关于本范例图表的更多信息及图表制作的操作演示，可以在哔哩哔哩视频网中搜索关键字"Excel 图表大全 | 014 单维度分类散点图"，参考视频教程辅助理解。

8.4　方块热力图

8.4.1　认识方块热力图

热力图泛指使用颜色渐变表示不同位置数值的图表。这里的位置可以是地图上的某个区域，也可以是坐标系中的某个点，类似于红外摄像头对不同温度的成像效果。热力图范例如图 8-36 所示。

图 8-36　热力图范例

　　热力图最大的特征在于，它是少数主要依靠颜色视觉暗示进行数据呈现的图表，颜色完全不占用图表区域、不使用坐标轴，也不需要任何专门服务于颜色的图形，因此通常可以容纳更多维度的数据。在呈现数值大小时，颜色视觉暗示不会像长度、形状、方向等视觉暗示一样改变图表中的图形，因此非常适合用于呈现使用 2 个维度字段的所有排列组合情况作为条件的数值分布情况。

　　基于热力图衍生的图表有热力地图、方块热力图、区域填色热力图等，如图 8-37 所示。它们之间的差异在于填色的形状单元是否统一，是标准图形还是异型图形，使用的是渐变的连续颜色还是离散的有限数量的颜色，等等。其中，最常见的是方块热力图，它采用统一的矩形单元构成的二维"棋盘"进行数据呈现。

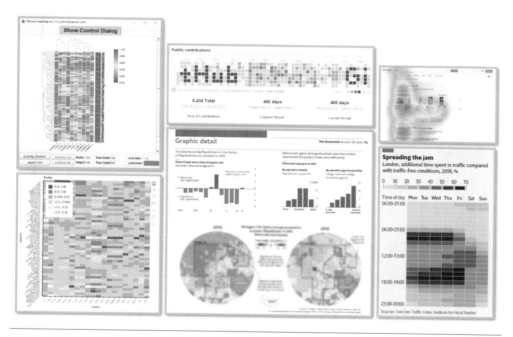

图 8-37　衍生热力图范例

8.4.2　图表范例：制作一个方块热力图

1. 图表范例与背景介绍

　　下面使用 Excel 图表模块制作方块热力图，范例如图 8-38 所示。该图表曾在《经济学人》的正式刊物中被应用，属于规范的商业图表。

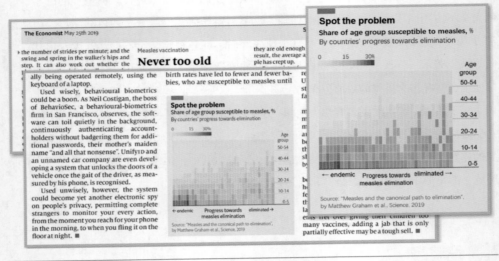

图 8-38   制作一个方块热力图：图表范例

说明：在图 8-38 中，右侧的图表不是原版图表，而是麦克斯运用 Excel 模拟制作的练习图表。

本范例图表主要反映的是麻疹在从流行到绝迹的控制过程中，不同年龄段人员的易感百分比分布情况，进而表达出观点"在这个过程中，麻疹的感染人群范围在扩大"（会从主要影响年轻人转换为影响更大年龄范围的人群，即红色分布的年龄范围更广）。其中，横坐标代表麻疹的控制程度从低到高变化，纵坐标轴代表不同的年龄段。

2. 作图分析与数据准备

本范例图表使用的作图数据就是原始数据，无须进行任何处理，即可直接用于制作图表，如图 8-39 所示。可以看到原始数据表就是一个普通的二维表格，其中纵向标签代表不同的年龄段，横向标签代表疾病的控制程度从低到高变化，恰好与最终图表效果一一对应。我们需要做的只是将数值用颜色进行呈现。

制作本范例图表的难点在于，Excel 图表模块并没有提供任何可以进行"数值—颜色"映射的默认图表类型。因此本范例图表会直接使用 Excel 工作表单元格区域制作，与前面讲解的表型图类似；配合"色阶"条件格式带给我们的"数值—颜色"映射能力，即可轻松完成方块热力图的制作。

X	1	2	3	4	5	6	7	8	9
55-59	0	0	0	0	0	0	0	0	0
50-54	0	0	0	0	0	0	0	0	0
45-49	0	0	0	0	0	0	0	0	0
40-44	0	0	0	0	0	0	0	0	0
35-39	0	0	0	0	0	0	0	0	0
30-34	0	0	0	0	0	0	0	0	2
25-29	0	0	0	0	0	0	0	0	2
20-24	2	2	2	2	2	2	2	2	2
15-19	15	2	10	10	10	10	10	10	10
10-14	15	8	15	14	15	17	12	18	12
5-9	15	10	20	15	15	20	10	11	12
0-4	23	22	23	22	25	30	15	15	20

图 8-39 制作一个方块热力图：作图数据

3. 不创建图表但设置画布

和常规的图表制作不一样，因为方块热力图是使用 Excel 工作表单元格区域配合"色阶"条件格式的思路完成制作的，所以首先要规划所需的单元格区域范围，并且将其调整到合适的尺寸，如图 8-40 所示。

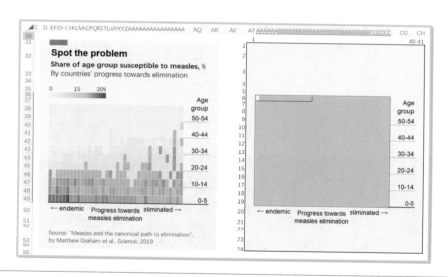

图 8-40 制作一个方块热力图：不创建图表但设置画布

在图 8-40 中，我们明确知道我们要呈现的数据有 12 行 38 列，并且在数据上方需要预留 7 行，用于显示标题、副标题、间隔、图例；在底部需要预留 5 行，用于显示坐标轴标签、附加信息；在左侧需要预留 1 列，用于显示冗余间隔；在右侧需要预留 2 列，用于显示纵坐标轴分类和间隙。因此我们需要提前预留一个 24 行 ×41 列的单元格区域，用于创建图表，其中各行各列的尺寸根据需求进行调整。

4. 添加数据系列并将其隐藏

在上述工作完成后，我们需要为图表添加数据系列，方法很简单，直接使用公式从原数据表中依次将数据引用到对应的单元格即可。具体操作为，在图表数据区域左上角引用原数据表左上角单元格中的数据，然后向右和向下拖曳单元格填充柄，完成所有数据的引用，如图 8-41 所示，选中范围就是所有数据引用。

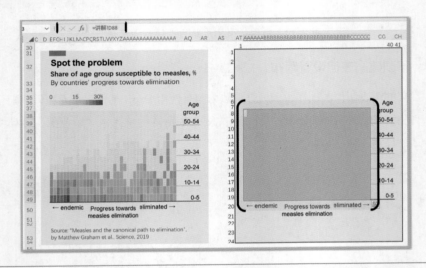

图 8-41　制作一个方块热力图：添加数据系列并将其隐藏

> **技巧**：可能有读者发现了，既然在单元格中引用了数据，那么为什么没有在单元格中显示任何数据呢？是因为采用了和底色相同的字体颜色，还是因为将字体设置得非常小呢？都不是，是因为采用了特殊的自定义格式设置"；；；"，3 个连续分号表示在单元格中不显示任何内容，设置方法如图 8-42 所示。在选中目标范围后右击，然后按照图 8-42 中的操作即可完成设置。利用该自定义格式设置，我们可以在数据发挥作用的前提下，保证数据不干扰颜色热力的显示。

5. 设置"数值—颜色"映射

在完成数据引用后，我们需要对获得的数据值进行"数值—颜色"映射。因此需要选中数据范围（选中的数据范围就是应用颜色规则的数据范围），并且单击菜单栏中的"开始"选项卡→"样式"功能组→"条件格式"功能按钮，完成"色阶"条件格式的添加，如图 8-43 所示。

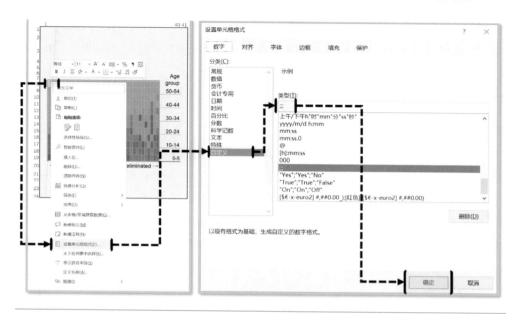

图 8-42 制作一个方块热力图：自定义格式设置

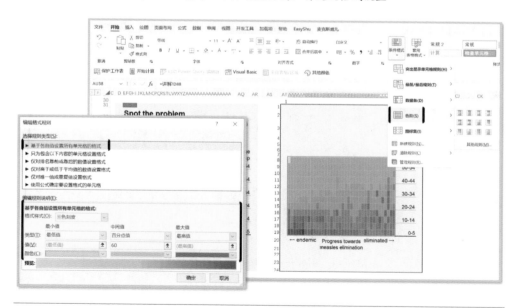

图 8-43 制作一个方块热力图：设置"数值—颜色"映射

在图 8-43 中可以看到，默认的"色阶"条件格式有多种模式。在本范例中，这些模式无法满足实际的使用需求，这时可以选择"新建规则"或"其他规则"选项，在弹出的"编辑格式规则"对话框进行详细的参数设置(参考图 8-43 中左下角的小图),单击"确定"按钮,即可完成图 8-43 中的热力图效果。在"编辑格式规则"对话框中,在"格式样式"下拉列表中选择"三色刻度"选项,表示在制定的三个关键颜色之间发生颜色渐变。

6. 设置图例

按照相似的方法,使用上述逻辑制作方块热力图的图例,但需要提前准备同范围渐变的原始数据。在本范例中,数据集的取值值范围为 0 ~ 30,图例的范围也应当为 0 ~ 30。因此,我们在数据区上方不远处选取了一个 1 行 16 列的区域范围,在其中生成了一行以 0 为起点、以 2 为步长的等差序列,用于表示 0 ~ 30 的取值范围,并且使用自定义格式设置";;;",使其中的数据隐藏。之后,我们可以使用相同的方法为这个区域创建"色阶"条件格式,从而完成图例的制作,参数设置及效果如图 8-44 所示。

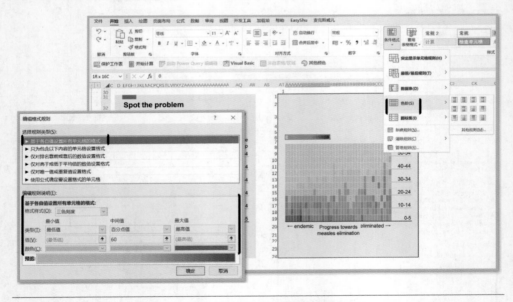

图 8-44 制作一个方块热力图:设置图例

> 说明:除了数据及图例的颜色映射外,其他元素都可以通过为单元格输入内容和调整单元格格式完成制作和设置,较为简单,此处不再展开讲解。对于方块热力图的制作,做好单元格范围的规范和颜色映射两个关键点即可。

说明：关于本范例图表的更多信息及图表制作的操作演示，可以在哔哩哔哩视频网中搜索关键字"Excel 图表大全 | 017 方块热力图"，参考视频教程辅助理解。

8.5 本章小结

本章，我们主要讲解了几种典型的突出数据分布特征的图表的制作方法和技巧。

经过这几章高强度的图表制作练习，相信大家已经充分理解了使用 Excel 图表模块进行图表设计与制作的精髓。麦克斯在这里简单总结一下。使用 Excel 图表模块进行图表设计与制作核心流程为，明确呈现需求，选择合适的图表类型，整理作图数据，创建图表，修饰图表。涉及的硬性知识点有图表模块的基础功能、特殊效果的实现技巧、图表元素的基础设置效果、数据整理技术，涉及的软性知识点有不同图表类型的特征、配色方法、图表设计原则等。此时，我们回头看看这一段学习旅程，可以发现这些知识在本书的前半部分都分门别类地展开讲解过，我们通过实际的图表制作，将这些知识融合，从而更好地掌握这些知识。

本书提供的数据可视化知识框架还不够完善，希望大家可以在此基础上，结合实际的图表设计与制作的逻辑，形成更广阔、更细致的数据可视化知识框架。

第 9 章

展示趋势数据的图表制作

本章的主题是对趋势数据的呈现。如果对前面几种数据呈现的大类进行比较，那么趋势数据是日常工作和生活中出现频率最高的一类数据，因为现实世界中所有事件的发生都离不开时间维度。本章主要讲解关于趋势数据呈现的实战范例，供大家练习。

再次强调：因为是实战内容，所以建议读者打开范例文件，跟随讲解步骤，从零开始操作，完成所有图表的制作。只有真正动手操作，才可以更高效地理解和掌握所学知识。在这个过程中，如果遇到了问题，则可以回顾前面相应章节中的内容，温故而知新。

本章，我们会讲解 5 种用于呈现趋势数据的图表的特征及制作方法，其中，有 3 种经典图表，分别是颜色分段折线图、区间拓展折线图、对比折线图；有 2 种高级图表，分别是比率折线图、阶梯图。

9.1 颜色分段折线图

9.1.1 认识颜色分段折线图

颜色分段折线图是一种简单的升级版折线图，该图表的最大特征是利用两种颜色显示原本单一的折线分段，从而强调数值的大小差异及标准值的位置，范例如图 9-1 所示。

通过对颜色进行分段，即使是单条折线这样"单薄"的数据形象，也会变得丰满起来，并且可以更好地将读者的视线集中在分界线上，使读者重点关注越界的数据变化和特殊区间。

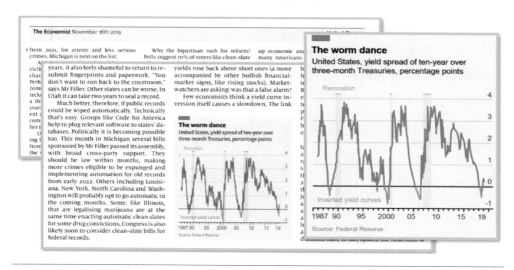

图 9-1　颜色分段折线图范例

颜色分段折线图的这种分色特性，与我们在 5.3.5 节中讲解过的簇状堆积柱形图类似，制作思路也类似，但因为颜色分段折线图具有更密集的数据点，并且数据点之间存在连线，所以在制作上的细节设置会有较大的差异。

9.1.2　图表范例：制作一个颜色分段折线图

1. 图表范例与背景介绍

下面以图 9-1 中的颜色分段折线图为范例，讲解颜色分段折线图的制作步骤。该图表曾在《经济学人》的正式刊物中被应用，属于规范的商业图表。

> 说明：在图 9-1 中，右侧的图表不是原版图表，而是麦克斯运用 Excel 图表模块模拟制作的练习图表。

本范例图表主要反映的是美国长期（十年）和短期（三个月）的债券产品收益率差异在 1987—2019 年的变化情况，其中横坐标轴表示时间、纵坐标轴表示收益率差异。在大部分时间内，长期债券产品的收益率都高于短期债券产品的收益率（蓝色折线），但在少部分特殊时间内，这种关系会发生逆转（红色折线强调）。将该数据与经济危机 / 衰退周期（阴影部分）对比查看，可以发现，二者之间存在某种相关性，可能这种反转关系预示了下一次衰退的发生。

2. 作图分析与数据准备

本范例图表使用的原始数据与作图数据如图 9-2 所示。因为元素较多，所以拆分的独立数据系列较多。现在我们一起来看看都包含哪些数据，并且了解一下它们会在后面的图表制作过程中发挥什么作用吧！

	Time	Percentage	条件分段系列 Threshold 0 Positive	NotValue #N/A Negative	辅助堆积柱形图数据及控制参数 Start 1986.0 Slot	End 2021.9 valuePos	NegHeight -1.0 valueNeg	CapHeight 0.05 valueCap
342	1986.922	1.367	1.367	#N/A	1986.000	0	0	0
343	1987.161	1.443	1.443	#N/A	1986.072	0	0	0
344	1987.162	1.544	1.544	#N/A	1986.145	0	0	0
345	1987.163	1.608	1.608	#N/A	1986.217	0	0	0
346	1987.163	1.646	1.646	#N/A	1986.290	0	0	0
347	1987.164	1.722	1.722	#N/A	1986.362	0	0	0
348	1987.165	1.772	1.772	#N/A	1986.434	0	0	0
349	1987.166	1.886	1.886	#N/A	1986.507	0	0	0
350	1987.171	2.329	2.329	#N/A	1986.579	0	0	0
351	1987.287	2.051	2.051	#N/A	1986.651	0	0	0
352	1987.288	2.127	2.127	#N/A	1986.724	0	0	0
353	1987.289	2.215	2.215	#N/A	1986.796	0	0	0
354	1987.290	2.278	2.278	#N/A	1986.869	0	0	0
355	1987.293	2.557	2.557	#N/A	1986.941	0	0	0
356	1987.351	2.392	2.392	#N/A	1987.013	0	0	0
357	1987.354	2.658	2.658	#N/A	1987.086	0	0	0
358	1987.354	2.696	2.696	#N/A	1987.158	0	0	0
359	1987.355	2.772	2.772	#N/A	1987.230	0	0	0

图 9-2　制作一个颜色分段折线图：原始数据与作图数据

在图 9-2 中，C、D 列中的数据为本次作图的原始数据系列，主要用于构建横坐标轴的"Time 时间"数据指标和纵坐标轴的"Percentage 百分比差异"数据指标；右侧的所有拓展数据系列均为辅助数据系列，上方的首行数据为一些关键数值，如标准值大小、横坐标轴起点和终点等。

右侧拓展的辅助数据系列大体可以分为以下两部分。

- 可以将 E、F 列中的数据系列视为第一部分，它们将单个原始数据系列拆分为了 Positive（高于标准值）数据系列和 Negative（低于标准值）数据系列（本范例图表中的标准值是 0）。其中，E342 单元格中的函数公式为"=IF(D342>=$E$340,D342, $F$340)"，F342 单元格中的函数公式为"=IF(D342<=$E$340, D342,$F$340)"，属于典型的"数据分列"技巧，在此前已经使用过多次，主要用于获取正值与负值折线部分的格式独立控制能力，实现颜色分段效果。

- 可以将 H、I、J 列中的数据系列视为第二部分，主要用于实现特殊区域的柱形强调效果，类似于4.2.2节中讲解的区域强调效果。拆分为3个数据系列的原因在于，区域强调柱形是由正值、负值和顶盖这3部分组成的，并且使用组合图中的带平滑线的散点图与堆积柱形图组合而成，因此做了区分。目前看到的数据区域内的数据值之所以均为0，是因为在这个时间段不需要进行特别强调，区域强调时间范围内的数据值范例如图 9-3 所示。

	C	D	E	F	G	H	I	J
337	数字化数据源：							
338			条件分段系列		辅助堆积柱形图数据及控制参数			
339			Threshold	NotValue	Start	End	NegHeight	CapHeight
340			0	#N/A	1986.0	2021.9	-1.0	0.05
341	Time	Percentage	Positive	Negative	Slot	valuePos	valueNeg	valueCap
342	1986.922	1.367	1.367	#N/A	1986.000	0		

······

	C	D	E	F	G	H	I	J
403	1988.820	0.810	0.810	#N/A	1990.415	0	0	0
404	1988.821	0.835	0.835	#N/A	1990.488	4.2	-1	0.05
405	1988.821	0.861	0.861	#N/A	1990.560	4.2	-1	0.05
406	1988.935	0.405	0.405	#N/A	1990.632	4.2	-1	0.05
407	1988.937	0.570	0.570	#N/A	1990.705	4.2	-1	0.05
408	1988.937	0.633	0.633	#N/A	1990.777	4.2	-1	0.05
409	1988.990	0.101	0.101	#N/A	1990.849	4.2	-1	0.05
410	1988.991	0.152	0.152	#N/A	1990.922	4.2	-1	0.05
411	1988.992	0.228	0.228	#N/A	1990.994	4.2	-1	0.05
412	1988.993	0.000	0.000	0.000	1991.067	4.2	-1	0.05
413	1989.108	-0.051	#N/A	-0.051	1991.139	4.2	-1	0.05
414	1989.166	-0.165	#N/A	-0.165	1991.211	4.2	-1	0.05
415	1989.284	-0.266	#N/A	-0.266	1991.284	4.2	-1	0.05
416	1989.342	-0.418	#N/A	-0.418	1991.356	4.2	-1	0.05
417	1989.342	-0.354	#N/A	-0.354	1991.428	4.2	-1	0.05
418	1989.344	-0.228	#N/A	-0.228	1991.501	4.2	-1	0.05
419	1989.464	-0.165	#N/A	-0.165	1991.573	0	0	0
420	1989.584	-0.076	#N/A	-0.076	1991.646	0	0	0

图 9-3 制作一个颜色分段折线图：区域强调时间范围内的数据值范例

在图 9-3 中可以看到，在区域强调的时间范围内，3 个数据系列数据值分别为 4.2、-1 和 0.05，这些值的大小可以根据实际需要进行自定义设置。如果需要在该时间范围内进行强调，则需要设置相应的数据值；如果不需要在该范围内进行强调，则需要将相应的数据值设置为 0，调整较为灵活。

需要说明的是，这部分辅助数据重新构建了横坐标轴值，它将横坐标轴值的取值范围 1986 ～ 2021.9 按数据点进行了均分，并且创建了等差数列，形成了新的横坐标轴值。其中，G342 单元格中的公式为 "=$G$340+(ROW(1:1)-1)* (($H$340-$G$340)/ (COUNT($C$342 : $C$838)-1))"，公式有点长，为了方便理解，我们按功能对其进行了拆分，如图 9-4 所示。

图 9-4 中的公式由一个加法开始，其中，绿色部分的 G340 单元格代表横坐标轴的起点值，蓝色部分的 H340 ～ G340 单元格代表横坐标轴的区间总跨度，红色部分的

COUNT 函数主要用于计算所有数据点的数量。因此，将蓝色部分公式计算的总跨度按照红色公式计算的总分段数将横坐标轴均分，然后乘以相应的份数，再加上起点值，即可完成所有分段点的计算。

$$=\$G\$340 + (ROW(1:1)-1)*\left(\frac{\$H\$340-\$G\$340}{COUNT(\$C\$342:\$C\$838)-1}\right)$$

图 9-4 制作一个颜色分段折线图：公式说明

利用第一部分数据创建带平滑线的散点图，利用第二部分数据创建堆积柱形图，并且将二者组合成单个图表，即可实现本范例图表的制作。

技巧：分段颜色折线图还有一种更简单的参数设置制作方法，我们会在常规方法讲解完毕后补充说明。

3. 创建图表、添加数据系列、调整组合图的图表类型、设置画布底色、设置绘图区范围

因为数据较为复杂，所以采用先创建空白图表、再添加数据系列的图表创建方法。在创建空白的堆积柱形图后，依次将2个数据系列和3个辅助数据系列添加到图表内，并且调整组合图的图表类型、设置画布底色、设置绘图区范围等，完成图表的初步构建，如图9-5所示。

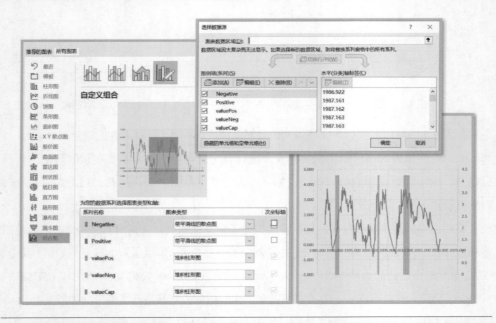

图 9-5 制作一个颜色分段折线图：创建图表、添加数据系列、调整组合图的图表类型、设置画布底色、设置绘图区范围

注意：在调整组合图的图表类型时，因为并非所有类型的图表都可以任意组合，所以在进行图表类型设置、图表类型切换、次坐标轴设置时，相应的参数可能处于"灰色"的不可调整状态，因此需要注意参数设置的顺序。在本范例图表中，推荐的参数设置顺序为，首先将所有数据系列的"图表类型"都设置为"堆积柱形图"，然后勾选 valuePos、valueNeg、valueCap 数据系列的"次坐标轴"复选框，最后将 Positive、Negative 数据系列的"图表类型"切换为"带平滑线的散点图"。需要注意的是，在组合图的图表类型调整完成后，需要再次检查每个数据系列的数据源是否正确（因为在调整图表类型后，数据系列的数据要求会发生变化，原本的设置可能会被部分覆盖）。

4．设置坐标轴的格式

因为我们将折线数据系列放置在主坐标轴上，将 3 个区域强调数据系列放置在次坐标轴上，所以一共需要设置 4 个坐标轴的参数。主坐标轴的相关参数设置如图 9-6 所示。

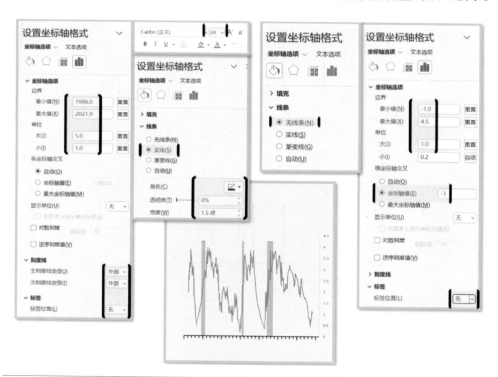

图 9-6　制作一个颜色分段折线图：设置主坐标轴的格式

（1）设置主横坐标轴的格式：设置取值范围为 1986.0 ～ 2021.9、大间隔为 5.0、小间隔为 1.0，并且强调刻度线的存在（将刻度线的颜色设置为纯黑色，并且将其宽度设置为 1.5磅，将字号设置为 24）。

（2）设置主纵坐标轴的格式：设置取值范围为 -1 ～ 4.5，大间隔为 1.0。此外，因为数据涉及负值，横坐标轴默认在 0 位，所以需要将"横坐标轴交叉"设置为"坐标轴值"，并且将其值设置为 -1，并且将"标签位置"设置为"无"，使其在视觉上隐藏。

> **技巧**：对于刻度线的长度，可以在选中坐标轴后，通过调整字号进行修改。

设置次坐标轴的格式，核心在于调整次纵坐标轴的取值范围，使其与主纵坐标轴的取值范围保持统一，以便完整地显示区域强调效果，设置如图 9-7 所示。

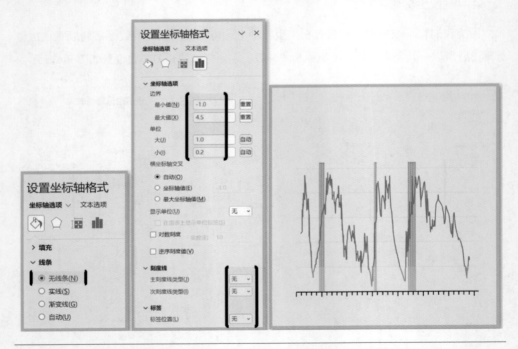

图 9-7　制作一个颜色分段折线图：设置次坐标轴的格式

5. 调整数据系列的格式

调整数据系列的格式，完成图表核心图形部分的绘制，参数设置如图 9-8 所示。此步骤的核心在于堆积柱的"间隙宽度"要求为 0，用于保证强调区域是连续的。其他设置较为基础，此处不再赘述。

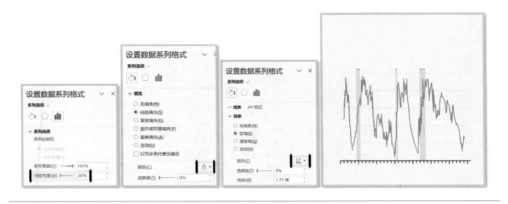

图 9-8 制作一个颜色分段折线图：调整数据系列格式

> **说明**：对于标准值 0 的水平线，可以通过为图表添加新的散点图数据系列，并且使用误差线进行模拟，也可以直接绘制直线进行模拟。对于其他元素，可以使用文本框、形状图形制作，此处不再演示。

6. 分段颜色折线图的另一种制作方法

下面补充说明分段颜色图的另一种制作方法：通过调整图表中数据系列的"渐变色"填充参数，可以在不对数据进行分列的前提下更简单地获得双色效果。使用相同数据、不同方法制作的折线图效果对比如图 9-9 所示。其中，左图使用数据系列拆分的方法实现双色显示效果，中图是未做特殊处理的普通折线图（用于对比双色效果），右图使用数据系列渐变色填充的方法实现双色显示效果。

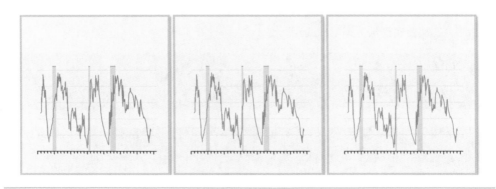

图 9-9 制作一个颜色分段折线图：使用相同数据、不同方法制作的折线图效果对比

渐变线的详细参数设置如图 9-10 所示。在数据系列创建完成后，选中目标数据系列，

然后打开"设置数据系列格式"侧边栏,将"线条"设置为"渐变线",即可打开详细的参数设置面板。

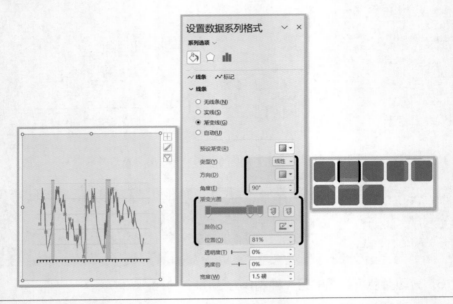

图 9-10　制作一个颜色分段折线图:渐变线的详细参数设置

在渐变线的详细参数设置面板中,可以在"类型"下拉列表中选择渐变线的渐变模式。通过调整渐变线的渐变模式,可以让数据系列的颜色按照我们所指定的方向和颜色进行变化,并且可以自定义颜色变化节点。例如,在本范例图表中,我们希望在垂直方向上实现从上至下的颜色渐变,并且在零值位置,使数据系列的颜色从蓝色转变为红色。因此我们需要将"类型"设置为"线性",将"方向"设置为向下(或者将"角度"设置为90°),从而实现从上至下的线性渐变。

> 说明:渐变线的渐变模式除了线性模式,还有射线、矩形、路径模式,但日常使用线性模式较多。不同渐变模式的效果对比如图9-11所示,仅供参考。

> 技巧:"方向"和"角度"参数本质调整的是相同的内容。"角度"参数的优势在于,可以自定义角度;"方向"参数只可以选择默认的8个方向,其优势在于,可以非常直观地看到渐变效果。例如,在本范例图表中,我们希望渐变线从上至下由蓝色转变为红色,因此将"方向"设置为向下即可,"角度"参数会自动被设置为90°。

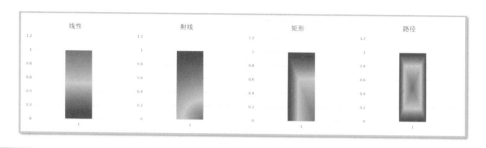

图 9-11　制作一个颜色分段折线图：不同渐变模式的效果对比

在渐变线的详细参数设置面板中，渐变填充的另一个重要参数是"渐变光圈"参数。
通过调整"渐变光圈"参数，我们可以指定渐变颜色，还可以指定在什么位置、什么时间进行颜色渐变，甚至实现颜色跳变效果。

渐变光圈参数由一条渐变颜色轴和若干个停止点（小方块游标）构成，如图9-12所示。单击渐变颜色轴右侧的"＋"或"×"按钮，可以增加或删除停止点；通过调整"颜色"参数，可以独立设置每个停止点的颜色；通过调整"位置"参数，可以改变停止点在颜色轴中的位置。

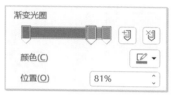

图 9-12　制作一个颜色分段折线图：
"渐变光圈"参数

在本范例图表中，我们选择最左和最右的两个停止点，将其分别设置为蓝色与红色，即可实现从蓝色到红色的渐变效果。如果需要指定在什么位置发生颜色变化，则可以在中间添加停止点，并且将其"位置"设置为81%（因为本范例数据取值范围为 -1 ~ 4，而 0 值大约在这个范围的80% 位置）。如果希望颜色转变更为"利落"，实现颜色的跳变，则一共需要添加两个中间停止点，将其分别设置为蓝色和红色，并且分别放置于81% 和82% 处。三种效果对比如图9-13 所示。

> **技巧**：颜色跳变的实现逻辑在于，使用额外的停止点保证颜色在大范围内不发生变化，并且让颜色变化快速地发生在两个极为靠近的停止点之间。

> **说明**：关于本范例图表的更多信息及图表制作的操作演示，可以在哔哩哔哩视频网中搜索关键字"Excel图表大全|023分段颜色图"，参考视频教程辅助理解。

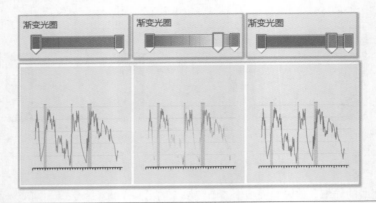

图 9-13　制作一个颜色分段折线图:"渐变光圈"参数设置效果对比

9.2　区间拓展折线图

9.2.1　认识区间拓展折线图

　　如果分段颜色折线图是在折线图线条颜色上进行异化设计获得与众不同的表现特性,那么区间拓展折线图是在折线线条粗细上进行异化设计的典范,以此获得更精准的数据表现能力和更大的呈现信息量,范例如图 9-14 所示(图表来自《经济学人》)。

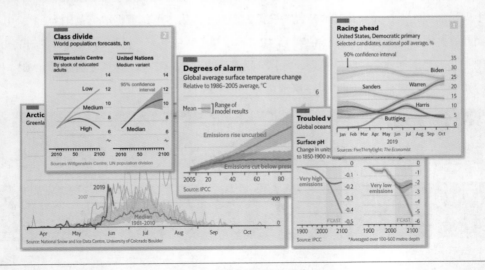

图 9-14　区间拓展折线图范例

在图 9-14 所示的范例图表可知，伴随折线周围出现了相似颜色的扩大的面积区域，这便是区间拓展效果。在最左侧的范例图表中，这个渐宽的区域被用于表现数据"95%置信区间"，增加了图表呈现的信息。区间拓展的效果还可以用于呈现数据分布范围、预测数据范围等。

9.2.2 图表范例：制作一个区间拓展折线图

1. 图表范例与背景介绍

下面使用 Excel 的图表模块制作区间拓展折线图，范例如图 9-15 所示。该图表曾在《经济学人》的正式刊物中被应用，属于规范的商业图表。

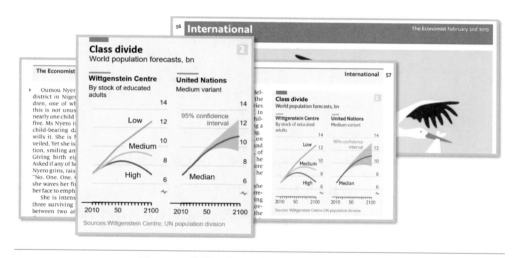

图 9-15 制作一个区间拓展折线图：图表范例

> **说明**：在图 9-15 中，左侧的图表不是原版图表，而是麦克斯运用 Excel 图表模块模拟制作的练习图表。

图 9-15 中的图表主要反映的是不同机构对全球人口数量在未来 30 到 70 年数量变化的预测结果，横坐标轴表示年份，纵坐标轴表示预测的全球人口数量。其中，左侧小图是某机构基于不同教育程度做出的 3 个预测，右侧小图是欧盟给出的 95% 置信区间预测范围。

2. 作图分析与数据准备

本范例图表使用的原始数据与作图数据如图 9-16 所示。其中，C、D、E、F 列中的数据为左侧小图数据，属于常规的 3 系列折线图，直接制作即可。我们重点关注用于制作右侧小图的 G、H、I、J、K 列中的数据，其中，G 列中的数据表示时间维度，H、I、J 列中的数据分别表示置信区间最大值、预测中值和置信区间最小值。因为置信区间的绘制涉及“面积”属性，需要使用堆积面积图进行模拟制作，所以添加 K 列中的辅助数据系列 Aux，其中的数据值为置信区间范围，即 Higherbound-Lowerbound（上限减下限），K27 单元格中的公式为“=H27-J27”。

	C	D	E	F	G	H	I	J	K
25	数据源（数字化）：								
26	year	Low	Medium	High	year	Higherbound	Median	Lowerbound	Aux1
27	2010	7	7	7	2010	7	7	7	0
28	2015	7.38	7.26	7.28	2015	7.38	7.33	7.33	0.05
29	2020	7.76	7.52	7.53	2020	7.76	7.66	7.66	0.1
30	2025	8.14	7.78	7.75	2025	8.14	7.99	7.99	0.15
31	2030	8.52	8.04	7.94	2030	8.52	8.32	8.32	0.2
32	2035	8.9	8.3	8.1	2035	8.9	8.65	8.65	0.25
33	2040	9.28	8.56	8.23	2040	9.28	9	9	0.28
34	2045	9.66	8.82	8.33	2045	9.66	9.29	9.19	0.47
35	2050	10	9	8.4	2050	10	9.56	9.36	0.64
36	2055	10.27	9.14	8.42	2055	10.3	9.81	9.51	0.79
37	2060	10.54	9.25	8.4	2060	10.6	10.04	9.64	0.96
38	2065	10.81	9.33	8.33	2065	10.9	10.25	9.75	1.15
39	2070	11.08	9.38	8.23	2070	11.2	10.44	9.84	1.36
40	2075	11.35	9.4	8.1	2075	11.5	10.61	9.9	1.6
41	2080	11.62	9.38	7.94	2080	11.8	10.76	9.88	1.92
42	2085	11.89	9.33	7.75	2085	12.1	10.89	9.84	2.26
43	2090	12.16	9.25	7.53	2090	12.4	11	9.78	2.62
44	2095	12.43	9.14	7.28	2095	12.7	11.09	9.7	3
45	2100	12.7	9	7	2100	13	11.16	9.6	3.4
46									

图 9-16　制作一个区间拓展折线图：原始数据与作图数据

综上所述，在后续的图表制作过程中，我们首先会使用 I 列中的 Median 数据系列制作折线图；然后运用组合图，使用 J 列中的 Lowerbound 数据系列和 K 列中的 Aux1 数据系列制作堆积面积图，并且将堆积面积图组合到折线图中；最后隐藏 Aux1 数据系列的面积，实现区间拓展效果。

3. 创建图表、设置画布底色、设置绘图区范围、调整组合图的图表类型

因为本范例图表较为简单，所以可以直接选中 I、J、K 列中的数据，然后创建一个折线图（可以将横坐标轴的值替换为年份，也可以不替换，在实际操作过程中，横坐标轴的值是使用文本框模拟的特殊轴值效果）。接下来按照常规操作，依次删除冗余元素、设置画布底色、绘图区范围，并且调整组合图的图表类型，完成图表的初步构建，如图 9-17 所示。

4. 设置横、纵坐标轴的格式

下面设置横、纵坐标轴的格式，如图 9-18 所示。其中，横坐标轴的格式设置较为常规，添加主要的外部刻度线，然后将其加粗、增大字号，使其突出显示，并且在视觉上隐藏

横坐标轴标签。纵坐标轴的格式设置存在一个比较特殊的设计细节，需要将其取值范围设置为 4 ~ 14，将大间隔设置为 2，并且在视觉上隐藏纵坐标轴及其标签。

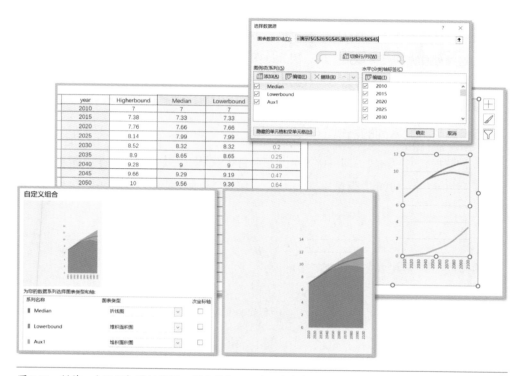

图 9-17 制作一个区间拓展折线图：创建图表、设置画布底色、设置绘图区范围、调整组合的图表类型

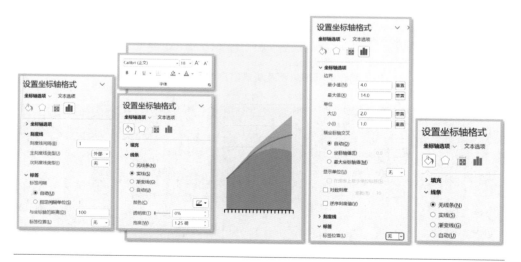

图 9-18 制作一个区间拓展折线图：设置横、纵坐标轴的格式

需要注意的是，纵坐标轴的起点位置并非常规的零值，而是4，并且在最终的图表中，会在周边增加一个闪电符号，表示省略了部分纵坐标轴。这种处理方式值得我们警惕。在通常情况下，麦克斯不建议采用省略部分坐标轴的设计，因为这不太符合对坐标轴的常规理解，即使增加了特殊标识，也有可能被读者忽略，导致读图错误。但在本范例图表中，这种处理方式是可以接受的，因为该图表中并没有直接使用类似于柱形图的高度视觉暗示，而是利用折线重点突出数据随时间的变化趋势，所以省略部分的坐标轴并不会对读图造成较大的影响。

5. 调整数据系列的格式

调整数据系列的格式，即可实现区间拓展折线效果。其中的重点在于，需要将辅助数据系列 Aux1 的"填充"设置为"无填充"，使其在视觉上隐藏，如图 9-19 所示。

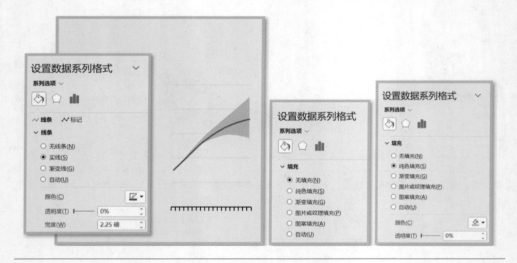

图 9-19　制作一个区间拓展折线图：调整数据系列的格式

技巧：仔细观察可以发现，在目标图表中，水平网格线因为要承载纵坐标轴标签值，因此与横坐标轴相比，要"伸出去"一小段距离。你可能会通过在原始数据系列中额外添加两个冗余数据点来完成这个任务，但在尾部的零值会使面积图产生一个冗余的"小尾巴"，如图 9-20 中的左图所示，不满足要求。可以参考的一种做法是添加冗余的空白数据系列（标题和数据均设置为空白单元格的数据系列），但要求数据点比其他数据点多两个（用于拓展横坐标范围）。最后使用同底色图形遮挡部分横坐标轴，最终效果如图 9-20 中的右图所示。

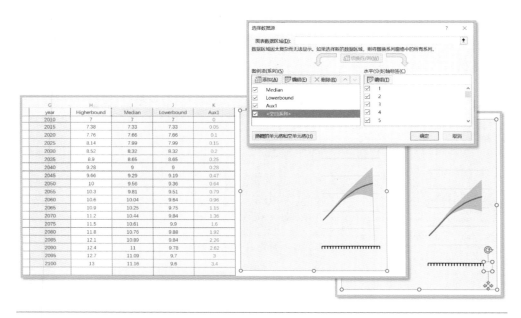

图 9-20　制作一个区间拓展折线图：延长网格线的技巧

说明：关于本范例图表的更多信息及图表制作的操作演示，可以在哔哩哔哩视频网中搜索关键字"Excel 图表大全 | 012 区间拓展折线图"，参考视频教程辅助理解。

9.3　对比折线图

9.3.1　认识对比折线图

第三类要介绍的图表类型为对比折线图。因为对比折线图采用折线形式，并且强调的是两个数据系列之间的差异，所以非常适合用于呈现趋势数据。对比折线图在日常使用中比较常见，主要用于对两组数据进行对比，如对比两个大区的销售额数据随时间的变化情况，但如果数据系列过多，则会使图表过于复杂，不利于对比，范例如图 9-21 所示（图表来自《经济学人》）。

图 9-21 中的 3 个范例图表都使用时间维度作为横坐标轴，用于呈现趋势数据。与常规的多系列折线图相比，对比折线图的最大特征在于，使用面积强调两条折线之间的差异，

读者的视线也因为面积的增加而更加聚焦。从这方面来说，对比折线图的视觉效果与流图的视觉效果有异曲同工之妙，但对比折线图可以保证两条折线的数据阅读不受影响。流图范例如图 9-22 所示。

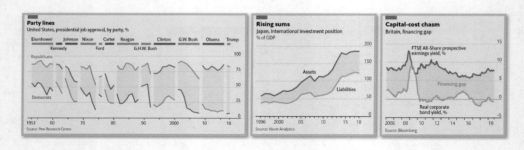

图 9-21   对比折线图范例

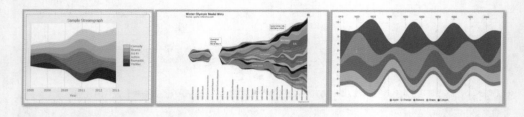

图 9-22   流图范例

9.3.2   图表范例: 制作一个对比折线图

1. 图表范例与背景介绍

下面使用 Excel 的图表模块制作一个对比折线图，范例如图 9-23 所示。该图表曾在《经济学人》的正式刊物中被应用，属于规范的商业图表。该图表反映了实体公司的债券收益在 2009 年大幅下滑后，与伦敦交易所股票综合收益之间形成长期差额的情况。

> 说明：在图 9-23 中，右侧的图表不是原版图表，而是麦克斯运用 Excel 图表模块模拟制作的练习图表。

> 说明：这次的任务比较特别，麦克斯不会讲解图 9-23 中原版图表的制作方法，而是对原始数据进行修改，将异化版本的图表作为范例。因为仔细观察、略加

思索，即可发现制作原版图表的核心技术其实和区间制作拓展折线图的核心技术没有本质区别，所以麦克斯做了一些微调，修改了部分数据，为大家演示更为特别的异化对比折线图的制作步骤。原版图表和修改版本图表的效果对比如图 9-24 所示（两种范例的制作步骤均包含在案例文件中，读者可以参考理解）。

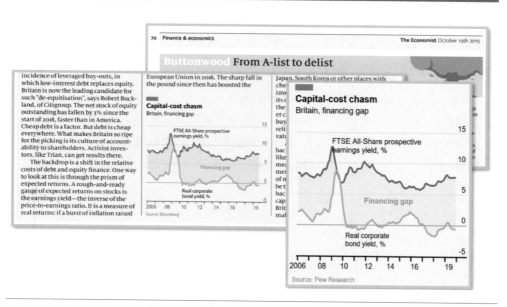

图 9-23　制作一个对比折线图：图表范例

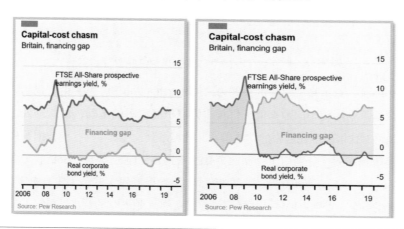

图 9-24　制作一个对比折线图：原版图表和修改版本图表的效果对比

在图 9-24 中，修改版本图表与原版图表看上去非常相似，但在细节处理上增加了一个特殊设计，即使用不同的颜色区分领先的数据系列区域。在原版图表中，因为数据系列 A 一直领先于数据系列 B，所以仿照 9.2.2 节中的相关方法即可轻松完成图表制作。但在修改版本图表中，麦克斯将两个数据系列相交后的所有数据进行了位置对调，使数据系列 A、B 的折线在相交后继续保持交叉状态。此时，继续使用原来的方法也可以完成对比折线图的制作，但对比区间只能表达差异的绝对值，无法直观地体现目前哪个数据系列领先。所以麦克斯在这里做的设计改动是，使用领先数据系列的颜色填充对比区间，因此交叉前后对比区间会有明显不同，便于读者直观地获取差异信息。

2. 作图分析与数据准备

本范例图表使用的原始数据与作图数据如图 9-25 所示。其中，C、D、E、F 列中的数据系列为原始数据系列，用于构建横坐标轴（水平时间轴）和两条折线数据系列；G、H、I 列中的数据系列是经过拆分、分列处理后的数据系列，用于构建对比区间。本范例图表的核心制图思路是组合普通折线图和堆积面积图，分别构建折线和对比区间。

	C	D	E	F	G	H	I	J
57	原始数据（主要作图数据）				辅助作图数据			
58	序号	时间	系列1	系列2	架空基础	对比差值	对比差值	对比线
59	No.	year	FTSE	Real corporate	base	difference1	difference2	zeroline
60	1	2006.0	8.333333333	2.12	2.12	6.213333333	0	0
61	2	2006.1	8.354383008	2.124052643	2.124052643	6.230330365	0	149
62	3	2006.2	8.106746936	2.287384483	2.287384483	5.819362454	0	
63	4	2006.3	7.767809015	2.435495288	2.435495288	5.332313727	0	
64	5	2006.4	7.885477754	2.223399315	2.223399315	5.662078438	0	
65	6	2006.5	8.15535683	1.940247498	1.940247498	6.215109332	0	
66	7	2006.6	8.26795189	1.789011307	1.789011307	6.478940584	0	
67	8	2006.7	8.304441782	1.516006845	1.516006845	6.788434937	0	
68	9	2006.8	8.15320559	1.334328586	1.334328586	6.818877004	0	
69	10	2006.9	7.991846397	1.132379969	1.132379969	6.859466428	0	
70	11	2007.0	7.881199629	0.874620895	0.874620895	7.006578734		

图 9-25　制作一个对比折线图：原始数据与作图数据

在图 9-25 中，G60 单元格中的公式为"=MIN(E60:F60)"，主要用于获取同时间刻度下，两个数据系列中较小的数据值，将其作为堆积面积图的基础，也就是说，G 列中的数据系列是将对比区间承托起来的"垫脚石"数据系列。H 和 I 列中的数据系列是两个独立的差异值数据系列，分别用于存储两个数据系列领先时的数据。H60 单元格中的公式为"=IF(E60-F60>0,E60-F60,0)"，其含义为，如果数据系列 A 的值大于数据系列 B 的值，则返回二者的差值，否则返回零，从而记录数据系列 A 领先时的数据。根据类似的逻辑，I60 单元格中的公式为"=IF(E60-F60<0,-E60+F60,0)"，主要用于记录数据系列 B 领先时的数据。这两个数据系列会在后续以面积图的形式堆积在由 G 列中的数据系列构建的"垫脚石"之上，分别表示两类对比区间。

说明：这里使用的逻辑是我们在第 5 章中强调的数据系列拆分，经过这么多图表范例的训练，相信大家对该技巧已经非常熟悉了。本书中的图表范例都会运用之前讲解过的图标制作方法和技巧，感兴趣的读者可以自行总结，相信你会有更多收获。

3. 创建图表、设置画布底色、设置绘图区范围、调整组合图的图表类型

因为本范例图表涉及的组合图为折线图组合堆积面积图，两种图表的相似度很高，所以可以直接使用 E ~ I 列中的数据系列直接创建折线图，然后依次删除冗余元素、设置画布底色、设置绘图区范围，并且调整组合图的图表类型，完成图表的初步创建，如图 9-26 所示。

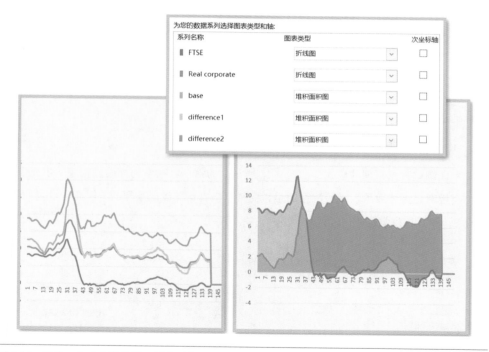

图 9-26 制作一个对比折线图：创建图表、设置画布底色、设置绘图区范围、调整组合图的图表类型

4. 设置横、纵坐标轴的格式

下面设置横、纵坐标轴的格式，如图 9-27 所示。

（1）设置横坐标轴的格式：添加主要的外部刻度线，然后将其加粗、增大字号，使其突出显示，并且在视觉上隐藏坐标轴标签。需要注意的是，需要将刻度线间隔设置为

10，因为原始数据中每年有 10 个数据点，并且刻度线以年为单位重复出现。

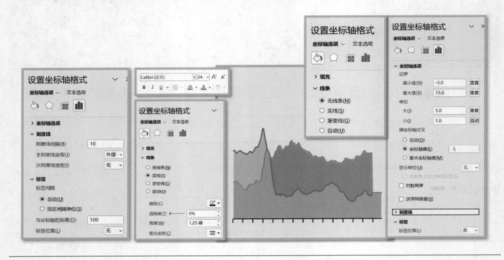

图 9-27 制作一个对比折线图：设置横、纵坐标轴的格式

（2）设置纵坐标轴的格式：设置取值范围为 -5 ~ 15、大间隔为 5，在视觉上隐藏纵坐标轴及其标签。

5. 调整数据系列的格式

下面调整数据系列的格式，如图 9-28 所示。为每个数据系列都设置相应的填充颜色，即可实现对比折线效果。需要注意的是，要将"垫脚石"数据系列的"填充"设置为"无填充"，使其在视觉隐藏。

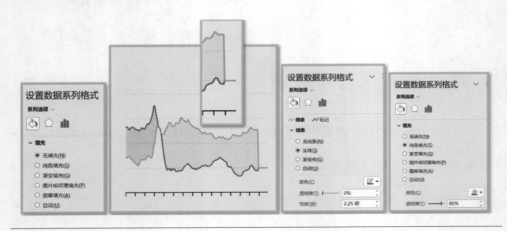

图 9-28 制作一张对比折线图：调整数据系列的格式

技巧：在选择两个差异区间数据系列的颜色时，建议使用领先数据系列的颜色，并且将"透明度"设置80%，既相似，又有区别，可以帮助读者快速辨别领先数据系列占据的范围。

细心的读者可能发现了，在图 9-28 所示的图形中，数据系列的尾部有一个多余的"小尾巴"。这是因为我们所选的作图数据尾部有冗余的若干行数据点，用于拓展水平横坐标轴。那么要如何操作，才可以在延长横坐标轴的基础上，移除这个"小尾巴"呢？可以使用"选择数据"功能，编辑两条折线数据系列的引用范围，移除尾部的冗余数据点（原状态为 5 个数据系列中都包含冗余数据点，移除折线数据系列中的冗余数据点即可），如图 9-29 所示。

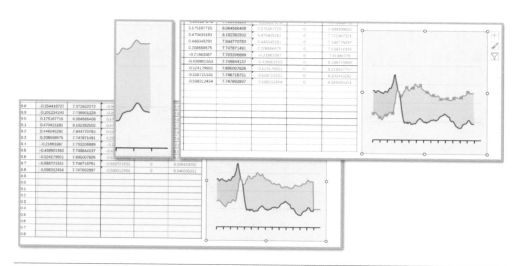

图 9-29　制作一个对比折线图：移除"小尾巴"

注意：留一个思考题，为什么在本范例图表中只移除折线数据系列中的冗余数据点即可解决问题。堆积面积数据系列中的冗余数据点对图表没有影响吗？可以先思考一下，再看接下来的回答。答案是有影响，但是在本范例图表中影响并不大。因为冗余数据点使堆积面积数据系列自动回归到水平零值，而在本范例图表中，零值线恰好位于对比区间内（仔细观察面积图右侧的边缘，可以发现封边并非完美的垂线，有一个朝向零值的凸起），所以不会像上一个范例图表那样，出现由面积数据系列中的冗余数据点引发的"小尾巴"（上一个范例图表使用的添加空白数据系列的方法为标准解决方法）。

说明：关于本范例图表的更多信息及图表制作的操作演示，可以在哔哩哔哩视频网中搜索关键字"Excel图表大全 | 034 对比折线图"，参考视频教程辅助理解。

9.4　比率折线图

9.4.1　认识比率折线图

在通常情况下，数据系列的数据值都是我们关注的重点，所以需要直接呈现（如前面已经介绍的3种折线图）。根据呈现重点的变化，演变出了颜色分段（强调标准线上、下值）、区间拓展（强调浮动范围）、对比区间（强调差异对比）等多种不同的模式。比率折线图与前面3种折线图的呈现重点差异巨大，它更加强调不同数据系列自身变化趋势的对比，范例如图9-30所示（图表来自《经济学人》）。

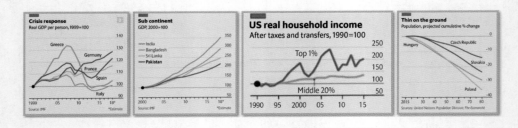

图 9-30　比率折线图范例

1. 什么是比率折线图

对于图9-30中的4个典型的比率折线图，不仔细观察，可能会觉得它就是普通的多系列折线图，不同之处在于，增加了一条基础的强调标准线（图9-30中的红色水平线）。进一步观察，你可能还会发现这些数据系列的一个奇特之处，即所有折线数据系列都有相同的"起点"（甚至前3个图表中的数据系列都采用相同的起点高度）。这非常特别，难道是巧合吗？这并不是巧合，而是我们对原始数据进行了比率化的特殊运算，因此这类图表被称为"比率折线图"。

举个例子，数据系列"1、2、3、4…"在进行比率化运算后，会变为"100%、200%、300%、400%…"；而数据系列"2、3、4、5…"在进行比率化运算后，会变为"100%、

150%、200%、250%…"。看出规律了吗？我们会以每个数据系列中的首个数据值为基础，计算数据系列中所有数据值相对于基础值的比率。因为第一个数据值为基础值，所以在进行比率化运算后，第一个数据值永远为100%。因此，无论是哪个图表、哪个数据系列，起点永远位于100的高度，而纵坐标范围永远囊括100%。

> **说明**：通用的转化公式为 "*A、B、C、D*…" 转变为 "100%、*B/A*×100%、*C/A*×100%…"。

有了这个理解基础，麦克斯要揭开一个小秘密：图9-30中有一个图表不是比率折线图，而是多系列折线图（累积）。答案是最后一个图表，因为该图表没有比率化运算的痕迹，如起点不在100%位置，数轴代表的并非相对原点数据的比值，而是某种指标的累积百分比变化。比率折线图中通常具有以下两个特殊的暗示，可以根据这两点判断一个图表是否为比率折线图。

- 因为在进行比率化运算后，所有数据系列中的数据点都具有相同的起点，因此会对起点位置进行强调，如放置一个黑色圆点表示起点。
- 在数据的副标题处会对起点进行标注。例如，在本范例图表中，"1999=100" "2000=100" "1990=100" 表示哪个时间点上的数据值为基础值100%。

> **注意**：因为《经济学人》的编辑、读者已经非常熟悉这类图表了，所以采用上面第2条暗示中的简写标注是可行的。但如果对这类图表不太熟悉，那么建议使用更完整、更明确的方式进行标注。

2. 比率折线图的特性

在了解了比率折线图的概念和细节后，我们需要思考，为什么要进行比率化运算和呈现？我们一开始就强调了比率折线图的特殊性，与前面介绍的3种折线图相比，比率折线图更加强调不同数据系列自身变化趋势的对比。比率化运算可以在忽略数据绝对值的情况下，放大强调其随时间变化的速率。而趋势数据的呈现，本来就更需要看到这种变化，因此在需要呈现数据变化情况，而非数据的绝对值时（尤其在各个数据系列中的数据绝对值存在数量级差异时），可以选择使用比率折线图。例如，使用比率折线图呈现某班级学生在一学年中的成绩百分比排名的变化，可以很容易地突出在这个时间段进步/退步最明显的特殊数据系列。

9.4.2 图表范例：制作一个比率折线图

1. 图表范例与背景介绍

下面使用 Excel 的图表模块制作比率折线图，范例如图 9-31 所示。该图表曾在《经济学人》的正式刊物中被应用，属于规范的商业图表。

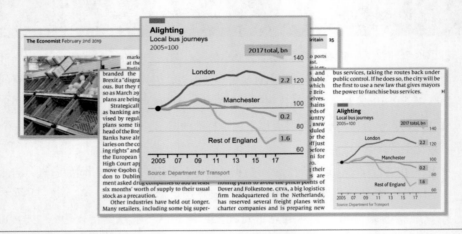

图 9-31 制作一个比率折线图：图表范例

说明：在图 9-31 中，左侧的图表不是原版图表，而是麦克斯运用 Excel 图表模块模拟制作的练习图表。

本范例图表主要反映的是英国主要城市伦敦、曼城及其他地区的巴士系统从 2005 年到 2017 年的发展变化情况，其中，横坐标轴表示时间，纵坐标轴表示巴士系统在当年接纳的旅客数量百分比（方块中的是百分比绝对值）。与我们前面见过的比率折线图范例相比，本范例图表中附加了一项特殊设计——绝对值显示，该设计可以弥补比率折线图缺少绝对值的缺陷。

2. 作图分析与数据准备

本范例图表使用的原始数据（右下）与作图数据（左上）如图 9-32 所示。原始数据比较简单，共有 4 列，分别表示水平时间轴和 3 个城市 / 地区数据系列。下面对 D、E、F、G 列中的数据进行比率化运算，得到 I、J、K、L 列中的数据。其中 J258 单元格中的公式为 "=E258/(E$258/100)"、J259 单元格中的公式为 "=E259/($E$258/100)"、K258 单元格中的公式为 "=F258/(F$258/100)"，以此类推，逻辑与此前描述的保持一致即可。

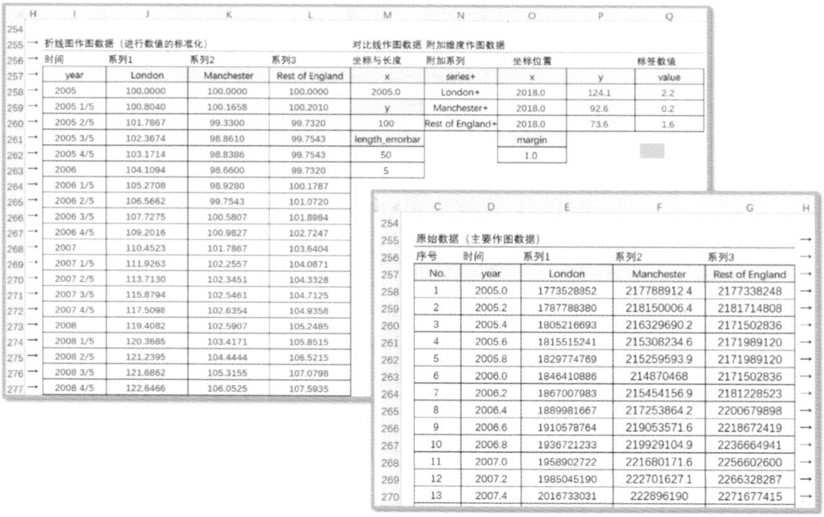

折线图作图数据（进行数值的标准化） ｜ **对比线作图数据 附加维作图数据**

时间	系列1	系列2	系列3	坐标与长度	附加维度	坐标位置		标签数值
year	London	Manchester	Rest of England	x	series+	x	y	value
2005	100.0000	100.0000	100.0000	2005.0	London+	2018.0	124.1	2.2
2005 1/5	100.8040	100.1658	100.2010	y	Manchester+	2018.0	92.6	0.2
2005 2/5	101.7867	99.3300	99.7320	100	Rest of England+	2018.0	73.6	1.6
2005 3/5	102.3674	98.8610	99.7543	length_errorbar	margin			
2005 4/5	103.1714	98.8386	99.7543	50	1.0			
2006	104.1094	98.6600	99.7320	5				
2006 1/5	105.2708	98.9280	100.1787					
2006 2/5	106.5662	99.7543	101.0720					
2006 3/5	107.7275	100.5807	101.8984					
2006 4/5	109.2016	100.9827	102.7247					
2007	110.4523	101.7867	103.6404					
2007 1/5	111.9263	102.2557	104.0871					
2007 2/5	113.7130	102.3451	104.3328					
2007 3/5	115.8794	102.5461	104.7125					
2007 4/5	117.5098	102.6354	104.9358					
2008	119.4082	102.5907	105.2485					
2008 1/5	120.3685	103.4171	105.8515					
2008 2/5	121.2395	104.4444	106.5215					
2008 3/5	121.6862	105.3155	105.0798					
2008 4/5	122.6466	106.0525	107.5835					

原始数据（主要作图数据）

序号	时间	系列1	系列2	系列3
No.	year	London	Manchester	Rest of England
1	2005.0	1773528852	2177889124	2177338248
2	2005.2	1787788380	218150006.4	2181714808
3	2005.4	1805216693	2163296902	2171502836
4	2005.6	1815515241	215308234.6	2171989120
5	2005.8	1829774769	215259593.9	2171989120
6	2006.0	1846410886	214870468	2171502836
7	2006.2	1867007983	215454156.9	2181228523
8	2006.4	1889981667	217253864.2	2200679898
9	2006.6	1910578764	219053571.6	2218672419
10	2006.8	1936721233	219929104.9	2236664941
11	2007.0	1958902722	221680171.6	2256602600
12	2007.2	1985045190	222701627.1	2266328287
13	2007.4	2016733031	222896190	2271677415

图 9-32　制作一个比率折线图：原始数据与作图数据

使用进行比率化运算后的数据系列构建图表中的主要折线，使用其他部分的数据系列构建其他图表元素。例如，M 列中的数据主要用于构建起始点及相关的标准水平线；N、O、P、Q 列中的数据属于补充数据系列，主要用于呈现各个城市 / 地区的年旅客数量绝对值。图表整体使用带连线的散点图处理折线，使用普通散点图处理原点标准线及附加数据系列。

> **技巧**：由于在 Excel 图表模块中，折线图的使用灵活度比散点图的使用灵活度低，因此经常使用带连线的散点图构建折线，便于组合相关类型的图表，用于实现附加效果；而不会使用常规折线图构建折线（除非图表本身较为简单）。

3. 创建图表、添加数据系列、调整组合图的图表类型、设置画布

在完成数据准备工作后，下面正式创建图表。因为总体思路是使用不同类型的散点图组合得到最终图表，并且数据较为规整，所以可以直接选中进行比率化运算后的核心数据系列（I、J、K、L 列中的数据），创建带直线的散点图，完成基础图表的创建。在基础图表创建完成后，首先将两个附加数据系列添加到图表中；然后修改组合图的图表类型，将 3 个核心数据系列的"图表类型"设置为"带直线的散点图"，将两个附加数据系列的"图表类型"设置为"散点图"，并且不使用次坐标轴；最后移除标题、图例，设置画布底色和绘图区范围。本部分操作的关键参数设置和效果如图 9-33 所示。

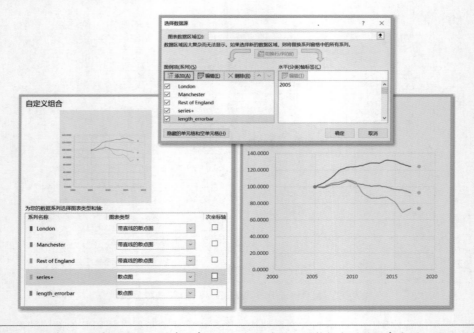

图 9-33　制作一个比率折线图：创建图表、添加数据系列、调整组合图的图表类型、设置画布

4．设置横、纵坐标轴的格式

接下来设置横、纵坐标轴的格式，如图 9-34 所示。

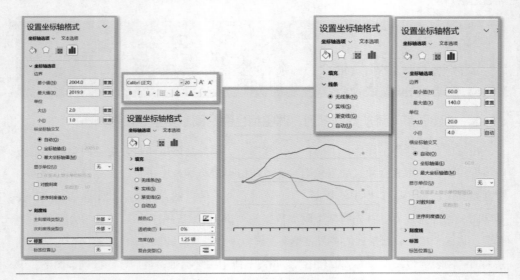

图 9-34　制作一个比率折线图：设置横、纵坐标轴的格式

（1）设置横坐标轴的格式：将取值范围设置为2004 ~ 2019.9，添加主要和次要外部刻度线，然后将其加粗、增大字号，使其突出显示，并且在视觉上隐藏坐标轴标签。需要注意是，横坐标轴向左、右两端都进行了拓展。在原始数据中，开始的数据点位于2005年，结束的数据点位于2017年。但为了使图表更美观，在左侧留出了一部分空白区间，使起点不直接从绘图区的最左侧出发，因此设置最小值为2004；在右侧要呈现年旅客数量绝对值，留出了更大的空白区间，因此设置最大值为2019.9。

> **技巧**：将横坐标轴的最大值设置为2019.9而非2020，可以形成不封闭横坐标轴。只要最大值不达到下一个刻度值，就不会出现刻度线。主、次刻度线间隔出现的设计，使年份的读取更加轻松。

（2）设置纵坐标轴的格式：设置取值范围为60 ~ 140、大间隔为20，在视觉上隐藏纵坐标轴及其标签，如图9-34所示。

5. 调整数据系列的格式

下面调整数据系列的格式。我们需要依次设置主要数据系列的颜色，对起点进行黑色、加大强调，并且添加误差线，用于构建水平参考线，如图9-35所示。

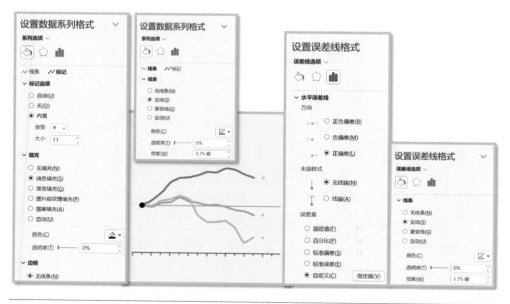

图 9-35　制作一个比率折线图：设置数据系列的颜色、强调起点、构建水平参考线

使用自定义图形填充技巧将辅助数据系列的图形修改为矩形，并且利用数据标签在其中显示对应的年旅客数量绝对值，具体参数设置如图 9-36 所示。

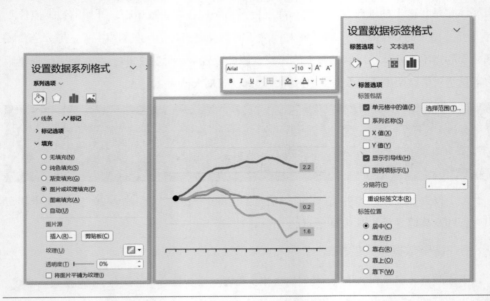

图 9-36 制作一个比率折线图：辅助数据系列的参数设置

6. 关于图例的特别说明

对于本范例图表的其他元素，可以使用文本框和图形，配合之前讲解过的小技巧制作，此处不再演示。但有一处图表设计细节需要重点强调，那就是图例设计。

在大部分人眼中，图例在大部分是一个色块配合文字说明的模块，用于让读图者理解不同的颜色分别代表数据系列的什么含义。这种理解没有问题，在大部分情况下都可以使用，但是不建议使用，更好的方法是直接将数据系列所代表的含义标注在数据系列旁边。正如本范例图表中的做法一样，删除传统图例，直接进行标注。因为无论图例中的颜色多么分明，图例中的文字说明多么清晰，图例的项目数量有多少，读图者在阅读图例时，都需要一个理解和对应的过程（尤其是在图例距离数据系列有一定的距离时），这个过程需要额外的脑力和时间。如果图例中的项目数量较多，则需要读图者将图例中的对应关系记忆在脑海中，才可以正常阅读。因此，如果可以直接在数据系列旁边进行标注，那么尽量不要使用图例。一些直接标注的范例图表如图 9-37 所示（图表来自《经济学人》），前面介绍的很多范例图表都采用这种形式。

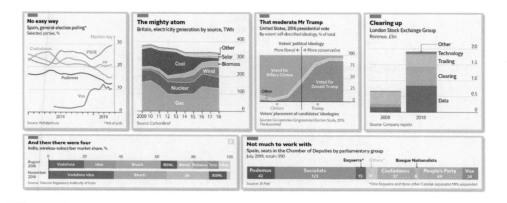

图 9-37　图表范例：直接标注的范例图表

说明：关于本范例图表的更多信息及图表制作的操作演示，可以在哔哩哔哩视频网中搜索关键字"Excel 图表大全 | 035 比率折线图"，参考视频教程辅助理解。

9.5　阶梯图

9.5.1　认识阶梯图

　　顾名思义，阶梯图是一种形似阶梯的图表，属于异化的折线图。阶梯图中的折线不是按照数据点位置直接连线形成的，而是严格水平或垂直的走线，用于表示不同时间段的数据具有不同的稳定数值，范例如图 9-38 所示（图表来自《经济学人》）。

　　根据图 9-38 可知，阶梯图的最大特征是横平竖直，本质是折线图，但是走线只有水平和垂直两个方向，不存在斜线的数据点连接。这是刻意营造的效果吗？并不是，这是根据数据特征自然而然产生的形式。阶梯图适合表现随时间变化、在每个时间段都有一个固定值的指标。例如，随时间变化的官定油价，在每次价格调整后，都会发生一次阶跃，并且在下一次价格调整前保持不变。与直接使用折线图相比，使用阶梯图呈现这类数据，可以更加真实地反映数据的实际变化过程，更加精准。相同数据的折线图、面积图与阶梯图的效果对比如图 9-39 所示，可以更直观地看出差异。

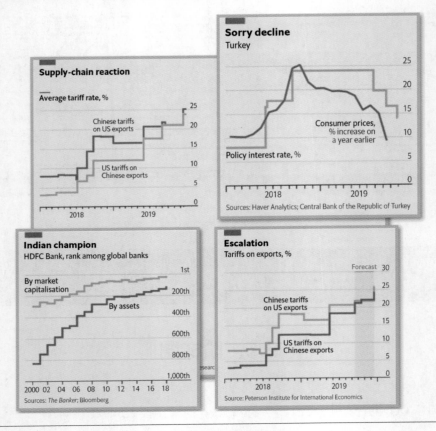

图 9-38　阶梯图范例

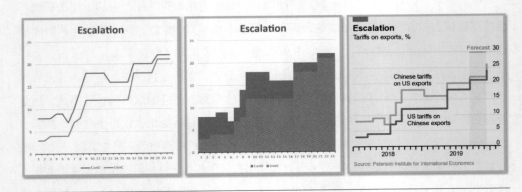

图 9-39　相同数据的折线图、面积图与阶梯图的效果对比

　　根据图 9-39 可知，如果数据不发生变化，那么使用折线图的呈现和其他类别的图表其实并没有区别，都可以准确反映数据。但如果数据发生了变化，那么根据折线图的构

图原则，它会直接将相邻的两个数据点连接，因为两个数据点之间存在时间差，最终的连线自然会成为斜线，但实际数据的变化是发生在一瞬间的阶跃，不存在连续均匀的变化过程，使折线无法精准还原数据的变化过程，其效果不如阶梯图好。

根据类似的理念，其实使用面积图、柱形图等拥有"直角转弯"特性的图表好像也可以呈现这种数据。但在实际操作过程中，在呈现多个数据系列时，因为存在遮挡关系，所以难以构建出能够恰当呈现所有数据的图形。此外，当原始数据中不同值的持续时间长短不一且没有最小单位时间时，这两类图表的构建会变得愈发困难。因此最佳方法是使用带直线的散点图或带平滑线的散点图模拟制作阶梯图。

9.5.2 图表范例：制作一个阶梯图

1. 图表范例与背景介绍

下面使用Excel的图表模块制作阶梯图，范例如图9-40所示。该图表曾在《经济学人》的正式刊物中被应用，属于规范的商业图表。

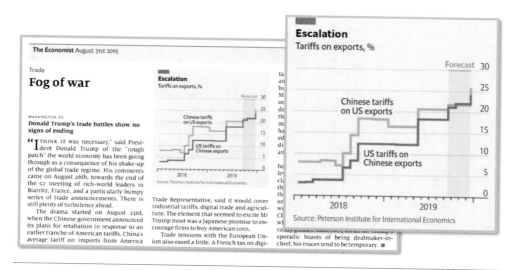

图9-40 制作一个阶梯图：图表范例

说明：在图9-40中，右侧的图表不是原版图表，而是麦克斯运用Excel图表模块模拟制作的练习图表。

本范例图表主要反映的是2018—2019年中美之间进出口关税的变化情况（分两个数

据系列：中国对美国出口产品的关税税率、美国对中国出口产品的关税税率），其中横轴坐标表示时间，以月为最小时间单位，纵坐标轴表示出口税额百分比，并且提供对未来关税水平的预测。

2. 作图分析与数据准备

本范例图表使用的原始数据（右下）与作图数据（左上）如图 9-41 所示。原始数据比较简单，核心有 4 列，分别表示水平时间轴的年、月和两个关税变化数据系列。重点和难点在于从原始数据到作图数据的变化，这也是制作本范例图表的核心。

作图数据

segments	x	系列1 ConU	系列2 UonC	预测区 No.	顶部堆积 Forecast	底部堆积 Forecast0
1	0.5	8.00	3.00	1	0	0
1	1.5	8.00	3.00	2		
2	1.5	8.00	3.00	3		
2	2.5	8.00	3.00	4		
3	2.5	8.00	4.00	5		
3	3.5	8.00	4.00	6		
4	3.5	9.00	4.00	7		
4	4.5	9.00	4.00	8		
5	4.5	9.00	4.00	9		
5	5.5	9.00	4.00	10		
6	5.5	7.00	4.00	11		
6	6.5	7.00	4.00	12		
7	6.5	10.00	7.00	13		
7	7.5	10.00	7.00	14		
8	7.5	14.00	8.00	15		
8	8.5	14.00	8.00	16		

原始数据

年份 year	月份 months	分段 segments	系列1 ConU	系列2 UonC
2018	1	1	8.00	3.00
2018	2	2	8.00	3.00
2018	3	3	8.00	4.00
2018	4	4	9.00	4.00
2018	5	5	9.00	4.00
2018	6	6	7.00	4.00
2018	7	7	10.00	7.00
2018	8	8	14.00	8.00
2018	9	9	18.00	12.00
2018	10	10	18.00	12.00
2018	11	11	18.00	12.00
2018	12	12	18.00	12.00
2019	1	13	16.00	12.00
2019	2	14	16.00	12.00
2019	3	15	16.00	12.00
2019	4	16	16.00	12.00

图 9-41　制作一个阶梯图：原始数据与作图数据

首先从整体来看作图数据，可以将其分为三部分。其中，左侧部分包括 N 列和 O 列，即 segments 数据系列和 x 数据系列，主要辅助构建核心数据系列；中间部分包括 P 列和 Q 列，即 ConU 数据系列和 UonC 数据系列，是图表制作的核心数据系列；右侧部分包括 R 列、S 列和 T 列，即 No. 数据系列、Forecast 数据系列和 Forecast0 数据系列，主要用于制作预测数据的强调区域。

在左侧部分中，N 列中的 segments 数据系列就是一个普通的重复序列"1、1、2、2、3、3…"，在 N94 单元格中使用公式"=INT((ROW(1:1)-1)/2)+1"可以轻松获取；O 列中的 x 数据系列也是一个重复序列"0.5、1.5、1.5、2.5、2.5…"，但稍微有些错位，在 O94 单元格中使用公式"=INT((ROW(2:2)-1)/2)+0.5"，轻松获取。

为什么要生成这样的两个数据系列，它们发挥了什么样的作用？这里我们要从阶梯图的构成逻辑说起。想象一下，我们拿到了范例图表中的数据，现在要手动在纸上绘制阶梯图，需要如何操作？如果你真的尝试这么做，则会发现，原始数据中的1个数据点，在绘制时需要有2个真实的节点。因为我们表现的是一个时间段的水平值，所以需要时间段的起点和终点，并且用水平线进行连接才能绘制出数据点。在完成了水平线的绘制后，添加垂直连线补充间隙，完成阶梯图的制作，逻辑演示如图9-42所示。

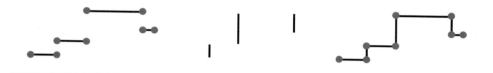

图 9-42　制作一个阶梯图：阶梯图的绘制逻辑

根据阶梯图的绘制逻辑，我们在准备阶梯图的作图数据时，需要将单个数据点转换为一组（两个）的节点，才可以完成阶梯图的绘制。例如，本范例图表中的第一个数据点是2018年1月份的关税8%，可以将其转换为一组（两个）节点，其坐标分别为（0.5，8）和（1.5，8）；第二个数据点2018年2月份的关税8%，可以将其转换为一组（两个）节点，其坐标分别为（1.5，8）和（2.5，8），以此类推（横坐标的间隔可以自定义。例如，这里使用单位1作为1个月的时间跨度，并且图形从0.5处开始绘制）。这样，我们使用带连线的散点图将上述的4个点连接，即可完成第一个"阶梯"的构建（因为关税比率没变，所以这里是平的）。

在理解以上逻辑后，再来看前面已经构建好的两个重复系列，你就会豁然开朗。其中 segments 数据系列中的数据值表示当前节点是原表中的哪个数据点，因为一个原数据点转换为一组（两个）节点，所以需要形如（1、1）、（2、2）、（3、3）的重复序列。而 x 数据系列中的数据值表示绘图节点所在的横坐标，同样是两个一组形如（0.5、1.5）、（1.5、2.5）、（2.5、3.5）的重复序列，分别表示每一段水平线的起点横坐标和终点横坐标。

在有了辅助数据系列后，即可利用 segments 数据系列读取原表中对应的数据值，完成中间部分数据系列的构建，其中，P94 单元格中的公式为"=INDEX($F$94:$F$117,N94)"，Q94 单元格中的公式为 "=INDEX($G$94:$G$117,N94)"。右侧部分的强调区域构建逻辑与 9.1.2 节中的构建逻辑类似，并且更简单，类比理解即可。

注意：在本范例图表中，最后的数据点在图表中只包含起点，而不包含持续时间段，所以在准备数据时，第24段仅有一个数据，而非常规的一组两个。此外，因为主、次坐标轴需要匹配，所以在右侧部分强调区域中，数据点的数量会有所增多，具体匹配逻辑会在后续的制图讲解中展开说明。尾部作图数据的特殊处理如图 9-43 所示。

	N	O	P	Q	R	S	T
91	作图数据						
92			系列1	系列2	预测区	顶部堆积	底部堆积
93	segments	x	ConU	UonC	No.	Forecast	Forecast0
94	1	0.5	8.00	3.00	1	0	0
95	1	1.5	8.00	3.00	2	0	0
96	2	1.5	8.00	3.00	3	0	0

······

	N	O	P	Q	R	S	T
136	22	21.5	22.00	21.00	43	1	95
137	22	22.5	22.00	21.00	44	1	95
138	23	22.5	22.00	21.00	45	1	95
139	23	23.5	22.00	21.00	46	1	95
140	24	23.5	26.00	24.00	47	1	95
141					48	0	0
142					49	0	0
143					50	0	0
144					51	0	0
145					52	0	0
146							
147							

第24段仅有起点。

图 9-43 制作一个阶梯图：尾部作图数据的特殊处理

3. 创建图表、添加数据系列、调整组合图的图表类型、设置画布

核心数据系列结构清晰，因此直接选中 x、ConU、UonC 数据系列，创建一个带直线的散点图，完成基础图表的构建。在创建图表后，利用"选择数据"功能将区域强调的两个数据系列添加到图表中。

注意：在此步骤中，在添加新数据系列时，因为散点默认包含三段信息，而堆积柱只要求两段信息，所以不填写 X 轴系列值。因此，在转换图表类型后，数据依然正确，如图 9-44 所示。

接下来调整组合图的图表类型，将附加数据系列放在次坐标轴上，并且设置"图表类型"为"百分比堆积柱形图"（不共用纵坐标轴，便于调整强调区域的高度）；将主要数据系列放在主坐标轴上，并且设置"图表类型"为"带直线的散点图"，如图 9-45 所示。

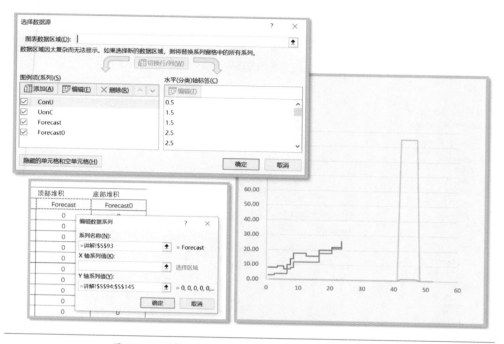

图 9-44 制作一个阶梯图：创建图表、添加数据系列

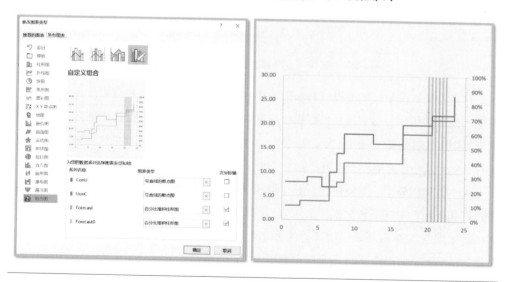

图 9-45 制作一个阶梯图：调整组合图的图表类型

4. 设置横、纵坐标轴的格式

下面设置横、纵坐标轴的格式。其中横坐标轴较为重要，我们首先将其取值范围设

置为 0 ~ 25.9，设置大间隔为 12（表示 1 年）、小间隔为 1（表示 1 月），然后添加主要和次要外部刻度线，再在视觉上隐藏横坐标轴标签，最后调整横坐标轴的颜色、粗细、字号，从而实现强调横坐标轴的效果，如图 9-46 所示。

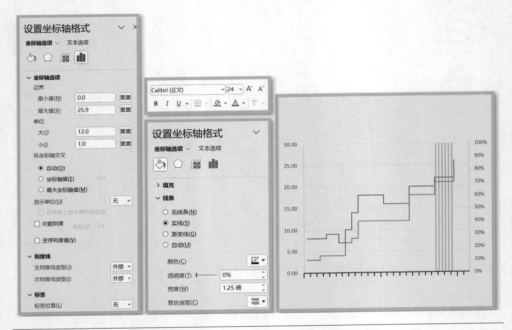

图 9-46　制作一个阶梯图：设置横坐标轴的格式

　　这样看来，横坐标轴的设置和前面的很多范例都相似，好像并没有什么独特之处。其实不然，如果你仔细对比设置好横坐标轴取值范围的图表和未设置横坐标轴取值范围的默认图表，则会发现一个重大变化：核心数据系列和辅助数据系列的强调区域对齐了。为什么呢？其中涉及的核心逻辑被称为"组合图的坐标轴匹配问题"。

　　在本范例图表中，要如何使百分比堆积柱形图的柱形分布在横坐标轴上，并且于和散点图相匹配？麦克斯给大家一个简单的准则：无论百分比堆积柱形图的数据系列中有多少个数据点，Excel 图表模块都会自动将所有数据点完整地分布在横坐标轴上。如何理解这句话呢？下面以图 9-47 所示的示意图为例进行辅助说明。

　　在图 9-47 中，横坐标轴的取值范围被设置为 1 ~ 9，并且间隔为 1。在该范围内的所有数据点，都可以精确定位并绘制。此时，将百分比堆积柱形图放到这条横坐标轴上，并且百分比堆积柱形图的数据系列有 8 个数据点，所以系统会自动将这条横坐标轴平均分为 8 份，然后在每段的中间绘制柱形。因为横坐标轴的取值范围为 1 ~ 9，所以中间线段的长度恰好为8，因此最终绘制得到的柱形都正好落在整数之间。类似地，如果百分比堆积柱形图的数据系列只有4个数值，那么绘制得到的柱形会分别分布在横坐标为2、4、6、8的位置上，其逻辑是将设置好取值范围的横坐标轴均分为4段，并且在每段中间绘制柱形。

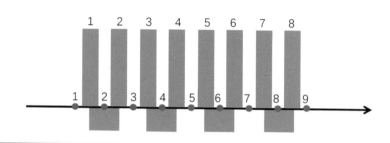

图 9-47　散点图与柱形图坐标轴匹配逻辑示意图

　　为什么要了解这个逻辑呢？现在返回范例图表中，再看一下组合图的坐标轴匹配问题，你可能就会豁然开朗。在默认状态下，横坐标轴的取值范围被系统设置为0～25，而强调区域数据系列中有52个数据点。因此要将柱形在25的范围内平均分成52份，每份都无法和整数节点匹配。解决方法为，将横坐标轴的取值范围设置为0～25.9，然后将其平分，即可保证约0.5个单位出现一个柱形，从而与散点数据系列更好地匹配。

　　你可能会说，这属于巧合，那么要如何实现任意位置的匹配呢？实际上你回过头来看，可以发现，辅助数据系列是我们自定义构建的，所以其中有多少个数据点是我们自己决定的。因此，在实际操作过程中，我们通常的做法如下。

　　（1）根据原始数据系列的取值范围，确定散点图应当预留的横坐标轴取值范围。

　　（2）确认辅助数据系列中应有的数据点数量。

　　（3）在制作图表的过程中进行统一。

　　例如，在本范例图表中，数据系列中数据的取值范围为0～24，但因为需要在右侧预留一定的横坐标轴延长线，所以需要将其改为0～25.9。此外，每个数据点的持续时间是1个月，即横坐标轴上的单位1，因此初步认为辅助数据系列预留26个数据点就足够使用了。但考虑到并不是每段数据都从整数开始，有的是从0.5开始，所以将预留数据点数翻倍，用于获得更高的调整灵活度。最后，在恰当的位置填入数据，即可形成所需的强调区域。

　　下面设置纵坐标轴的格式。将主纵坐标轴的取值范围设置为0～30之间，设置大间隔为5，然后将其在视觉上隐藏；对于次纵坐标轴，因为采用的是百分比堆积柱形图，使用绝对值无意义，因此直接使用默认的取值范围即可，并且将其在视觉上隐藏，如图 9-48 所示。

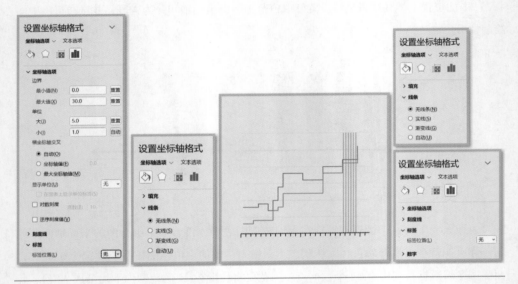

图 9-48　制作一个阶梯图：设置纵坐标轴格式

5. 调整数据系列的格式

下面调整数据系列的格式，完成核心图形的制作，如图 9-49 所示。

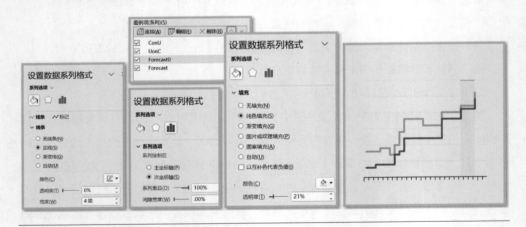

图 9-49　制作一张阶梯图：调整数据系列的格式

（1）设置核心数据系列的格式：本范例图表中的数据系列较少，并且读数清晰，因此可以适当增加折线数据系列的宽度，将其设置为 4 磅进行强调。

（2）设置强调区域辅助数据系列的格式：首先将"间隙宽度"设置为 0，保证连续色块的显示；然后将两个数据系列的颜色调整为目标配色；最后修改数据系列的叠加顺序，用于保证"顶盖"位于顶部。需要注意的是，强调区域一般都具有一定程度的透明度，防止将后面的网格线完全遮挡，从而影响读数。

> 说明：关于本范例图表的更多信息及图表制作的操作演示，可以在哔哩哔哩视频网中搜索关键字"Excel 图表大全 | 032 阶梯图"，参考视频教程辅助理解。

9.6　本章小结

本章，我们主要讲解了展示趋势数据的图表的制作方法和技巧。将折线按照两种颜色划分，用于强调低于 / 高于标准值部分的颜色分段折线图；如果将这种变化应用到线条的粗细上，则可以获得区间拓展折线图；如果将这种变化应用到数据系列的差异上，则可以得到对比折线图。这是 3 种典型且各具特色的"升级版"折线图。比率折线图和阶梯图发生了更大的变化，在制作上需要对数据进行更多的预处理，二者分别强调了"数据相较自身变化速率"和"数据的阶段性变化"。在实际操作过程中，这 5 种图表类型都非常适合用于呈现趋势数据，具体使用哪种图表类型，大家需要结合自己的数据集特征及呈现需求决定。

至此，我们完成了本书范围内所有图表范例的制作，我们使用 Excel 图表模块制作商业图表的能力会有明显的提升：掌握相关的软件操作，掌握图表设计与制作的逻辑与原则，获得实战经验。

在下一章中，麦克斯将为大家提供 14 条图表制作的实战建议，帮助大家在后续的图表制作过程中，更好地完成自己的作品。

第 10 章

图表制作的实战建议

欢迎大家来到最后一章。坦白讲，前面的实操制图章节确实会比较累，因为需要理解每个范例图表的具体数据，掌握每种图表的不同实现方法，以及一些细节的注意事项，但这些是你成为 Excel 数据可视化达人不可避免的环节。本章内容的逻辑强度会大幅降低，麦克斯会为大家提供一些前面没有提到的关于图表设计与制作的建议，帮助大家在以后的独立制图过程中，提前规避一些问题。本章内容主要是思维层面上的"校对"，不会涉及具体操作，请放心阅读。

麦克斯一共提供了 14 条建议，并且对每条建议都提供了具体的图表范例进行辅助说明，帮助大家理解这些建议的内涵。在庞大的 Excel 数据可视化体系中，这些建议不可能做到面面俱到，但可以帮助大家规避一些常见的问题。打开你的"脑洞"，让我们开始吧！

10.1　世界级的图表也朴实无华

"世界级的图表也朴实无华"，这句话看上去并不像是一条建议，而是一个简单的陈述。但它从侧面告诉我们商业图表的第一要义并不是"喔，这张图看上去很酷！"，而是扎扎实实地将数据以合适的方式呈现，最终实现观点的传达。例如，在本书中，我们看到的大量图表范例都来自《经济学人》，在第 5 章中我们也看到了来自《彭博商业周刊》《自然》《科学》等世界级杂志中的图表。它们或许在图表设计细节上会让人眼前一亮，但帮助它们成为优秀商业图表的从来不是远超常规的图表类型，而是规范的制作、精准的信息、和谐的配色等这些细节。

麦克斯曾经仔细分析过一整年大约 50 期《经济学人》正刊中出现过的一千多个图表，

发现在这一千多个图表中，超过 70% 的图表类型都已经囊括在本书中讲解并制作的范例图表中。

因此麦克斯的建议是不用过分追求使用特殊类型的图表呈现数据，用好基础图表类型和经典图表类型，理解每种图表类型的表达优势，做好细节设计，会是更好的选择。

> 说明：2019 年，《经济学人》正刊中约 100 个图表的缩略图如图 10-1 所示，可以看到，大部分图表类型都是你熟悉的图表类型。

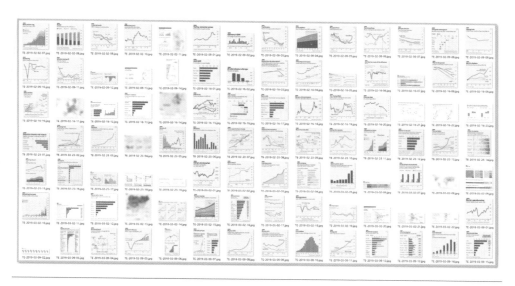

图 10-1 世界级的图表也朴实无华

10.2 统一图表风格

麦克斯给出的第二条建议是统一图表风格。很好理解，当你要为一份报告、一篇论文、一个项目制作多个数据图表时，统一图表风格可以让你的成果更加专业。

"风格"这种描述过于模糊，图表中的什么要素决定了风格的呈现呢？下面对《经济学人》中的商业图表进行讲解。首先来看一个很简单的问题，你能从如图 10-2 所示的多个图表中找到来自《经济学人》的图表吗（这些图表分别来自《自然》《彭博商业周刊》《经济学人》）？

虽然我们从来没有强调过《经济学人》中的图表有哪些特色，但经过前面多章的熏陶，是不是一眼就可以发现左下侧的图表来自《经济学人》? 这就是风格的力量, 它会给你带来一种规范、统一且有特色的感觉。

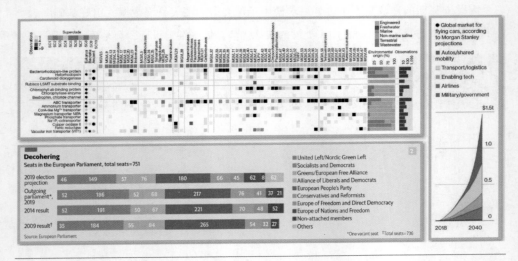

图 10-2　哪个图表来自《经济学人》

需要注意的是, 风格和美丑之间没有必然联系, 好看与不好看都会形成风格。重要的是, 你制作的这一系列图表相互之间需要有"统一"之处。例如,《经济学人》中的大部分图表都在左上角绘制了一个红色矩形, 这是它最大的特征之一; 不同的图表会采用相同的默认底色 (只有少部分特殊报道中的图表例外); 标题、副标题等其他文本和数字采用相同的字体, 甚至相同的字号; 重复使用相似的配色方案; 具有相同的图表设计细节, 如特殊强调方法、图表类型组合、注释方法等。综合这些细节, 便形成了独属于《经济学人》的图表风格。我们在制作图表时, 可以使用相似的方法让图表在风格上保持统一, 凸显自己的专业度。

> 说明: 可以先从简单的配色、字体、字号等入手进行统一, 最后在元素设计上做文章。

10.3　比技巧更重要的是规范

在第一条建议中提到过, 不用刻意选择非常特殊的图表类型进行可视化, 这和第三条建议有点相似。在这里我们希望大家在追求可视化技巧前，先做好图表的规范化工作。例如，第4章中讲解的区域强调、镶边行背景、错位显示等都属于特殊的作图技巧。但在实际操作中，即使完全不会任何技巧，你也可以制作不错的商业图表，只要你遵循一个核心要求：保持图表的规范。一些无技巧图表范例如图10-3所示（图表来自《经济学人》）。

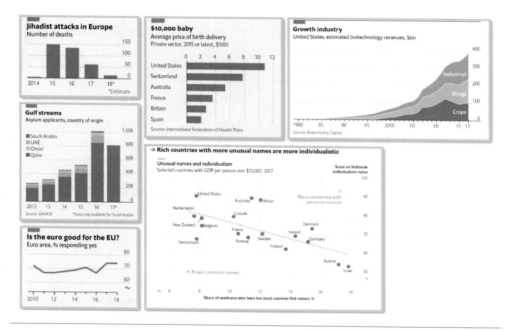

图 10-3　无技巧图表范例

图10-3中的所有图表都是《经济学人》正刊中曾经使用过的规范商业图表。不难发现，这些图表的图表类型上没有任何异化，甚至没有使用特殊的处理方法，都是基础的图表类型，但它们仍然属于好的商业图表。这正是麦克斯要强调的，特异的图表类型和特殊的处理技巧可以使你的数据可视化锦上添花，或者在特殊的数据环境中发挥超常的作用，但一个合格的商业图表应该保持规范。

那什么是规范呢？上一条建议中提到的"统一"就是一种规范的体现。例如，政府部门、企业单位、公司等组织机构在以官方名义发布公告时，会保证其抬头、字体、行间距采用一种固定的格式。保证图表中的必要组件（如单位信息、数据来源、附加的特殊数据点说明、特殊统计方法）齐全，也可以提高规范性。避免出现错别字、意外的错误遮挡关系、图表及其中的组件比例形变等错误，也是保证图表规范的底线。

10.4 优先使用经典类型的图表

选取什么图表类型来完成数据的呈现，是让很多"萌新"制图者都头疼不已的问题，但在完成对本书内容的学习后，你会发现这个问题可以得到大幅缓解，原因在于你已经掌握了很多经典的图表类型。在图表制作过程中，麦克斯建议优先使用经典的图表类型，而不是基础的图表类型，更不是更加特异的图表类型。我们先展开说明一下什么是经典的图表类型，再讲解为什么这么建议。

如果笼统地进行分类，则可以将柱形图、条形图、面积图、堆积图、散点图等图表类型称为基础图表类型。它们很好用，可以应对很多情况，但问题在于灵活度不够高，存放的信息量不够多，能够表达的对比、关系、构成、分布、趋势特性不足。因此衍生进化出来了很多"进阶"版本的图表类型，在一定程度上完善了这些缺陷。在这些图表类型中，常用的、经过验证的图表类型称为经典图表类型。例如，在本书的实战环节中给大家练习的那些图表都属于这一类，因为它们可以在杂志、论文、报告等不同场景中被频繁地应用，并且效果很好。基础图表类型、经典图表类型、特殊图表类型参考如图 10-4 所示。

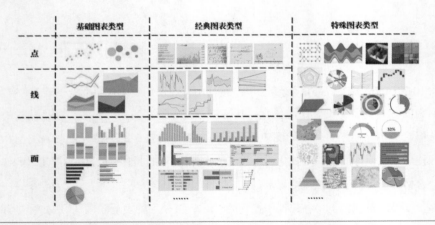

图 10-4　基础图表类型、经典图表类型、特殊图表类型参考

说明：经典图表类型虽然有一个大体的范围，但是对不同的人来说，使用的工具不同、理解不同、使用环境不同，这个范围会有些许区别。如果你发现了新的很不错的图表类型，不妨将它们加入你的"经典图表库"吧！

为什么推荐优先使用经典的图表类型，甚至连基础图表类型都要"靠边站"呢？核心原因是，如果数据集可以找到对应的经典图表类型进行呈现，那么在通常情况下，它们都可以更精准地表达含义，如能够表达对比、关系、构成、分布、趋势中的多种特性，这是基础图表类型无法做到的。因此，在实际操作中，在拿到数据集后，根据数据特征和呈现需求，应该先从经典图表类型中选取合适的图表类型，如果没有，则退而求其次，使用基础的图表类型。对于特殊的图表类型，因为要花费较高的制作成本，所以放在最后考虑。

10.5　熟知图表分类及搭配技巧

我们在 2.1 节中曾讲解过图表的 3 种典型的分类方式。在上一条建议中给出了一种全新的分类角度。这些分类角度相互穿插、交错，可以帮助我们更好地建立图表框架，帮助我们在面对各式各样的数据集时更快速、更准确地选择适合的图表类型。所以麦克斯的第五条建议前半部分是，熟知图表分类的方法，在脑海中建立关于图表类型的知识框架。

那么后半部分是什么呢？是熟悉可以和相应图表类型配合使用的呈现技巧。这种说法有点抽象，下面举例说明，对折线图或使用带连线散点图制作的折线数据图来说，我们常常使用"区域强调"的方式重点突出某一时间段下的折线数据。这作为配合折线图类型的典型技巧出现，区域强调技巧搭配的范例图表如图 10-5 所示（图表来自《经济学人》）。

图 10-5　区域强调技巧搭配的图表范例

除了上述搭配，还有很多类似的技巧与类型之间的经典配合。熟悉这些搭配的一个好处是，当你要为核心数据系列附加一些特殊的信息时，你可以快速且灵活地选出恰当的呈现方式。一些标注线、标准线技巧搭配的图表范例如图 10-6 所示，一些附加维度信息技巧搭配的图表范例如图 10-7 所示（图表来自《经济学人》，仅供参考）。

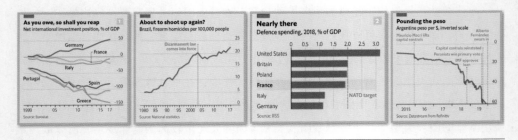

图 10-6　标注线、标准线技巧搭配的图表范例

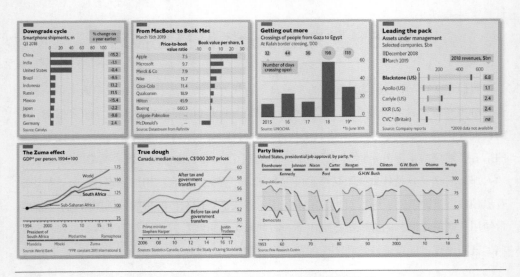

图 10-7　附加维度信息技巧搭配的图表范例

10.6　根据图表目的取舍数据

在实际的图表制作过程中，麦克斯发现一个常见的错误，那就是"希望将手中的数据一股脑全部塞入图表"。这种想法最初的目的是没问题的，因为如果在一个图表中呈现了更多的信息，那么读者能够获得更多的信息，从而更全面地看待数据集。但与此同时也一定不要忽略了以下这个客观事实：一张图表可以容纳的信息是有限的。即使使用特殊的图表类型，使用精心设计的呈现技巧，也只能适当提高这个上限，不可能无限制地容纳数据。此外，为了方便阅读（优先级更高），在制作图表时，不会采用压缩到极致的方法，不会尽可能地多向图表中塞入数据。所以如果你也遇到了这种问题，麦克斯给你

的建议是"依据图表的呈现需求，有目的地取舍数据"。例如，如果大家拿到了一个非常大的数据集，如原始的销售记录数据，那么应该没有人会直接拿着这组数据中的值放到图表中进行呈现，而是会进行一些简单的统计，然后将统计结果呈现出来。因此，当数据集较大时，统计是一种非常推荐的处理方法。虽然在表面上，它进行了数据的取舍（数据量由大变小）；但在实质上，它对原始数据集的整体特征进行了提取。我们在 9.4 节中使用的比率化计算，就是一种统计操作，虽然这种计算不会减少数据量，但可以抵消绝对值的影响，并且可以强调相对值的变化，所以可以将其理解成我们对数据信息进行了取舍。

> 说明：统计手段不仅可以在数据集较大时运用，还可以对小数据进行统计，从而在数据集中提取并呈现我们需要重点关注的数据特征。

还有一种典型的应对方法是"直接移除部分数据，不进行呈现"。例如，在呈现各个公司产品在行业内的分布占比时，你可能拿到的是一组很详细的销售数据，其中包含上百家公司的销售数据。此时你会发现大部分图表类型都不支持呈现所有的数据。因此一种常规的做法是不对尾部占比极低的公司进行呈现，或者将大量尾部占比较低公司的数据合并为其他项进行呈现。类似的范例还有很多，但无论如何变化，遵循的规则是根据图表的呈现目的，移除关联性不大或无关的数据，不呈现这类数据。例如，在前面的场景中，你关注的是该行业中的中小企业的生存情况，那么自然而然会移除头部公司的数据不呈现。可以根据具体情况灵活调整。

10.7　减少信息冗余

在上一条建议中，我们提到在选取呈现数据时，要有目的地对数据进行取舍，类似的理念在作图时同样有效，我们需要对图表中的元素进行取舍，对元素的设计细节进行取舍。麦克斯希望大家在图表设计中减少冗余信息，突出重点信息。坐标轴的设计细节能够体现这一点，我们以此为例进行说明，图表范例如图 10-8 所示（图表来自《经济学人》）。

图 10-8 中的图表范例都采用相似的设计，保证了风格的统一。在这几个图表中，横坐标轴由轴线、刻度线和标签组成；纵坐标轴通常没有轴线，并且使用网格线代替刻度线，只保留标签。这种设计就体现了本条建议的"减少冗余信息，突出重点信息"。

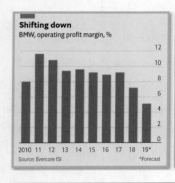
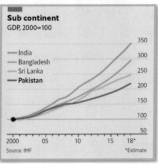
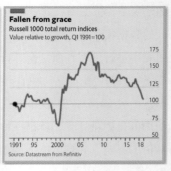

图 10-8　《经济学人》中的坐标轴设计图表范例

　　如果横坐标轴是时间轴，那么除了常规的轴线和以年、月为单位的刻度线外，通常会对时间标签进行简化处理。例如，常规的时间标签应该是"2010、2011、2012…"，可以将其简化为"2010、11、12、13…"。其中的"20"部分属于冗余信息，因此在首次标明后，可以将其移除，使横坐标轴更简练，提高读者的阅读效率。纵坐标轴也是如此，之所以采用网格线和刻度线合二为一的设计，是因为可以减少具有相同作用的图表元素，让图表更加简练，变相地使读者的视线更关注核心数据系列，从而突出重点信息。类似的设计还有很多，坐标轴和数据标签配合设计的图表范例如图 10-9 所示（图表来自《经济学人》）。

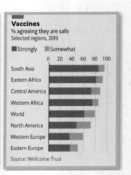

图 10-9　坐标轴和数据标签配合设计的图表范例

　　《经济学人》中的图表很少直接在条形、柱形等图表的图形元素上标注数值，但并不是没有。例如，在表型图中，经常采用直接标注数值的形式。这种差异是怎么造成的呢？原因是本条建议的"减少冗余信息，突出重点信息"。因为在本质上，坐标轴和数据标签的功能是一样的，都是要告诉读图者这个图形所代表的数值。它们在定位上存在较大的重合，从某个角度来看就是冗余的。因此在有空间部署坐标轴时，就直接使用坐标轴进行数据参考，而不会重复使用数据标签进行标注，减少冗余信息。但在图表环境不适合部署坐标轴时，可以使用数据标签补充与读数有关的信息。

> 说明：存在冗余信息有时也并非坏事。例如，如果使用常规配色有色盲风险，可能导致误解，则可以使用冗余信息，如使用文字辅助说明，进行交叉确认。因此在实际的图表制作过程中，要根据具体情况进行判断。

10.8　数据量匹配绘图资源

第八条建议为"数据量匹配绘图资源"，这也是针对图表中容纳数据量问题的一条建议。前面提到过，要根据图表的呈现目的，对数据进行取舍，然后将取舍后的数据放入图表，进行可视化呈现，从而保证数据量在一个合适的范围，使图表内容不会过于拥挤，也不会过于空旷。

那么一个图表中能够容纳的数据量是由什么要素决定的呢？图表中能够容纳的合理数据量不仅与图表类型、分配的绘图区有关，还与有多大的空间进行图表绘制、在什么场景中使用图表有关。换句话说，就是制图资源决定图表可容纳的数据量，数据量要与制图资源匹配。例如，在《经济学人》中，常规的图表大小为 A4 纸的八分之一到六分之一；在专项的数据新闻报道中，常规的图表可能占据一个独立的版面；在 PPT 幻灯片中，常规的图表可以占据半个或整个页面；在特殊项目的展览中，常规的图表可能占据多个连续的屏幕。因此，在设计图表时，要充分考虑图表最终的使用环境。

10.9　为不同的图表分配不同的精力

如果要制作一系列的多个图表，如一篇长论文、一份行业报告中的所有图表，那么一个实用的建议是"为不同的图表分配不同的精力"。该建议很简单，但在图表制作过程中很容易被忽视。因为不同图表的重要程度会因其包含的数据信息、出现的位置不同而有所不同，我们可以在更关键、更重要的图表上花费更多的精力。对于常规的图表，可以采用经典形式来提高制图效率，这也是《经济学人》在进行图表设计时会采用的技巧。在一般情况下，一期《经济学人》正刊中囊括 15 ~ 25 个商业图表，在期刊末尾有一个 Graphic detail 版面，它会占据一个完整的页面，范例如图 10-10 所示。

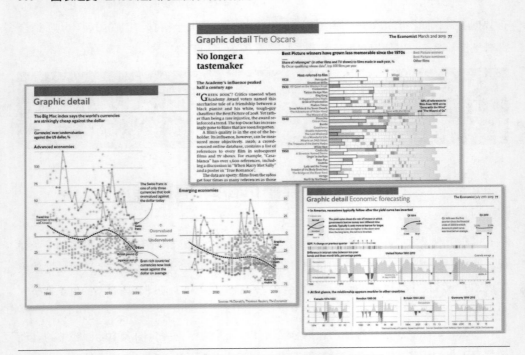

图 10-10 《经济学人》中的 Graphic detail 版面

观察图 10-10 可以发现，与我们在本书前文看到的图表相比，该版面中的图表在整体复杂度、信息量方面都有巨大的提升，并且使用的图表形式更加多样，综合性也更强。因为在该版面的图表中，文字主要用于进行辅助说明，图表是呈现的重点，所以在制作这些图表时会花费更多的精力。

10.10 标题明确传达观点

每个图表都有一个标题，用于说明图表的大意，帮助读者快速了解图表。但在编写图表标题时，经常遇到一个典型的问题，那就是有的标题只描述图表中包含哪些数据，而不提供对数据的分析结论。下面举例进行说明，一个表示趋势数据的多系列折线图如图 10-11 所示（图表来自《经济学人》）。

在图 10-11 中，如果按照常规逻辑，则很有可能得到的标题为"5 个欧洲国家 2007 年至 2019 年的失业率情况"。这样的标题表述的内容是完全正确的，但无法起到传达观点的作用。我们可以从更好的角度添加标题。例如，在这个图表中，西班牙和希腊的失业率从 2007 年持续上升，在 2013 年到顶并开始下滑，但即使在 2019 年，也依然高达

15%。结合文章要表达的观点,《经济学人》为该图表添加的标题为"仍未回归常规水平"。这便是从"意"的角度为图表添加标题,也是麦克斯所推荐的。因为按照常规逻辑添加标题,只是简单地复述图表中呈现的数据,对标识清晰的图表而言是没有必要的,读者完全可以通过图表得到该信息,但是从图表数据中透露出来的、表示"意"的结论,需要经过一定的阅读、判断和思考才可以得出。因此,通过标题明确传递其中最大的数据特征,以及文章的观点,可以提高读者的阅读效率。

> **说明**:在需要纯粹展示数据时,可以按照常规逻辑添加标题。但在大部分情况下,数据本身会有明显的特征,并且与文章观点是匹配的(不然也不会使用数据佐证文章观点),所以采用上述建议的方法添加标题会更好。有时,《经济学人》会使用一些特别的标题,用于吸引读者的注意力,图表范例如图 10-12 所示,仅供参考。

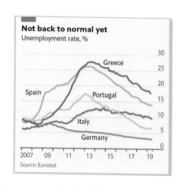 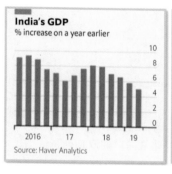 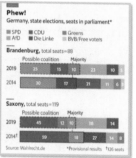

图 10-11　表示趋势数据的　　　　　图 10-12　具有特别标题的图表范例
多系列折线图

10.11 配色清晰、合适且突出重点

关于图表配色,我们在 5.2 节已经详细地说明了基础的色彩原理和常用的配色原则。麦克斯希望再次强调一个观念:图表不像艺术作品那样喜欢在配色上追求视觉冲击力,图表需要优先保证配色清晰、合适,能够清楚地表示不同的数据系列、与数据系列匹配,并且能够突出重点。其中,"清晰"是指颜色之间的差异足够快速区分不同的数据系列;"合适"是指配色与图表表述的主题或数据系列中的数据匹配,颜色融洽;"突出重点"是指主次分明。

10.12　禁止恶意诱导

图表设计要保证能够精准地传达数据信息，但在制作图表时，有时可能无法保证这种精准性，导致读者错误地理解图表的含义。我们要尽量避免这种情况的发生，更不能主动通过不精准地传达数据信息，恶意诱导读者错误理解数据。下面举两个例子，辅助大家理解这种"陷阱"，帮助大家在设计图表时避免这类问题，在日常看图时能够识别这类问题，避免被误导。《经济学人》中的两个错误图表范例如图 10-13 所示。

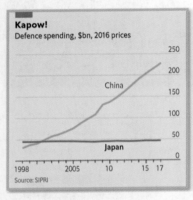

图 10-13　恶意诱导图表范例

图 10-13 左侧的图表是非常简单的双系列折线图，可以表示趋势数据，该图表主要反映的是中日两国从 1998 年到 2017 年这 20 年间的军费开支变化情况。该图表看上去没有任何问题，虽然所有数据都是正确的，但不考虑国土面积、人口数量，单纯地从费用角度进行绝对值的对比，难免会误导读者，因此要尽量避免。

> 说明：与该图表对应的文章并没有过分宣扬这种绝对值的差异，仅将其作为一项客观数据使用，因此搭配使用是可行的，误导会在一定程度上被消除，但在实际操作中，仍然要尽量避免这种情况的发生。

图 10-13 右侧的图表也具有误导问题，该图表是典型的色阶填充数据地图，使用不同的颜色表示不同的数值，为不同国家的图形填充颜色，完成数据的可视化。这里的问题主要体现在颜色图例上。可以看到数据值的取值范围为 0 ~ 30%，而图表将这些数据值分为了 5 个区段，分别是 0 ~ 1%、1% ~ 2.5%、2.5% ~ 5%、5% ~ 10%、10% ~ 30%。可以看到，这 5 个区段的划分是不均匀的，这属于反常规设计，是一个

可能造成误解的点；在填充颜色的选取上，仍然采用均匀线性分布（阶梯颜色的选项如图 10-14 所示），导致颜色渐变和数值渐变不成比例，无法真实地反映数据，可能造成误解。例如，在该图表中，因为 10% ~ 30% 区段涵盖的范围最大，并且采用最深的颜色进行标注，会导致整体图表比标准色阶图例"更红"，变相地夸大了数据所反映的问题的严重程度，在一定程度上误导了读者。此外，色阶中各个颜色的线性关系和数值的非线性关系不匹配，也会导致在图表的最终效果中，各个国家之间的色块比真实情况更加集中（数据差异大，色阶差异小，分布关系被错误地缩小了）。

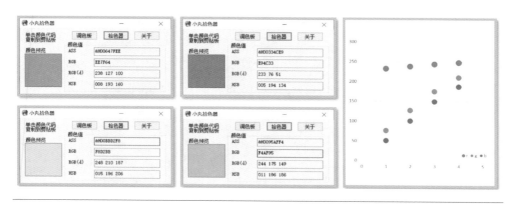

图 10-14　阶梯颜色的选取

这些误解如果是由制图失误引发的，那么我们可以将其视为一种错误，纠正即可；如果是为了配合观点，刻意调整图表设计细节达到的效果，那么我们会将其称为恶意误导，是图表中禁止出现的。

10.13　提供必要的背景信息

一个图表中除了坐标轴、可视化图形，还有附加信息（虽然附加信息的添加和设置不是图表制作的难点，但它们的作用很大）。其中，添加标题、图例、数据来源的必要性毋庸置疑，此处不再赘述。麦克斯要强调的是，有时添加一些其他种类的补充说明，用于为图表补充背景信息。

- 坐标轴指标和单位说明。
- 特殊数据点的标注说明。
- 脚注说明。

以上 3 类补充说明的图表范例分别如图 10-15、图 10-16、图 10-17 所示（图表来自《经济学人》）。

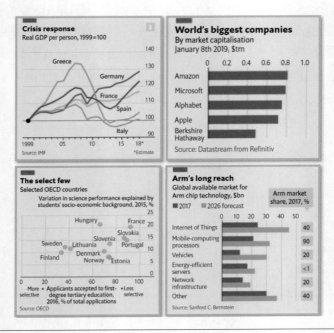

图 10-15　《经济学人》中关于坐标轴指标及单位说明的图表范例

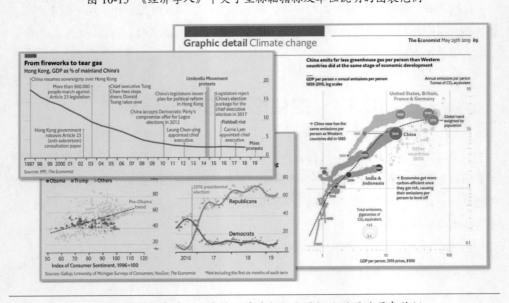

图 10-16　《经济学人》中关于特殊数据点的标注说明的图表范例

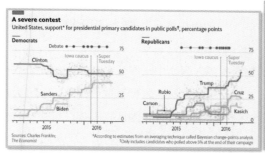
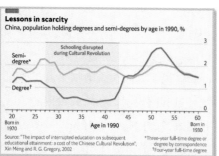

图 10-17 《经济学人》中关于脚注说明的图表范例

在通常情况下，在制作图表时，会专门准备两个元素，分别是横坐标轴标题与纵坐标轴标题，分别用于说明图表中的横坐标轴和纵坐标轴所代表的指标含义与它们的单位，这是理解坐标轴和理解图表的基础。但在前面的图表制作过程中，这两个元素的存在感都不太高。这是因为《经济学人》对这两类元素进行了特殊设计。对于内容简单、直白的坐标轴，如年份时间轴，即使不进行特别说明，读者也能够理解，因此不再进行额外注释，减少冗余信息。对于特殊指标的维度（一般是纵坐标轴），会利用副标题对单位进行说明。

下面补充几种需要对坐标轴进行补充说明的典型情况。

- 图 10-15 左上侧的图表是我们制作过的比率折线图，对于这类经过特殊处理的图表，需要做出特别说明，如该图表中的"1999=100"。

- 如果数据集本身具有"采集时间"属性，如图 10-15 右上侧的图表，那么可以在说明坐标轴指标含义和单位时进行补充说明，如选举时间、采样时间等。

- 对于不熟悉的特殊指标，简单的描述可能难以理解。此时可以牺牲一定的美观度，使用长文本进行说明，如图 10-15 左下侧的图表。因为与其简化描述，让读图变得困难，不如直接使用长文本清晰说明，美观要让位于清晰。

- 对于容纳的维度数量较多的图表，如图 10-15 右下侧的图表，需要对额外维度的指标含义及单位标识进行补充说明。

一些基础的标注很重要。例如，绘图区内的数据标注，用于显示数值、分类名称、数据系列名称的数据标签，强调数据点的变色或阴影。但这些大家已经很熟悉了，此处不再赘述。我们重点强调一下绘图区内长文本标注的作用。以图 10-16 中的图表为例，在绘图区的数据系列中，部分数据经常因其独特性而产生了一些特别的含义，而这些含义会影响我们对图表中数据的理解，因此经常采用的一种技巧是，使用参考线标注特殊的数据点，并且使用长文本进行说明。例如，标记某个时间点发生的事件，建立与指标之间的关联，帮助读图者理解。当图表的尺寸非常大时，这种标记会出现得愈加频繁，因为拥有更大的空间进行补充说明。这种补充说明一般提供客观事实，如果图表的尺寸较大，则可以将更多的观点容纳进来。

　　脚注说明要求包含数据来源。但除了数据来源，脚注中一般还会补充一些关于数据或统计过程的说明，如缺失数据的原因、特别的统计方法、数据获取的细节等。因为这些和图表数据的精准度有关，与图表要传达的观点关系不大，因此将其放在脚注中进行说明，而不是将其放在绘图区中进行标注。

10.14　建立数据与现实之间的联系

　　数据之所以难以理解，是因为它是一种抽象概念，如本书第1章提到的"数据的本质是对现实世界的一个抽象切片"。通过数据可视化，可以在一定程度上将这种抽象概念具象化，从而使读者快速阅读和理解。但即使使用线条、图形将数据与视觉暗示绑定，数据本身也是抽象的，只是与纯粹的数据相比，不再那么难以理解。因此，我们可以将数据和现实理解成一条数轴的两端，分别表示抽象和具体事物，而数据可视化的作用是不断地将抽象的数据转换为现实中的具体事物，从而使其更易于理解。因此，我们应该尽量建立数据与现实之间的联系，也就是本条建议，也可以将其理解为一种更高级的图表设计思路。下面举例说明。关于建立数据与现实之间联系的图表范例如图10-18所示（图表来自《经济学人》）。

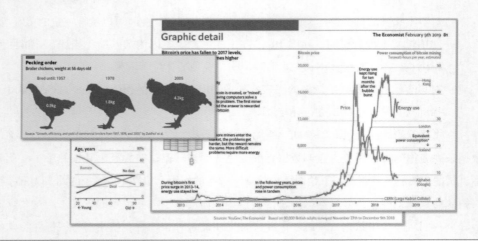

图 10-18　《经济学人》中关于建立数据与现实之间联系的图表范例

对于图 10-18 左侧的"小鸡"图表，相信大家在看到这张图时，不用过多解释，就能知道这个图表在描述不同年份下"小鸡"的平均体重变化情况。这便是"建立数据与现实联系"的力量，比普通视觉暗示更易于理解。

图 10-18 左下侧的图表是一个普通的三系列折线图，比较特别的是，横坐标轴表示的是数据点的年龄分布情况，取值范围为 20 ~ 90 岁。如果单纯看数据及坐标轴给出的信息，我们完全能够理解其含义，这也是常规图表的做法。但是在这个图表中，你会在年龄坐标轴的下方看到两个特别的标识，向左是 Young（年轻），向右是 Old（年长）。要知道"年轻"和"年长"这种比较模糊的概念与精准的数值是格格不入的，但这种与现实相关联的概念可以让我们快速地理解，因此它们承担了"抽象且准确的数据值"和"具体的现实概念"之间的桥梁，有助于我们理解。这也是《经济学人》频繁使用的一个图表设计技巧。

图 10-18 右侧的图表是一个精妙的"建立数据与现实之间联系"的图表。简单来说，该图表反映的是比特币价格（红）和比特币挖矿所耗费的电量（蓝）分别随时间变化的情况，其中，横坐标轴表示年份，左侧纵坐标轴表示价格，右侧纵坐标轴表示用电量，用电量的单位为 Terawatt-hours per year（太瓦时每年）。虽然是双纵轴折线图，但并没有超出我们的理解范围。设计细节体现在对用电量值的特殊标注上，设计者在用电量为 45 太瓦时（相当于 10 亿千瓦时）左右时，在蓝线上标注了"Hongkong"，在用电量为 28 太瓦时左右时，在蓝线上标注了"London"，在用电量为 19 太瓦时左右时，在蓝线上标注了"Iceland"，在用电量为 8 太瓦时左右时，在蓝线上标注了"Alphabet(Google)"。为什么要这么标注呢？因为电量的消耗在达到这个数量级后，普通读者对单位太瓦时其实是没有什么概念的（即使是曾作为电力行业的从业人员的笔者，也难以具体类比），这时，将这些用电量数据等价转化为香港一年的耗电量、伦敦一年的耗电量、冰岛一年的耗电量等，读图者即可将巨大且抽象的用电量数据与现实建立了联系，大大降低了读图者的理解难度。

后记

感谢你看到这里，如果你可以从本书中有所收获，那么麦克斯感到非常荣幸。这里是本书的后记，所以麦克斯想聊点更轻松的话题——一个也许是这本书出现的最初原因的故事。

在很多年前，因为工作需要，麦克斯从一位在苏黎世联邦理工学院（ETH）求学的同学那借阅了一本名为"电力系统分析"的教材。有趣的是，这本教材并非出版物，而是他的老师编写的一份文档，上册大约有六百页。内容可以先放一边，其中最令麦克斯感到惊喜的是，虽然只是用于辅助上课的一份文档，但它仍然具有极为完善的目录指引、规范的层级结构，以及非常精细且优雅的图与表，这让当时饱经互联网劣质文档、表格折磨的麦克斯感动得几乎要流下眼泪。麦克斯仔细品味了这其中的含义，开始更严格地管控自己工作中的文档质量，学习制表与制图的理念与技术，分享相应的心得与方法，最终一步步走到了今天。这是麦克斯写本书的初心，麦克斯希望可以将这种"专业精神"传递下去，即使面对的可能是微不足道的小事。

再次感谢你的阅读，感谢在写书过程中给予我支持的家人们，感谢拥有丰富经验的责任编辑张慧敏和出版社所有的工作人员为本书出版付出的努力。

反侵权盗版声明

　　电子工业出版社依法对本作品享有专有出版权。任何未经权利人书面许可，复制、销售或通过信息网络传播本作品的行为；歪曲、篡改、剽窃本作品的行为，均违反《中华人民共和国著作权法》，其行为人应承担相应的民事责任和行政责任，构成犯罪的，将被依法追究刑事责任。

　　为了维护市场秩序，保护权利人的合法权益，我社将依法查处和打击侵权盗版的单位和个人。欢迎社会各界人士积极举报侵权盗版行为，本社将奖励举报有功人员，并保证举报人的信息不被泄露。

举报电话：（010）88254396；（010）88258888

传　　真：（010）88254397

E-mail：　dbqq@phei.com.cn

通信地址：北京市万寿路 173 信箱

　　　　　电子工业出版社总编办公室

邮　　编：100036